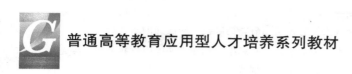

普通高等教育应用型人才培养系列教材

传感器原理及应用(项目实例型)

主 编 肖慧荣 杨琳瑜
参 编 龙盛蓉 张余宝 张巍巍 夏桂锁

本书配有以下教学资源：
☆ 电子课件
☆ 课后习题答案
☆ MOOC 课程（学堂在线）

机 械 工 业 出 版 社

本书系统地阐述了各种传感器的基本原理、测量电路及其工程应用。全书共分13章，分别为概述、传感器的基本特性、电阻应变式传感器、电感式传感器、电容式传感器、磁敏传感器、压电式传感器、热电式传感器、光电式传感器、化学传感器、波式与辐射式传感器、智能和网络传感技术、创新项目设计案例。本书力图融入创新思维、创新方法、教学科研成果及工程应用案例，以达到培养学生的工程意识和创新思维，以及提高学生的工程实践能力和创新能力的教学目的。

本书可作为普通高校电子科学与技术、光电信息科学与工程、测控技术与仪器、自动化、电气工程及其自动化、机械设计制造及其自动化等专业本科生和研究生的教材，也可作为教师、科研人员及工程技术人员的参考用书。

本书配有电子课件和习题答案，欢迎选用本书作教材的教师登录www.cmpedu.com 注册下载，或发邮件至 jinacmp@163.com 索取。

图书在版编目（CIP）数据

传感器原理及应用：项目实例型/肖慧荣，杨琳瑜主编. —北京：机械工业出版社，2020.5（2025.1重印）

普通高等教育应用型人才培养系列教材

ISBN 978-7-111-64994-6

Ⅰ.①传… Ⅱ.①肖… ②杨… Ⅲ.①传感器-高等学校-教材

Ⅳ.①TP212

中国版本图书馆 CIP 数据核字（2020）第 038493 号

机械工业出版社（北京市百万庄大街22号　邮政编码100037）
策划编辑：吉　玲　责任编辑：吉　玲　张　莉　刘丽敏
责任校对：王　延　封面设计：张　静
责任印制：张　博
北京雁林吉兆印刷有限公司印刷
2025 年 1 月第 1 版第 6 次印刷
184mm×260mm · 18 印张 · 446 千字
标准书号：ISBN 978-7-111-64994-6
定价：45.00 元

电话服务　　　　　　　　网络服务
客服电话：010-88361066　　机 工 官 网：www.cmpbook.com
　　　　　010-88379833　　机 工 官 博：weibo.com/cmp1952
　　　　　010-68326294　　金 书 网：www.golden-book.com
封底无防伪标均为盗版　机工教育服务网：www.cmpedu.com

前 言

随着现代科学技术的不断革新与突破，传感器技术得到了极大的发展。传感器的应用几乎渗透到各行各业，如工业、农业、交通、商业、医疗、军事、航空航天、自动化生产、环境监测、现代办公设备、智能楼宇、智能家居等。传感器技术极大地推动了经济的发展和社会的进步，已成为各发达国家竞相发展的高新技术。

在全国"大众创业、万众创新"的背景下，创新创业教育已成为目前高校教育教学改革和研究的重点问题之一。高校开展创新创业教育，培养大学生的创新精神、创业意识和创新创业能力，需要依托有效的课程载体。传感器技术是测量技术、半导体技术、电子技术、计算机技术、信息处理技术、网络技术等众多学科融合的技术，传感器技术的课程已成为电子信息类、机电类等专业必须开设的一门综合性、实践性很强的重要专业课程。为满足创新创业教育的需要，使教材更加有利于培养学生的创新精神和工程实践能力，本书编者团队根据自身多年积累的教学改革经验和科研成果，精心编写了本书。

本书在介绍传感器基本理论、基本方法和典型应用等传统内容的基础上，淡化了复杂的公式推导、内部结构及制作工艺等内容，而将创新思维、创新方法、教学科研成果融入到本书中，突出系统性工程应用。书中介绍的应用案例分三个层次：第一层次为传统经典应用；第二层次为拓展应用系统实例，这部分案例以传感器在一些大家熟知的工程应用或日常生活中的应用为主，强化系统性设计思想，不少案例还给出了相关的电路原理图，以开阔学生的应用思路，培养学生的实际应用能力；第三层次为本书编者团队开发的一些创新项目设计案例，案例中选用的传感器均为目前市场的主流产品，学生通过这些案例的学习，能从工程的角度独立地构建一个相对复杂的检测控制系统，以培养学生的工程意识及分析问题和解决问题的能力。由于这些创新项目中有采用单片机来实现传感器智能化的、有将学生普遍熟悉的手机通信应用于项目功能拓展的等现代控制技术与传统检测技术相结合的实际应用案例，可极大地提高学生的学习兴趣，开拓学生的思维空间，并且设计出的具有新功能的现代检测系统对学生创新能力的培养非常有益。此外，各章均有精心设计的问答环节"微思考"和可开拓学生创新思维的拓展训练项目，用于培养学生的创新思维和创新能力。

本书共分13章，第1～3章、第5章、第8章、第9章的第9.7节与第9.8节、第10章、第11章的第11.2节和第11.3节、第12章、第13章的案例1～3由肖慧荣编写，第4章、第6章、第13章的案例4由杨琳瑜编写，第7章由龙盛蓉编写，第9章的第9.1～9.6节由张余宝编写，第11章的第11.1节由夏桂锁编写，第11章的第11.4节由张巍巍编写。

全书由肖慧荣完成统稿。在本书的编写过程中，部分章节内容参考了兄弟院校的有关传感器原理及应用方面的教材，在此特向各位原作者致谢。

本书的编写得到了江西省高等学校教学改革研究课题（JXJG-17-8-15）的支持，并获得南昌航空大学创新创业教育课程培育项目（KCPY1706）、南昌航空大学教材出版基金的资助，在此一并致谢。

由于编者的水平和学识有限，尽管本书经过反复审核，但书中难免还存在错误或不妥之处，敬请读者批评指正。

编　者

目 录 Contents

第1章

概　述

1.1　传感器的基本概念及分类

1.1.1　传感器的定义与组成

　　传感器类似于人体的感官，人的大脑通过这些感官来感知周围的信息，如耳朵有听觉、眼睛有视觉、皮肤有触觉等。实际上每一种生物都有感知外界和自身状态的器官或组织。

　　在科学研究和工程领域里，传感器的功用是一要感、二要传，即将所感受的信息传送出去。我国国家标准（GB/T 7665—2005）中将传感器（Transducer/Sensor）定义为：能够感受规定的被测量并按照一定规律转换成可用输出信号的器件或装置。该定义包括以下含义：

　　1）传感器是能完成检测任务的测量器件或装置。

　　2）输入量可能是物理量、化学量或生物量等某一被测量，如位移、温度、CO 气体等。

　　3）输出量是便于传输、转换及处理的某种物理量，如气、光、电量，一般是电量。

　　4）输出与输入之间应有确定的对应关系，且应有一定的转换精确度。

　　传感器一般由敏感元件、转换元件和转换电路3部分组成，其组成框图如图1-1所示。

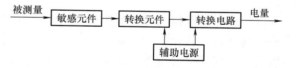

图1-1　传感器组成框图

　　图1-1中，敏感元件——直接感受被测量，并输出与被测量成确定关系的某一物理量；转换元件——把敏感元件输出的物理量转换成电路参量；转换电路——把电路参量接入转换电路，转换成便于传输和处理的电信号输出。

　　值得指出的是，并不是所有传感器都包含以上3个部分，最简单的传感器由一个敏感元件兼转换元件组成，如热电偶、光电器件等；有些传感器由敏感元件和转换元件组成，没有转换电路，如压电式加速度传感器是由敏感元件——质量块 m 和转换元件——压电片组成；而有些传感器转换元件不止一个，要经过多次转换。

1.1.2　传感器的分类

　　由于一种被测量可以用不同原理的传感器来测量，而同一原理的传感器通常又可测量多种被测量，因而传感器种类繁多，分类方法也各种各样。迄今为止，仅我国敏感元件和传感器产品的品种已超过6000余种。目前传感器较普遍采用的分类方法有如下几种：

1）按传感器的基本效应分类：可分为物理型、化学型和生物型。

2）按传感器构成原理分类：可分为结构型、物性型和复合型。结构型是利用转换元件的结构参数变化（如几何尺寸、形状变化等）来实现信号的转换，如自感式传感器；物性型是利用敏感材料的物理特性变化来实现信号的变换，如利用材料在光照下改变其阻值的特性制成的光敏电阻。

3）按传感器的能量转换关系分类：可分为能量控制型和能量转换型。能量控制型传感器又称为无源传感器，这类传感器的输出能量必须由外部提供激励源，如电阻、电感、电容等电参量传感器都属于这一类传感器；能量转换型传感器又称有源传感器，这类传感器工作时将从被测对象获取的信息能量直接转换成输出信号能量，不需要外加电源，如热电偶、压电式传感器、光电池等。

4）按传感器的物理原理分类：可分为电参量式、光电式、热电式、半导体式、磁电式、压电式、气电式、波式、射线式等。

5）按传感器的用途分类：可分为位移、加速度、压力、振动、温度、湿度传感器等，是以被测量命名。

6）按传感器输出信号分类：可分为模拟信号和数字信号。

随着计算机技术、网络通信技术、材料科学、制造工艺及应用技术的发展，已涌现出大量新型传感器品种，如集成传感器、智能传感器、网络传感器、仿生传感器、模糊传感器等。这些新兴传感器的出现极大地推动了传感器及检测技术的发展。

1.2　传感器的应用及发展趋势

1.2.1　传感器的应用

近年来，随着技术的不断革新与突破，传感器技术得到了极大的发展，传感器的应用也几乎渗透到各行各业，如工业、农业、交通、商业、医疗、军事、航空航天、自动化生产、环境监测、现代办公设备、智能楼宇、智能家居等各个领域。

在信息领域里，传感器具有十分重要的基础性作用和地位。信息技术正推动着人类社会快速发展，而构成现代信息技术的 3 大支柱是：传感器技术（信息采集）、通信技术（信息传输）和计算机技术（信息处理）。人们在利用信息的过程中，首先要解决的就是要获取准确可靠的信息，而获取信息的主要途径和手段就是传感器技术。

在现代工业生产过程中，传感器更有其重要意义。在高度自动化的生产过程中，要用各种传感器来监视和控制生产过程中的各个参数，一是保证产品达到最好的质量，二是保证设备工作在最佳状态。如工厂自动化中的柔性制造系统（Flexible Manufacturing System，FMS）、几十万千瓦的大型发动机组或计算机集成制造系统（Computer Integrated Manufacturing System，CIMS）等，均需要数以千计的传感器。再比如一个具体的应用实例，在饮料灌装自动化生产线中，要保证饮料能准确地注入饮料瓶，并能控制一定的体积，装完后能自动封盖，然后在合适的位置贴好标签，整个过程需要通过仪器检测出饮料瓶的位置、饮料灌入量、饮料瓶盖的安装位置以及标签粘贴位置，以达到自动化控制的目的。

在基础科学研究中，传感器的发展已成为一些极端技术研究和边缘学科开发的先驱。随着现代科学技术的发展，基础科学研究进入了许多新领域，如从宏观上的茫茫宇宙到微观上的粒子世界，从长时间的天体演化到短时间的瞬间反应，从超高温、超低温、超高真空、超高压、到超强磁场、微弱磁场等极端技术研究都需要借助高性能的传感器。许多基础科学研究的障碍都在于对信息对象的获取困难，而一些新机理和高灵敏度的传感器的出现往往会导致某些学科领域的突破。

在机器人研究领域中，传感器是用来检测机器人自身的工作状态，以及机器人智能探测外部工作环境和对象状态的核心部件。所用传感器主要包括：视觉、触觉、听觉、嗅觉、力觉等模仿人体感官的传感器。机器人的研究水平在某种程度上代表了一个国家的智能化技术水平。

在航空航天领域中，传感器的作用主要有以下几个方面：① 判断各分系统间工作的协调性，提供各分系统、整机内部检测参数，以验证设计方案的正确性；② 提供全系统自检所需信息，给指挥员控制与操纵提供依据；③ 提供航天器工作信息，以诊断航天器的工作状态。以现代飞行器为例，它装着各种各样的显示和控制系统，以保证各种飞行任务的完成。那么要反映飞行器参数和姿态、发动机工作状态的各种参数，都要利用传感器来检测，一方面将检测数据显示出来提供给驾驶人员去控制与操纵，另一方面传输给各种自动控制系统，进行飞行器的自动驾驶和自动调节。例如："阿波罗" 10 号飞船需对 3000 多个参数进行检测，其中仅温度传感器就有 500 多个。随着航天技术的发展，航天器上需要的传感器越来越多。

【拓展应用系统实例 1】 传感器在飞机系统中的应用

随着飞机和发动机性能的提高和安全性的增大，需要传感器检测的参数也随之越来越多。图 1-2 所示是通用飞机控制系统示意图。飞机是借助于空气飞行的装置，飞行功能需要众多的设备在有序的协调工作下完成。要保证飞机完成飞行任务，几乎所有的设备都离不开自动检测与控制系统，而这些检测与控制系统所需的各种原始参数，都要利用传感器来检测获得。如果说一辆普通汽车上有几百只传感器，那么飞机上则有几千只传感器来保证飞机的安全运行。如利用压力传感器来测量飞机发动机内部燃烧压力与真空度；利用角度传感器和方向传感器来测量飞机 3 个轴向的偏转角度；利用温度传感器来测量飞机发动机的温度；利用温湿度传感器来测量飞机室内的温湿度；利用油位传感器来测量飞机内油箱的油位；利用加速度传感器和速度传感器来测量飞机飞行的加速度和速度；利用烟雾传感器来进行烟雾报警；利用超声波传感器来监控飞机的位置，还有惯性传感器等。

可见，传感器技术在发展经济推动社会进步方面的重要作用是十分明显的，已成为各发达国家竞相发展的高新技术。

1.2.2　传感器的发展趋势

随着半导体技术和机械微加工技术的发展，各种制造工艺和材料性能的研究已经达到很高的水平，这为传感器的发展创造了极为有利的条件。总体来看，传感器的发展趋势主要有以下几个方面：

（1）研究新型传感器　传感器的工作机理是基于各种效应和定律，通过进一步探索具有新效应的敏感功能材料（如磁光、压阻），研制出具有新原理的新型物性型传感器件；通

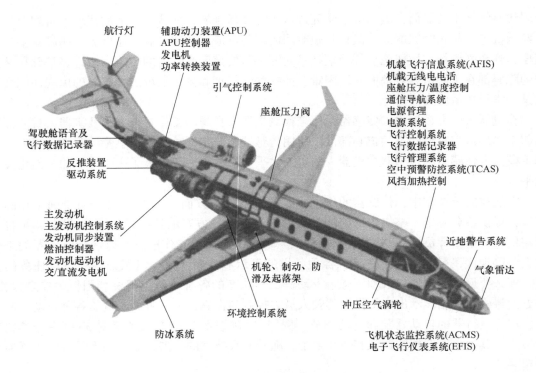

图 1-2　通用飞机控制系统示意图

过微电子、光电子、生物化学等各种学科的相互渗透和综合利用，开发出具有新原理、新功能的新型传感器，这是发展高性能、多功能、低成本和小型化传感器的重要途径。

（2）开发新材料　传感器材料是传感器技术的重要基础，由于材料科学的进步，人们在制造时，可任意控制它们的成分，从而设计制造出用于各种传感器的功能材料。用复杂材料来制造性能更加良好的传感器是今后的发展方向之一。如半导体氧化物可以制造各种气体传感器，而陶瓷传感器工作温度远高于半导体；光导纤维的应用是传感器材料的重大突破，用它研制的传感器与传统的相比有突出的特点；有机材料作为传感器材料的研究，已引起国内外学者的极大兴趣。

（3）新工艺的采用　在发展新型传感器中，离不开新工艺的采用。新工艺的含义范围很广，这里主要指与发展新型传感器联系特别密切的微细加工技术。该技术又称为微机械加工技术，是近年来随着集成电路工艺发展起来的，它是离子束、电子束、分子束、激光束和化学刻蚀等用于微电子加工的技术，目前已越来越多地用于传感器领域。例如：我们利用半导体技术制造出压阻式传感器；我们利用薄膜工艺制造出快速响应的气敏、湿敏传感器；日本横河公司利用各向异性腐蚀技术进行高精度三维加工，制作出全硅谐振式压力传感器。

（4）传感器的集成化、微型化　传感器的集成化有以下两种情况：

1）在同一芯片上，将敏感元件、转换电路、运算放大电路及温度补偿电路等集成一体化。

2）将许多同类的单个传感器件集成为一维、二维、三维阵列型传感器，以实现检测参数"点-线-面-体"多维图像化，如电荷耦合器件（Charge Coupled Devices，CCD）图像传感器。

　　传感器的微型化：利用纳米技术、机械微加工技术，基于各种物理效应将机械、电子元器件集成在一个基片上制成微传感器。传感器与微机电系统（Micro-Electro-Mechanical System，MEMS）的结合，已成为当前传感器领域关注的新趋势，如美国相关机构开发的"智能灰尘"的 MEMS 传感器，这种传感器的大小只有 $1.5mm^3$，重量只有 5mg，但是却装有激光通信、CPU、电池等组件，以及速度、加速度、温度等多个传感器；再比如 iPhone 手机中装有陀螺仪、麦克风、电子快门等多个 MEMS 传感器。

　　（5）传感器的数字化、智能化与网络化　　数字化是智能化的前提。智能传感器是指对外界信息具有检测、数据处理、逻辑判断、自诊断和自适应能力的集成一体化多功能传感器，是微型计算机技术与检测技术相结合的产物。这种传感器具有与主机互相对话的功能，可以自行选择最佳方案，能将已获得的大量数据进行分割处理，实现远距离、高速度、高精度传输等。按构成模式智能传感器可分为分立模块式和集成一体式两种。分立模块式是把传感器、信号调理电路、微处理器、存储器、输出接口与显示电路等模块组装在同一壳体内；集成一体式是将传感器、信号调理电路、微处理器、存储器等集成在一块芯片上。

　　网络化智能传感器是智能传感器技术与计算机通信技术相结合而发展起来的。网络化智能传感器技术致力于研究智能传感器的网络通信功能，将传感器技术、通信技术、计算机技术相融合，从而实现信息的采集、传输和处理的真正统一和协同。智能传感器网络是一种由众多随机分布的一组同类或异类传感器节点与网关节点构成的无线网络。每个智能化的传感器节点都集成了传感、处理、通信、电源等功能模块，可实现目标数据与环境信息的采集和处理，并可在节点与节点之间、节点与外界之间进行通信。

　　无线传感器网络的迅速发展，使得在该网络中提供安全的保护措施成了一种挑战。安全有效的密钥管理机制则成为构建安全的无线传感器网络的核心技术之一。由于无线传感器网络中没有安全认证中心，且节点的计算和存储能力都非常有限，因此大多数已有的密钥管理机制无法直接应用于无线传感器网络。于是研究人员在无线传感器网络密钥管理机制方面开展了大量的研究工作，尽管如此，该领域仍存在大量有待解决的问题，需要进一步深入研究。

微思考

技术男：嗨，小明，你知道汽车上有哪些传感器吗？

小　明：嗯，有倒车雷达、振动传感器、加速度传感器，还有油量传感器。

技术男：不错，知道的还挺多☺。除这些外，其实还有很多。如检测发动机进气量的空气流量传感器，以控制喷油量；检测节气门开度、控制加速时喷油量的节气门位置传感器等。一台汽车上的传感器数量就有 150 多个。混合动力车及电动汽车因电动部件增加，传感器的数量还要增多。

小　明：哇塞，传感器真的很重要，我一定要好好学。

拓展训练项目

【项目1】 了解传感器在航空航天中的应用

通过查阅资料，进一步了解传感器在航空航天领域中的应用。写一篇不少于1000字的综述，内容涵盖航空航天领域中常用的传感器种类、特点及传感器的发展趋势。

习　题

1.1　一般传感器由哪几个部分组成？各部分有何作用？

1.2　传感器如何分类？按传感器能量转换情况考虑，传感器可分为哪几类？

1.3　简述传感器的发展趋势。

第 2 章

传感器的基本特性

传感器的基本特性是指传感器的输入与输出之间的关系特性。传感器在使用过程中，其输入信号可能是静态量或准静态量，也可能是动态量。静态量是指稳定态的信号，准静态量是指变化极其缓慢的信号，动态量是指周期信号、瞬变信号或随机信号。由于受传感器内部储能元件（电感、电容、弹簧、阻尼等）的影响，对于不同的输入信号，其输入与输出间的关系特性有很大不同，由于数学上的原因，通常将传感器的特性分开来讨论，所以传感器的基本特性分为静态特性和动态特性两种。

2.1 传感器的静态特性

2.1.1 传感器的静态数学模型

传感器的静态特性是指输入量为静态量或变化极其缓慢的准静态量时，输出量和输入量之间的关系。理想情况是传感器在静态条件下的输入与输出间的关系保持线性，然而实际中传感器输入与输出间的关系或多或少都存在着非线性问题。在不考虑迟滞、蠕变、不稳定性等因素的情况下，当输入量为 x，输出量为 y 时，其静态特性可用下列数学模型表示：

$$y = a_0 + a_1 x + a_2 x^2 + a_3 x^3 + \cdots + a_n x^n \tag{2-1}$$

式中　　　　a_0——零点输出；

　　　　　　a_1——理论灵敏度；

a_2，a_3，$\cdots$，a_n——非线性项系数，一般通过传感器的校准试验数据经曲线拟合求出，其值可正可负。

由于大多数传感器的特性曲线是通过零点，或采用零点调节使其通过零点，故通常有 $a_0 = 0$。此时，由式（2-1）可得以下 4 种静态数学模型：

（1）理想模型

$$y = a_1 x \tag{2-2}$$

此时特性曲线为直线，如图 2-1a 所示，传感器输出能准确无误地反映被测量。

（2）具有 x 奇次阶项的非线性

$$y = a_1 x + a_3 x^3 + a_5 x^5 + \cdots \tag{2-3}$$

其特性曲线如图 2-1b 所示，由于特性曲线相对于原点是对称的，故输入量 x 在原点附近相当大的范围内可接近理想直线，即该模型在原点附近相当大的范围内近似线性关系。

（3）具有 x 偶次阶项的非线性

$$y = a_1 x + a_2 x^2 + a_4 x^4 + \cdots \tag{2-4}$$

其特性曲线如图 2-1c 所示，因它没有原点对称性，所以近似线性关系的范围较窄。一般传感器设计很少采用这种特性。

（4）具有 x 奇偶次阶项的非线性

$$y = a_0 + a_1x + a_2x^2 + a_3x^3 + \cdots + a_nx^n \tag{2-5}$$

其特性曲线如图 2-1d 所示，这是考虑了非线性和随机等因素的一种特性曲线，这种特性曲线可通过差动技术进行线性化处理。

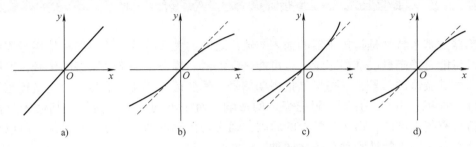

图 2-1　传感器的静态特性曲线

差动技术广泛应用于减小非线性误差、电源波动、外界干扰、温度变化等对传感器测量精度的影响，以及消除或减小由于结构原因引起的共模误差。其原理如下：

设有一个传感器，输入信号为 x 时，输出信号 y_1 为

$$y_1 = a_0 + a_1x + a_2x^2 + a_3x^3 + a_4x^4 + \cdots$$

另一个与之完全相同的传感器，其输入信号为 $-x$（如位移传感器往反方向运动 x），则输出信号 y_2 为

$$y_2 = a_0 - a_1x + a_2x^2 - a_3x^3 + a_4x^4 + \cdots$$

将两传感器的输出信号相减，则总输出信号为

$$\Delta y = y_1 - y_2 = 2(a_1x + a_3x^3 + a_5x^5 + \cdots) \tag{2-6}$$

由式（2-6）可见，差动技术既可消除 x 偶次阶项的非线性，使非线性误差大大减小，又可消除零点输出和提高灵敏度，因此得到广泛应用。

微思考

技术男：嗨，小丽，你知道传感器 4 种静态数学模型中，在设计传感器时应尽量避免采用哪种吗？

小　丽：应该是具有 x 偶次阶项非线性和具有 x 奇偶次阶项非线性的两种数学模型吧。

技术男：答对了一半。具有 x 奇偶次阶项非线性的数学模型可通过差动技术进行线性化处理来获得较宽的线性范围，因此这种数学模型在设计或选用传感器时经常被采用。

小　丽：哦，记住了，谢谢！☺。

2.1.2 传感器静态特性指标

描述传感器静态特性的主要性能指标有：线性度、迟滞、灵敏度与灵敏度误差、重复性、分辨力（分辨率）与阈值、稳定性、漂移、静态误差等。

1. 线性度

传感器的静态特性曲线可在静态标准条件下测定获得。在获得特性曲线之后，为了标定和数据处理的方便，常常需采用各种方法对其进行线性化处理。一般来说，在非线性误差不太大的情况下，通常采用直线拟合的办法来进行线性化处理。

在采用直线拟合线性化时，输出输入的校正曲线与其拟合曲线之间的最大偏差，就称为非线性误差或线性度，通常用相对误差 γ_L 表示：

$$\gamma_L = \pm \frac{\Delta L_{max}}{y_{FS}} \times 100\% \tag{2-7}$$

式中　ΔL_{max}——最大非线性绝对误差；

　　　y_{FS}——满量程输出。

可见，非线性误差的大小与拟合直线的选取有关，拟合直线不同，非线性误差也不同。拟合直线的选择原则：① 获得尽可能小的非线性误差；② 考虑使用是否方便，计算是否简便。

目前常用的拟合方法有切线或割线拟合、理论拟合、端点连线拟合、端点连线平移拟合、最小二乘拟合。下面仅介绍最常用、拟合精度最高的最小二乘拟合法，其计算方法如下：

如图 2-2 所示，设拟合直线方程为

$$y = kx + b \tag{2-8}$$

若实际校准测试点有 n 个，则任意一个校准数据 y_i 与拟合直线上相应的计算值之间的残差为

$$\Delta_i = y_i - (kx_i + b) \tag{2-9}$$

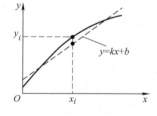

图 2-2　最小二乘拟合方法

最小二乘法拟合直线的原理就是使 $\sum \Delta_i^2$ 为最小值，即

$$\sum_{i=1}^{n} \Delta_i^2 = \sum_{i=1}^{n} \left[y_i - (kx_i + b) \right]^2 = \min$$

亦即使 $\sum \Delta_i^2$ 分别对 k 和 b 的一阶偏导数等于零，从而求出 b 和 k 的表达式为

$$k = \frac{n \sum x_i y_i - \sum x_i \sum y_i}{n \sum x_i^2 - (\sum x_i)^2} \tag{2-10}$$

$$b = \frac{\sum x_i^2 \sum y_i - \sum x_i \sum x_i y_i}{n \sum x_i^2 - (\sum x_i)^2} \tag{2-11}$$

将 k 和 b 代入拟合直线方程，即可得到拟合直线，然后由式（2-7）即可求出非线性误差。

2. 迟滞（回差）

由于传感器机械部分存在不可避免的缺陷，如间隙、紧固件松动、轴承或部件的内部摩

擦等因素的影响，在相同测量条件下，对应同一大小的输入信号，传感器正（输入量增大）反（输入量减小）行程的输出信号大小往往是不相等的，我们把传感器在正、反行程中输出输入曲线不重合的程度 $\Delta_{H\max}$ 称为迟滞，如图 2-3 所示。迟滞误差一般以满量程输出的百分数表示，即

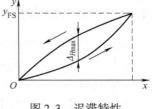

图 2-3　迟滞特性

$$\gamma_H = \pm \frac{\Delta_{H\max}}{y_{FS}} \times 100\% \qquad (2-12)$$

3. 灵敏度与灵敏度误差

传感器在稳态下输出的变化量 Δy 与引起该变化量的输入变化量 Δx 之比即为其静态灵敏度，其表达式为

$$k = \frac{\Delta y}{\Delta x} \qquad (2-13)$$

可见，传感器输出曲线的斜率就是其灵敏度。对线性特性的传感器，灵敏度 k 是一常数；对非线性特性的传感器，灵敏度 k 为一变量，应以 dy/dx 表示。

由于时间、温度等原因，会引起灵敏度变化 Δk，产生灵敏度误差。通常灵敏度误差用相对误差 γ_s 表示，即

$$\gamma_s = \pm \frac{\Delta k}{k} \times 100\% \qquad (2-14)$$

实际中通常希望传感器的灵敏度为常数，且越高越好，但灵敏度越高，系统的稳定性就越差。

4. 分辨力、分辨率与阈值

分辨力是指传感器能感知或检测出的输入量的最小变化量。能检测到的最小变化量越小，则分辨力越高。分辨力可用绝对值表示，也可用与满量程的百分数表示，此时称分辨率。

在传感器输入零点附近的分辨力称为阈值。

5. 重复性

重复性是指在同一工作条件下，传感器在输入量按同一方向连续多次全量程测试时所得特性曲线一致的程度。重复性的好坏与许多随机因素有关，反映的是校准数据的离散程度，属随机误差。校准曲线的重复性特性如图 2-4 所示，图中正行程的最大重复性偏差为 $\Delta_{R\max 1}$，反行程的最大重复性偏差为 $\Delta_{R\max 2}$。重复性误差可用正反行程的最大重复性偏差表示，即

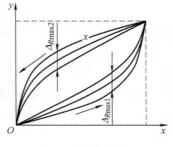

图 2-4　重复性特性

$$\gamma_R = \pm \frac{\Delta_{R\max}}{y_{FS}} \times 100\% \qquad (2-15)$$

6. 漂移

漂移是指在一定的时间间隔内，传感器的输入量不变，而输出量却发生了不应有的变化。漂移包括零点输出漂移和灵敏度漂移，而零点输出漂移和灵敏度漂移又都可分为时间漂移和温度漂移。理想情况下，传感器的性能不应随时间和使用环境的变化而变化，但实际中，大多数传感器由于使用时间延长而引起自身结构参数发生老化或使用环境发生变化，其

特性会发生变化和漂移。漂移的存在，将引起测量误差，当测量误差超出要求的精度范围时，必须进行补偿和修正。

7. 静态误差

静态误差是指传感器在其全量程内任一点的输出值与其理论值的偏离程度。静态误差常用以下 3 种方法进行计算：

1）把全部校准点输出数据与拟合直线上对应值的残差看成是随机分布，求出其标准偏差，即

$$\sigma = \sqrt{\frac{1}{n-1}\sum_{i=1}^{n}(\Delta y_i)^2} \tag{2-16}$$

式中　Δy_i——各校准点的残差；

　　　n——所有循环测试中全部的校准点总数。

取 2σ 或 3σ 值即为传感器的静态误差。静态误差也可用相对误差来表示，即

$$\gamma = \pm(3\sigma/y_{FS})\times100\% \tag{2-17}$$

2）将迟滞、非线性、重复性、灵敏度误差等性能指标，用以下两种方法计算，即

$$\gamma = \pm(\gamma_H + \gamma_L + \gamma_R + \gamma_S) \tag{2-18}$$

$$\gamma = \pm\sqrt{\gamma_H^2 + \gamma_L^2 + \gamma_R^2 + \gamma_S^2} \tag{2-19}$$

式中　γ_H——迟滞误差；

　　　γ_L——非线性误差；

　　　γ_R——重复性误差；

　　　γ_S——灵敏度误差。

3）将系统误差与随机误差分开考虑进行计算，即

$$\gamma = \pm\frac{|(\Delta y)_{max}| + 2\sigma}{y_{FS}}\times100\% \tag{2-20}$$

式中　$(\Delta y)_{max}$——校准曲线相对拟合直线的最大偏差；

　　　σ——标准偏差。

2.2　传感器的动态特性

在实际中，传感器所检测的被测量信号大多是时间函数，为了使传感器输出信号准确地反映输入信号随时间的变化关系，不仅要求传感器具有良好的静态特性，还应要求传感器具有良好的动态特性。

传感器的动态特性是指输入量随时间较快地变化时，传感器输出量对输入量的响应特性。具有理想动态特性的传感器，其输出曲线应能同时再现输入曲线，即要求传感器不仅能迅速准确地响应被测信号幅值变化，而且必须不失真地再现被测信号随时间变化的波形。但实际上除了理想的比例特性环节外，大多传感器的敏感材料对被测量的变化会表现出一定程度的惯性，使输出与输入之间存在着差异，这种差异即为动态误差。

研究传感器的动态特性主要包括两部分：① 瞬态误差，即当输入量发生跃变时，输出量由一个稳态过渡到另一个稳态过程中的误差；② 稳态误差，即输出量达到稳定状态后与理想输出量之间的误差。

由于实际中输入信号的时间函数形式是千变万化的，工程上在研究传感器的响应特性时，通常采用标准输入信号来考察传感器的动态响应。所谓标准输入信号通常是指正弦输入信号和阶跃输入信号。这是因为任何复杂周期输入信号都可以分解为各种频率不同的谐波信号，所以可用正弦信号来代替；而其他瞬变输入信号都不及阶跃输入信号变化快，故可用阶跃输入信号代替。因此研究动态特性可从时域和频域两个方面，采用瞬态响应和频率响应两个方面考虑。

2.2.1 传感器的动态数学模型

为研究分析传感器的动态特性，首先要建立传感器动态数学模型，即描述传感器在动态信号作用下输出信号与输入信号关系的数学表达式，通常采用微分方程和传递函数来描述。

1. 微分方程

为使传感器动态数学模型的建立和求解方便，通常忽略传感器的非线性和随机变化等复杂因素，将传感器看作线性定常系统，用高阶常系数线性微分方程来表示：

$$a_n \frac{\mathrm{d}^n y}{\mathrm{d}t^n} + a_{n-1} \frac{\mathrm{d}^{n-1} y}{\mathrm{d}t^{n-1}} + \cdots + a_1 \frac{\mathrm{d}y}{\mathrm{d}t} + a_0 y = b_m \frac{\mathrm{d}^m x}{\mathrm{d}t^m} + b_{m-1} \frac{\mathrm{d}^{m-1} x}{\mathrm{d}t^{m-1}} + \cdots + b_1 \frac{\mathrm{d}x}{\mathrm{d}t} + b_0 x \quad (2\text{-}21)$$

式中 $a_0, \cdots, a_n$；$b_0, \cdots, b_m$——与传感器结构参数有关的常数。对于传感器，通常 $b_1 = \cdots = b_m = 0$。

2. 传递函数

为避免解高阶微分方程，简化运算，对式(2-21) 微分方程两边逐项进行拉普拉斯变换，将时域的数学模型转换为复数域的数学模型。当初始条件为零时，系统输出量的拉普拉斯变换 $Y(s)$ 与输入量的拉普拉斯变换 $X(s)$ 之比为

$$H(s) = \frac{Y(s)}{X(s)} = \frac{b_m s^m + b_{m-1} s^{m-1} + \cdots + b_1 s + b_0}{a_n s^n + a_{n-1} s^{n-1} + \cdots + a_1 s + a_0} \quad (2\text{-}22)$$

$H(s)$ 被定义为传感器的传递函数。

由式(2-22) 可见，传递函数表示的是传感器系统本身的传输转换特性，与输入量 $x(t)$ 无关。引入传递函数后，只要知道 $H(s)$、$Y(s)$、$X(s)$ 三者中任意两者，就可以容易地求出第三者，避免了解高阶微分方程的麻烦。

2.2.2 频率响应特性

传感器对各种频率不同而幅值相等的正弦输入信号的响应特性被称之为频率响应特性。类似于传递函数，当初始条件为零时，对式(2-21) 微分方程两边逐项进行傅里叶变换，就可将传感器的动态特性从时域转换为频域，获得频率响应特性，其表达式为

$$H(\mathrm{j}\omega) = \frac{Y(\mathrm{j}\omega)}{X(\mathrm{j}\omega)} = \frac{b_m (\mathrm{j}\omega)^m + b_{m-1}(\mathrm{j}\omega)^{m-1} + \cdots + b_1(\mathrm{j}\omega) + b_0}{a_n (\mathrm{j}\omega)^n + a_{n-1}(\mathrm{j}\omega)^{n-1} + \cdots + a_1(\mathrm{j}\omega) + a_0} \quad (2\text{-}23)$$

$H(\mathrm{j}\omega)$ 称为传感器的频率响应特性。$H(\mathrm{j}\omega)$ 是一个复数，可用代数或指数形式表示，即

$$H(\mathrm{j}\omega) = R(\omega) + \mathrm{j}L(\omega) = A(\omega) \mathrm{e}^{\mathrm{j}\varphi(\omega)} \quad (2\text{-}24)$$

式中 $R(\omega)$、$L(\omega)$ ——分别为 $H(\mathrm{j}\omega)$ 的实部和虚部；

$A(\omega)$、$\varphi(\omega)$ ——分别为 $H(\mathrm{j}\omega)$ 的幅值和相角。

由此可得传感器频率响应特性的模为

$$A(\omega) = \left| \frac{Y(j\omega)}{X(j\omega)} \right| = \sqrt{R(\omega)^2 + L(\omega)^2} \tag{2-25}$$

称为传感器的幅频特性或动态灵敏度。

传感器频率响应特性的相角为

$$\varphi(\omega) = \arctan \frac{L(\omega)}{R(\omega)} \tag{2-26}$$

称为传感器的相频特性。通常，传感器的相角为负值，即输出滞后于输入。

实际中，绝大多数传感器为零阶、一阶或二阶等低阶系统，或是由若干低阶环节构成的系统。下面分别对零阶、一阶和二阶系统的动态特性进行分析。

1. 零阶系统

当 $n = 0$ 时，系统称为零阶系统，此时系统中无储能元件。零阶系统的微分方程、传递函数和频率响应特性分别如下

$$y = \frac{b_0}{a_0} x = kx \tag{2-27}$$

$$H(s) = \frac{Y(s)}{X(s)} = \frac{b_0}{a_0} = k \tag{2-28}$$

$$H(j\omega) = \frac{Y(j\omega)}{X(j\omega)} = \frac{b_0}{a_0} = k \tag{2-29}$$

式中　$k = b_0/a_0$——静态灵敏度。

可见，零阶系统的输入量无论如何随时间变化，其输出量总是与输入量成确定的比例关系，在时间上也不滞后，即输出-输入特性具有理想线性关系。如电位器式传感器在忽略寄生电感和电容的情况下，可看作零阶传感器系统。在实际应用中，许多高阶系统在输入量变化缓慢、频率不高时，都可以近似地当作零阶系统处理。

2. 一阶系统

当 $n = 1$ 时，系统称为一阶系统。一阶系统的微分方程和传递函数分别如下

$$a_1 \frac{dy}{dt} + a_0 y = b_0 x \tag{2-30}$$

$$H(s) = \frac{Y(s)}{X(s)} = \frac{b_0}{a_1 s + a_0} = \frac{k}{\tau s + 1} \tag{2-31}$$

式中　$k = b_0/a_0$——静态灵敏度；

　　　$\tau = a_1/a_0$——时间常数（s）。

频率响应特性为

$$H(j\omega) = \frac{Y(j\omega)}{X(j\omega)} = \frac{k}{\tau(j\omega) + 1} \tag{2-32}$$

其幅频特性为

$$A(\omega) = \frac{k}{\sqrt{(\omega\tau)^2 + 1}} \tag{2-33}$$

相频特性为

$$\varphi(\omega) = -\arctan(\omega\tau) \tag{2-34}$$

根据式(2-33)、式(2-34)，可画出如图2-5所示的一阶传感器的频率响应特性曲线，图2-5a是幅频特性曲线，图2-5b是相频特性曲线。

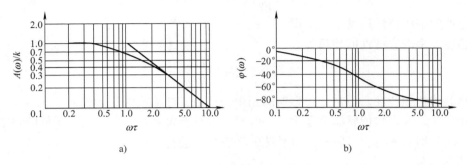

a)   b)

图2-5 一阶传感器的频率响应特性曲线

a) 幅频特性曲线 b) 相频特性曲线

为使传感器系统输出不失真，其幅频特性 $A(\omega)$ 应不随输入信号角频率 ω 的变化而变化，即 $A(\omega)$ 应近似为常数；时间滞后 $\varphi(\omega)/\omega$ 也应近似为常数。根据式(2-33)、式(2-34) 和图2-5，可得出以下一阶系统特征：

1）当 $\omega\tau \ll 1$ 时，$A(\omega)/k \approx 1$，$\varphi(\omega) \approx 0$，系统满足不失真条件，此时传感器输出与输入的关系可看作线性关系。

2）当 $\omega\tau = 1$ 时，可得 $A(\omega) = 0.707k$，此时传感器灵敏度幅值衰减至理想情况的 0.707 倍，通常将 $\omega = 1/\tau$ 时的频率确定为传感器的工作频率上限。

根据以上讨论可得出如下结论：一阶传感器系统的频率响应特性主要取决于时间常数 τ。τ 值越小，传感器的输出特性越接近理想线性关系，失真小，工作频率范围也越宽。

3. 二阶系统

当 $n = 2$ 时，系统称为二阶系统。二阶系统的微分方程和传递函数分别为

$$a_2 \frac{\mathrm{d}^2 y}{\mathrm{d}t^2} + a_1 \frac{\mathrm{d}y}{\mathrm{d}t} + a_0 y = b_0 x \tag{2-35}$$

$$H(s) = \frac{Y(s)}{X(s)} = \frac{b_0}{a_2 s^2 + a_1 s + a_0} = \frac{k}{\dfrac{s^2}{\omega_n^2} + \dfrac{2\xi}{\omega_n}s + 1} \tag{2-36}$$

式中 $k = b_0/a_0$——静态灵敏度；

$\omega_n = \sqrt{a_0/a_2}$——固有角频率（rad/s）；

$\xi = a_1/2 \sqrt{a_0 a_2}$——阻尼比。

频率响应特性为

$$H(\mathrm{j}\omega) = \frac{Y(\mathrm{j}\omega)}{X(\mathrm{j}\omega)} = \frac{k}{1 - \left(\dfrac{\omega}{\omega_n}\right)^2 + \mathrm{j}2\xi\dfrac{\omega}{\omega_n}} \tag{2-37}$$

其幅频特性为

$$A(\omega) = \frac{k}{\sqrt{\left[1 - (\omega/\omega_n)^2\right]^2 + (2\xi\omega/\omega_n)^2}} \tag{2-38}$$

相频特性为

$$\varphi(\omega) = -\arctan\frac{2\xi\omega/\omega_n}{1-(\omega/\omega_n)^2} \tag{2-39}$$

根据式(2-38)、式(2-39)，可画出如图 2-6 所示的二阶传感器的频率响应特性曲线，图 2-6a 是幅频特性曲线，图 2-6b 是相频特性曲线。

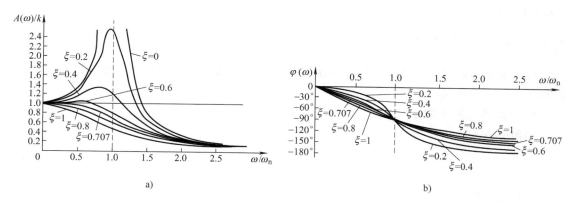

图 2-6　二阶传感器的频率响应特性曲线

a）幅频特性曲线　b）相频特性曲线

据式(2-38)、式(2-39) 和图 2-6，对二阶传感器的频率响应特性作分析如下：

1）当 $\omega/\omega_n \ll 1$，$0 < \xi < 1$ 时，$A(\omega)/k \approx 1$，$\varphi(\omega) \approx 0$，系统满足不失真条件，此时传感器输出与输入的关系可近似看作线性关系，系统接近零阶系统。

2）提高传感器固有角频率 ω_n，可加宽工作频率范围。

3）当 $\xi \to 0$ 时，在 $\omega/\omega_n = 1$ 处 $A(\omega)$ 形成峰值，系统发生谐振；随着 ξ 的增大，谐振现象逐渐消失；当 $\xi \geq 0.707$ 时，系统谐振消失；当 $\xi = 0.7$ 时，幅频特性平坦段最宽。

根据以上讨论可得出如下结论：在设计和选用二阶传感器时，固有角频率 ω_n 至少应大于被测信号频率 ω 的 3～5 倍，即 $\omega_n \geq (3~5)\omega$，且通常 $\xi = 0.6 ~ 0.8$。对正弦输入来说，当 $\xi = 0.6 ~ 0.7$ 时，幅值比 $A(\omega)/k$ 在比较宽的范围内变化较小。计算表明在 $\omega/\omega_n = 0 ~ 0.58$ 范围内，幅值比变化不超过 5%，相频特性中 $\varphi(\omega)$ 接近于线性关系。

例 2.1　已知某传感器为二阶系统，其固有频率 $f_0 = 20\text{kHz}$，阻尼比 $\xi = 0.1$，若要求传感器的输出幅值误差不大于 3%，试确定该传感器的工作频率范围。

解：根据二阶传感器的幅频特性

$$A(\omega)/k = \frac{1}{\sqrt{[1-(\omega/\omega_n)^2]^2 + (2\xi\omega/\omega_n)^2}}$$

当 $\omega = 0$ 时，$A(\omega)/k \approx 1$，无幅值误差；当 $\omega > 0$ 时，$A(\omega)/k$ 一般不等于 1，此时系统出现误差。

若要求传感器的输出幅值误差不大于 3%，应满足 $0.97 \leq A(\omega)/k \leq 1.03$。解方程

$$A(\omega)/k = \frac{1}{\sqrt{[1-(\omega/\omega_n)^2]^2 + (2\xi\omega/\omega_n)^2}} = 0.97$$

得 $\omega_1 = 1.41\omega_n$，解方程

$$A(\omega)/k = \frac{1}{\sqrt{[1-(\omega/\omega_n)^2]^2 + (2\xi\omega/\omega_n)^2}} = 1.03$$

得 $\omega_2 = 0.172\omega_n$，$\omega_3 = 1.39\omega_n$。

根据二阶传感器幅频特性曲线可知，当 $\xi = 0.1$ 时，上面的讨论结果可分成两个频段，即 $0 \sim \omega_2$ 和 $\omega_3 \sim \omega_1$，分别在特性曲线谐振峰左侧和右侧。对于 $\omega_3 \sim \omega_1$ 频段，由于相频特性很差，故不采用。所以只有 $0 \sim \omega_2$ 频段为有用频段，由 $\omega_2 = 0.172\omega_n$ 得 $f_H = 0.172f_0 = 3.44\text{kHz}$，由此可得工作频率范围为 $0 \sim 3.44\text{kHz}$。

2.2.3 阶跃响应特性

传感器的阶跃响应特性是指传感器输入为一个阶跃信号时（相当于突然加载），其输出信号随时间变化的关系。

1. 一阶传感器的阶跃响应

当传感器输入信号为

$$x(t) = \begin{cases} 0 & t \le 0 \\ 1 & t > 0 \end{cases} \tag{2-40}$$

时，其拉普拉斯变换为

$$X(s) = \frac{1}{s}$$

由式(2-31) 可得输出信号的拉普拉斯变换为

$$Y(s) = \frac{k}{\tau s + 1} \cdot \frac{1}{s} = \frac{k}{\tau} \cdot \frac{1}{(s + 1/\tau) \cdot s} \tag{2-41}$$

对式(2-41) 求拉普拉斯反变换，可得传感器的阶跃响应特性为

$$y(t) = k(1 - e^{-t/\tau}) \tag{2-42}$$

由此可见，阶跃响应过渡过程为一指数函数，其特性曲线如图 2-7 所示。系统输出的初值为 0，达到稳态时，输出接近于 k；当 $t = \tau$ 时，$y(t)/k = 0.632$，此值被定义为时间常数。

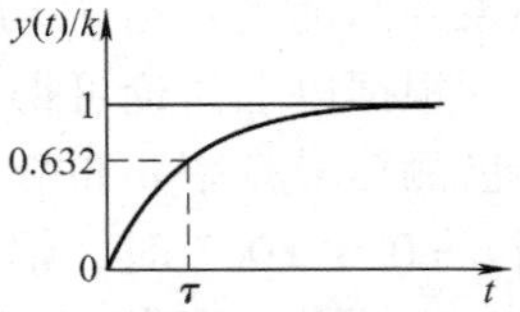

衡量一阶系统阶跃响应的性能指标：

（1）时间常数 τ　传感器输出按指数规律上升至稳态值的 63.2% 所需的时间。τ 值越小，响应曲线越快接近于阶跃曲线，所以时间常数 τ 是反映一阶传感器系统动态响应优劣的关键参数。

图 2-7　一阶传感器的阶跃响应特性曲线

（2）响应时间 T_s　输出值达到允许误差范围所经历的时间。响应时间越小，系统接近稳定的时间越短。在工程上，通常认为当 $T_s = 4\tau$，即输出达到稳定值的 98.2% 时，系统已达到稳定状态。

（3）动态误差

$$\gamma_d = \frac{k - k(1 - e^{-T_s/\tau})}{k} = e^{-T_s/\tau} \tag{2-43}$$

可见，在一阶传感器系统中，τ 值越小，动态误差也越小。

例 2.2　某一阶温度传感器，其时间常数 $\tau = 3\text{s}$，当传感器感受突变温度作用后，试求传感器指示出温度差的 1/3 所需的时间。

解：受突变温度作用的响应为阶跃响应，设温度差为 k，其响应特性为：

$$y(t_1) = k(1 - e^{-t/\tau}) = k(1 - e^{-t/3})$$

指示出温度差的 1/3 所需时间为 t_1，则

$$y(t_1) = k(1 - e^{-t_1/3}) = k/3$$

解方程得

$$t_1 = 1.216s$$

2. 二阶传感器的阶跃响应

当传感器输入信号为式（2-40）的单位阶跃信号，由式（2-36）可得输出信号的拉普拉斯变换为

$$Y(s) = \frac{k}{\tau^2 s^2 + 2\xi\tau s + 1} \cdot \frac{1}{s} \tag{2-44}$$

式中　$\tau = 1/\omega_n$——二阶系统的时间常数（s）。

当 $0 < \xi < 1$ 时，对式（2-44）求拉普拉斯反变换，可得二阶传感器的阶跃响应特性为

$$y(t) = k\left[1 - \frac{e^{-\xi t/\tau}}{\sqrt{1-\xi^2}}\sin\left(\frac{\sqrt{1-\xi^2}}{\tau}t + \arctan\frac{\sqrt{1-\xi^2}}{\xi}\right)\right] \tag{2-45}$$

由式（2-45）可知，当 $0 < \xi < 1$ 时，二阶传感器的阶跃响应特性是一个衰减振荡过程，ξ 越小，振荡频率越高，衰减越慢。其阶跃响应特性曲线如图 2-8 所示。

衡量二阶系统阶跃响应的性能指标如下：

（1）上升时间 T_τ　传感器的输出由稳态值 y_c 的 10% 上升至 90% 所需的时间。T_τ 随 ξ 的增大而增大，其表达式为

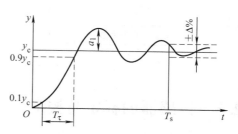

图 2-8　二阶传感器的阶跃响应特性曲线

$$T_\tau = 3\xi/\omega_n \tag{2-46}$$

（2）响应时间 T_s　传感器的输出值达到允许误差范围所经历的时间。对允许相对误差为 $\pm 2\%$ 的二阶系统，其响应时间为

$$T_s = 4/\omega_n\xi \tag{2-47}$$

（3）峰值时间 T_m　传感器的输出响应曲线达到第一个峰值 a_1 所需的时间。其计算表达式为

$$T_m = \pi/(\omega_n\sqrt{1-\xi^2}) \tag{2-48}$$

（4）超调量 α　传感器的输出超过稳定值的最大值。其关系表达式为

$$\alpha = e^{-\xi T_m\omega_n} \tag{2-49}$$

可见，二阶系统在具有相同的 ξ 条件下，ω_n 越大，系统响应越快；ξ 越大，最大超调量越小，但上升时间越长。实际中兼顾超调量不要太大，稳定时间不要太长的要求，选取 ξ 的值，通常 ξ 的取值范围为 $0.6 \sim 0.8$。

【拓展应用系统实例 1】扰动式坦克火力控制系统

坦克火力控制系统是控制坦克武器（主要是火炮）瞄准和发射的成套设备，是传感器应用较集中的部分。火控系统的作用是缩短射击反应时间，提高首发命中率。

目前坦克火力控制系统按其控制方式大致可分为：自动装表火力控制系统、扰动式火力控制系统、非扰动式火力控制系统、指挥仪式火力控制系统、大闭环火力控制系统和电同步

火力控制系统。下面主要介绍扰动式火力控制系统。

扰动式火力控制系统是现代综合火力控制系统的一种。其特征是炮手每完成一次射击，要进行两次精确瞄准，中间要扰动一次。

如图 2-9 所示是 SFCS－600 型火力控制系统框图。SFCS－600 型是英国马可尼雷达系统公司于 1977 年为改装苏制 "T" 系列坦克和美英等国早期坦克而研制成的一种火力控制系统。该系统主要由火力控制计算机、测瞄合一的炮长激光瞄准镜、光点注入装置、目标角速度传感器、耳轴倾斜传感器、横风传感器等组成。

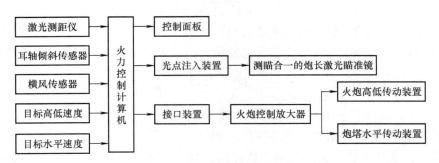

图 2-9　SFCS－600 型火力控制系统框图

2.3　传感器的标定与校准

任何一种传感器，为了确保其测量的准确性、可靠性和统一性，无论是新研制和生产的传感器，还是经过存放和使用一段时间的传感器都必须按国家建立的传感器检定标准，利用标准测试仪器，对其技术性能进行全面检定。通常将对新研制和生产的传感器进行技术检定和标度称为传感器的标定；将对存放和使用一段时间的传感器性能进行重新检定和校正称为传感器的校准。标定和校准的方法和要求均相同。

传感器的标定分为静态标定和动态标定。无论是静态标定还是动态标定，标定系统一般由三部分组成：产生标准输入量的标准发生器、测量非电量的标准测试系统以及测量待标定传感器输出的标准测试仪器。我国标定一般分为三级精度：一级精度标定是国家计量院进行的标定，其级别最高；二级精度标定是省部级计量部门进行的标定；三级精度标定是市、企业计量部门进行的标定。按国家规定，只能用上一级标准装置标定下一级传感器及配套仪表，如果待标定传感器精度较高，可跨级采用更高级别的标准装置。需要注意的是，工程测试所用传感器的标定应在与其使用条件相似的环境下进行。

2.3.1　静态标定

传感器静态标定的目的是在静态标准条件下确定传感器的静态特性指标，如线性度、迟滞、重复性、灵敏度、阈值、稳定性、漂移、静态误差等。所谓静态标准条件是指没有加速度、振动、冲击（除非它们本身是被测量），以及环境温度为 $(20 \pm 5)℃$、相对湿度不大于 $85\% RH$ 和大气压力为 $(101 \pm 7)kPa$ 的情况。

进行静态标定首先要建立一个满足要求的静态标定系统，其关键是选择与被标定传感器的精度要求相适应的一定等级的标准仪器设备，之后的标定过程具体步骤如下：

1）连接测试系统，确定被标定传感器的量程范围，并按一定标准将全量程划分为若干个等间距标定点（通常划分 10 个以上标定点）。

2）按标定点的设置，先由小到大，再由大到小逐点将标准信号输入传感器，并记录下标准输入与对应输出的测量值，完成传感器正、反行程的标定测量。

3）按步骤 2）的过程对传感器进行正、反行程往复循环多次测量，并记录相应数据。

4）得到输出、输入测试数据列表，并绘制出传感器的静态特性曲线。

5）对测试数据进行线性化处理后，即可确定被标定传感器的静态特性指标。

2.3.2　动态标定

传感器动态标定的目的是通过实验的方法确定传感器的动态响应特性，如一阶传感器的时间常数、二阶传感器的固有角频率和阻尼比等。对传感器进行动态标定，需要一标准输入信号，常用的标准输入信号有两类，一是周期信号，如正弦信号、三角波信号等，常用的周期信号为正弦信号；二是瞬变信号，如阶跃信号、半正弦波信号，常用的瞬变信号为阶跃信号。用标准信号输入传感器后可测量得出相应的输出信号，经分析计算、数据处理即可确定被标定传感器的动态特性指标。下面以一阶传感器的时间常数标定为例，介绍传感器动态特性指标的标定方法。

一阶传感器时间常数的测量通常采用阶跃响应进行分析计算。

输入阶跃信号测量时间常数的方法通常有两种：一是用实验的方法测出系统的单位阶跃响应曲线，求取输出到达最终稳定值的 63.2% 所需的时间，即为系统的时间常数。这种方法简单，但精度不高；二是根据以下分析计算获得：

首先用实验的方法测出系统的单位阶跃响应曲线，如图 2-9a 所示；再根据一阶系统单位阶跃响应函数

$$y(t) = 1 - e^{-t/\tau}$$

可得

$$\ln[1 - y(t)] = -\frac{t}{\tau} \tag{2-50}$$

令 $Z = \ln[1 - y(t)]$，有

$$Z = -\frac{t}{\tau} \tag{2-51}$$

可见，Z 和 t 呈线性关系。根据图 2-10a，可作出 $Z(t)$ 曲线，如图 2-10b 所示，则有

$$\tau = -\frac{\Delta t}{\Delta Z} \tag{2-52}$$

这种方法标定出的 τ 值精度度高。

【拓展应用系统实例 2】传感器在手机系统中的应用

手机中传感器的应用非常广泛，尤其是智能手机。如在手机拍照、摄像和微信"扫一扫"等功能中，手机摄像头（即图像传感器）起着至关重要的作用；手机中使用光敏晶体管作为光线传感器，根据环境明暗来判断用户的使用条件，从而对手机进行智能调节，达到节能和方便使用的目的；某些手机移动到耳边打电话时，就会自动关闭屏幕和背光，这样就

可以延长手机的续航时间;在早期的翻盖、滑盖手机中会用到干簧管或霍尔等磁控传感器,通过磁信号来控制线路的通断;触摸屏是手机中使用的触摸传感器的俗称,目前在手机中最常见的触摸屏有电阻屏和电容屏;目前很多手机上都实现了电子罗盘的功能,要实现电子罗盘功能,需要一个检测磁场的三轴磁力传感器和一个三轴加速度传感器。

如图 2-11 所示为 iPhone4 手机使用的意法半导体公司的 MEMS 三轴陀螺仪芯片,芯片内部包含有一块微型磁性体,它可以在手机进行旋转运动时产生的科里奥利力作用下向 X、Y、Z 三个方向发生位移,利用这一原理便可测出手机的运动方向,而芯片核心中的另外一部分可以将有关的传感器数据的格式转换为 iPhone4 可以识别的数据格式。

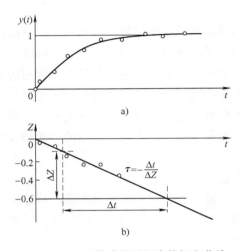

图 2-10 一阶传感器时间常数标定曲线
a) 系统的单位阶跃响应曲线 b) $Z(t)$ 曲线

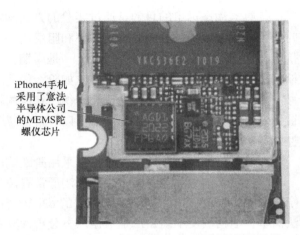

iPhone4手机采用了意法半导体公司的MEMS陀螺仪芯片

图 2-11 iPhone4 手机中的 MEMS 三轴陀螺仪芯片

拓展训练项目

【项目 1】 飞机风挡玻璃的防冰与防雾控制系统设计

飞机飞行时,由于环境温度和气流速度的作用,驾驶舱风挡玻璃经常会出现结冰现象,危及飞机的飞行安全。通过查找资料,了解飞机风挡玻璃防冰、防雾的常用方法,再结合所学专业知识,试设计一个飞机电热防冰防雾控制系统。

【项目 2】 传感器在洗衣机中的应用

根据洗衣机的基本功能,思考要用到哪几种传感器,并指出这些传感器起什么作用?根据所学专业知识,试设计一个电路系统,完成其中某一参数的测量或控制。

习 题

2.1 描述传感器静态、动态特性主要技术指标有哪些?试分别说明它们的含义。

2.2　传感器特性线性化处理有何意义？如何用最小二乘法确定拟合直线？

2.3　什么是传感器的差动技术？有何特点？

2.4　有一传感器给定精度为 2% FS，满度值输出为 50mV，求可能出现的最大误差 δ（以 mV 计）。当传感器使用在满刻度的 1/2 和 1/8 时，计算可能产生的误差百分数。由计算结果能得出什么结论？

2.5　某一阶湿度传感器，其输出为 y，输入为 x，微分方程为

$$60 \frac{\mathrm{d}y}{\mathrm{d}t} + 4y = 3x$$

试求该湿度传感器的时间常数 τ 和静态灵敏度 k。

2.6　有一一阶传感器，其时间常数 $\tau = 0.318\mathrm{s}$，用它来测量周期分别为 1s 和 2s 的正弦信号，问幅值相对误差为多少？

2.7　设有一二阶力传感器，其固有频率为 800Hz，阻尼比 $\zeta = 0.4$，试求用该传感器测定 400Hz 正弦变化的外力时所产生的振幅相对误差和相位误差。

2.8　在某二阶传感器的频率特性测试中，谐振发生在频率 216Hz 处，并得到最大的幅值比为 1.4，试估算该传感器的阻尼比和固有频率各为多少？

2.9　为何要对传感器进行标定和校准？标定和校准有什么本质不同吗？

第3章

电阻应变式传感器

电阻应变式传感器是利用电阻应变效应将被测量转换为电量输出的传感器，是最常用的传感器之一。它的核心元件是电阻应变片（也称电阻应变计）。通过应变片可构成各种应用传感器，如测力、压力、位移、应变、扭矩、加速度传感器等。

一般来说，电阻应变式传感器具有以下优点：

1）性能稳定、可靠，测量精度高，可达 $0.1\% \sim 0.01\%$ FS。

2）能测出极其微小的应变，分辨力可达 $1 \sim 2\mu\varepsilon$。

3）应用范围广，可用于应力、压力、重量、转矩、加速度等的测量。据统计日本力传感器中应变片占 70%，美国占 90%。

4）测力范围广，小到肌肉纤维（5×10^{-5}N），大到登月火箭（5×10^7N）的受力都可以测量。

5）动态特性良好，金属电阻应变片响应时间约为 10^{-7}s，半导体电阻应变片响应时间约为 10^{-9}s。

6）价格便宜，品种多样，便于选择。

7）体积小、重量轻、结构简单，易于实现小型化、集成化和智能化。

但是电阻应变式传感器也存在一定缺点：

1）具有一定的非线性，尤其是半导体应变式传感器的非线性更为严重。

2）输出信号微弱，抗干扰能力较差。

3）只能测量应变栅范围内的平均应变，而不能反映应力梯度的变化。

4）温度变化会引起电阻应变片电阻的变化，从而产生测量误差。

尽管电阻应变式传感器存在上述缺点，但可采取相应措施进行补偿，因此它广泛应用于自动测试和控制技术中。

3.1 电阻应变片的工作原理

电阻应变片的工作原理是基于电阻应变效应，即导体或半导体材料在外界力的作用下产生机械变形时，其电阻值发生相应变化的现象。如图 3-1 所示，一根金属电阻丝，在其未受力时，原始电阻 R（Ω）为

$$R = \frac{\rho l}{A} \qquad (3-1)$$

式中 ρ——电阻丝的电阻率（$\Omega \cdot$ m）；

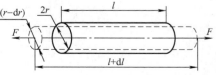

图 3-1　金属电阻丝应变效应

l——电阻丝的长度（m）；

A——电阻丝的截面积（m^2）。

当电阻丝受到拉力 F 作用时，轴向伸长 dl，横向减小 dr，横截面积相应减小 dA，电阻率将因材料晶格发生变形等因素影响而改变 $d\rho$，从而引起电阻值相对变化量为

$$\frac{dR}{R} = \frac{dl}{l} - \frac{dA}{A} + \frac{d\rho}{\rho} \tag{3-2}$$

式中　dl/l——材料的轴向线应变，用 ε 表示（单位：$\mu\varepsilon$，$1\mu\varepsilon = 1 \times 10^{-6}\varepsilon$），即

$$\varepsilon = dl/l \tag{3-3}$$

dA/A——圆形电阻丝的截面积相对变化量，设 r 为电阻丝的半径，面积微分后可得 $dA = 2\pi r dr$，则

$$\frac{dA}{A} = 2\frac{dr}{r} \tag{3-4}$$

由材料力学可知，在弹性范围内，金属电阻丝受拉力时，沿轴向伸长，沿径向缩小，那么轴向线应变和径向线应变的关系可表示为

$$\frac{dr}{r} = -\mu\frac{dl}{l} = -\mu\varepsilon \tag{3-5}$$

式中　μ——电阻丝材料的泊松比，负号表示应变方向相反。

将上述关系式代入式(3-2)，可得

$$\frac{dR}{R} = (1 + 2\mu)\varepsilon + \frac{d\rho}{\rho} \tag{3-6}$$

常用的电阻应变片为金属电阻应变片和半导体电阻应变片，这两种电阻应变片电阻率相对变化的受力效应是不一样的，下面分别进行讨论：

1. 金属材料的电阻应变效应

实验表明，金属材料的电阻率相对变化与其体积相对变化之间有如下关系

$$\frac{d\rho}{\rho} = C\frac{dV}{V} \tag{3-7}$$

式中　C——为常数，其大小由金属材料和加工方式决定；

V——金属材料的体积（m^3）。

而

$$\frac{dV}{V} = \frac{dl}{l} + \frac{dA}{A} = (1 - 2\mu)\varepsilon$$

将上述关系式代入式(3-6)，并将微分形式写为增量形式，可得

$$\frac{\Delta R}{R} = \left[(1 + 2\mu) + C(1 - 2\mu) \right]\varepsilon = K_m\varepsilon \tag{3-8}$$

式中　$K_m = (1 + 2\mu) + C(1 - 2\mu)$——金属材料的应变灵敏系数。

可见，金属材料的应变灵敏系数由两部分组成：受力后金属材料几何尺寸变化所致和电阻率随应力变化所致。金属材料的电阻相对变化与其线应变成正比，这就是金属材料的电阻应变效应，其大小以结构尺寸变化为主，通常 $K_m = 1.5 \sim 4.8$。

2. 半导体材料的电阻应变效应

任何材料在某一轴向受到外力作用时，其电阻率会在某种程度上发生变化，这种现象称

为材料的压阻效应。实验结果表明，锗、硅等单晶半导体材料具有明显的压阻效应。

$$\frac{\mathrm{d}\rho}{\rho} = \pi\sigma = \pi E\varepsilon \tag{3-9}$$

式中　σ——作用于半导体材料的轴向应力（Pa）；

　　　π——半导体材料在受力方向的压阻系数（m^2/N）；

　　　E——半导体材料的弹性模量（N/m^2）。

将式（3-9）代入式（3-6），并写成增量形式可得

$$\frac{\Delta R}{R} = \left[(1+2\mu) + \pi E\right]\varepsilon = K_s\varepsilon \tag{3-10}$$

式中　$K_s = (1+2\mu) + \pi E$——半导体材料的应变灵敏系数。

可见，半导体材料的应变灵敏系数也由两部分组成：第一部分为受力后半导体材料几何尺寸变化所致，第二部分为压阻效应所致。对于半导体材料，第二部分远大于第一部分，因此半导体材料的应变灵敏系数大小主要取决于压阻效应。显然，半导体材料的应变灵敏系数远高于金属材料的应变灵敏系数，通常 $K_s = (50 \sim 100)K_m$。

3.2　电阻应变片的分类与结构

3.2.1　电阻应变片的分类

电阻应变片有很多种系列，几种典型的金属应变片敏感栅结构形式如图 3-2 所示。图 3-2a 为短接式金属丝式，图 3-2b、c 和 d 为金属箔式。

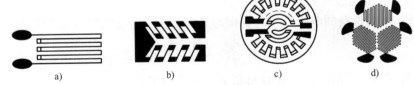

图 3-2　几种典型的金属应变片敏感栅结构形式

a）短接式金属丝式　b）、c）、d）金属箔式

电阻应变片常见分类见表 3-1。

表 3-1　电阻应变片的分类

大类	分类方法	电阻应变片的名称
金属应变片	敏感栅结构	单片、双片、各类特殊形状图案
	基底材料	纸质基底、胶质基底、金属基底、浸胶基底
	制栅工艺	丝绕式、短接式、箔式、薄膜式
	使用温度	低温（-30℃以下）、常温（-30～60℃）、中温（60～350℃）、高温（350℃以上）
	安装方式	粘贴式、焊接式、喷涂式、埋入式
	用途	一般用途、特殊用途（高压、水下、磁场、高温、低温等）
半导体应变片	制造工艺	体型、扩散（含外延）型、薄膜型、PN 结型

3.2.2 电阻应变片的结构和材料选用要求

根据所用材料及制成工艺的不同，电阻应变片的结构形式很多，但其主要组成部分基本相同。图 3-3 给出了金属丝式应变片结构。它由 1 敏感栅、2 基底、3 盖片、4 引线和黏结剂 5 部分组成。图 3-3b 中 l 称为栅长，b 称为栅宽。电阻应变片测得的应变大小是电阻应变片栅长和栅宽所在面积内的平均轴向应变量。

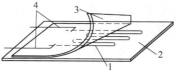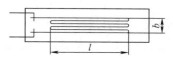

a)   b)

图 3-3　金属丝式应变片的结构

a) 其结构中的几部分　b) 其敏感栅的栅长与栅宽
1—敏感栅　2—基底　3—盖片　4—引线

1. 敏感栅

敏感栅是实现应变-电阻转换的敏感元件。为了在较小的应变片尺寸范围内产生较大的应变输出，通常把应变敏感元件应变丝制成栅状，称为敏感栅。一般用于制造敏感栅的金属细丝直径为 0.015 ~ 0.05mm，或用厚度在 0.003 ~ 0.01mm 之间的金属箔腐蚀成金属箔栅。栅长规格从零点几毫米到几百毫米，分别用于不同的用途。

根据电阻应变片的实际使用情况，制作敏感栅的材料需合理地选用。

1）材料的应变灵敏系数应尽量大，并在所测应变范围内保持为常数。

2）材料的电阻率应高而稳定，以便于制造小栅长的电阻应变片。

3）材料的电阻温度系数应尽量小。

4）材料应具有抗氧化能力强、耐腐蚀的特点。

5）材料应具有足够的抗拉强度。

6）材料的加工性能良好，易于拉制成丝或轧压成箔材。

7）材料应易于焊接，引线材料的热电动势小。

2. 基底和盖片

为保持敏感栅、引线的固定的几何形状、尺寸和相对位置，通常用黏结剂将其固定在纸质或胶质基底上，由于基底起着把试件应变准确传递给敏感栅的作用，所以基底必须很薄，一般为 0.02 ~ 0.04mm；为保护敏感栅，还需在敏感栅上用与基底一致的材料粘贴一层盖片。

3. 黏结剂

黏结剂的作用主要有两个：① 将敏感栅固定于基底上，并将盖片与基底粘贴在一起；② 将电阻应变片粘贴在构件表面某个方向和位置上，实现构件某个位置的应力测量。

由于黏结剂的主要功能是要将试件的应变及时准确的传递给电阻应变片敏感栅，故正确选取黏结剂非常重要。通常对黏结剂的选用要求如下：

1）黏结强度高，抗剪强度大，通常要求抗剪强度应大于 $9.8 \times 10^6 \text{Pa}$。

2）弹性模量大、固化收缩小、温度膨胀系数和力学性能参数尽量与试件相匹配。

3）抗腐蚀、涂刷性好、使用简便。

4）化学性能稳定、可长期储存。

5）电气绝缘性能良好，耐老化、耐温与耐湿性能良好。

常用的黏结剂分为两大类：① 有机黏结剂，如聚丙烯酸酯、酚醛树脂、有机硅树脂及聚酰亚胺等，主要用于低温、常温和中温；② 无机黏结剂，如磷酸盐、硅酸盐、硼酸盐等，主要用于高温。

4. 引线

它是从电阻应变片的敏感栅中引出的细金属线。常用直径 $0.1 \sim 0.15\text{mm}$ 的镀锡或镀银铜线。对引线材料的选用通常要求：电阻率低、电阻温度系数小、抗氧化性能好、易于焊接。实际上，大多数敏感栅材料都可制作引线。

3.3 金属应变片的主要特性

3.3.1 静态特性

1. 应变灵敏系数

由 3.1 节的讨论可知，金属电阻丝的电阻相对变化与它所感受的线应变之间具有线性关系，其应变灵敏系数为 K_m。将金属丝做成金属应变片后，由于基片、黏结剂以及敏感栅的横向效应，其应变灵敏系数将发生改变，必须重新进行标定。标定应在规定条件下按统一标准进行。标定规定条件为：① 试件材料取泊松比 $\mu_0 = 0.285$ 的钢；② 试件单向受力；③ 金属应变片轴向与主应力方向一致。实验证明，金属应变片的电阻相对变化 $\Delta R/R$ 与应变 $\Delta l/l = \varepsilon$ 之间在很大范围内是线性的，即

$$\frac{\Delta R}{R} = K\varepsilon \tag{3-11}$$

式中　K——金属应变片的应变灵敏系数，一般 $K < K_\text{m}$。

例 3.1　设有一弹性试件，其受力横截面积 $S = 0.5 \times 10^{-4}\text{m}^2$，弹性模量 $E = 2 \times 10^{11}\text{N}/\text{m}^2$，现将一初始电阻为 100Ω 的金属应变片贴在弹性试件上，若有 $F = 5 \times 10^4\text{N}$ 的拉力引起金属应变片电阻变化 1Ω。试求该金属应变片的应变灵敏系数。

解：由题意可知

$$\frac{\Delta R}{R} = \frac{1}{100}$$

根据材料力学知识，应变 $\varepsilon = \sigma/E$（$\sigma = F/S$ 为试件所受应力），故

$$\varepsilon = \frac{F}{SE} = \frac{5 \times 10^4}{0.5 \times 10^{-4} \times 2 \times 10^{11}} = 0.005$$

金属应变片的应变灵敏系数

$$K = \frac{\Delta R/R}{\varepsilon} = \frac{1/100}{0.005} = 2$$

> **微思考**
>
> 小　智：嗨，技术男，问你个问题呗，粘在试件上标定后的应变片再取下来还能用吗？
>
> 技术男：不能用了。产品标定通常是在每批产品中提取一定百分比（如 5%）的产品进行测定，取其平均值作为这一批产品的应变灵敏系数。
>
> 小　智：哦，知道了🙂。

2. 横向效应

图 3-4 所示金属丝式应变片敏感栅可划分为直线段和半圆弧两部分组成。若该金属应变片承受轴向应力 σ 而产生纵向拉应变 ε_x 时，如图 3-4a 所示，则敏感栅各直线段的电阻将增加，但在敏感栅各半圆弧段，如图 3-4b 所示，在感受纵向拉应变 ε_x 而使电阻增加的同时，还要感受横向压应变 ε_y 而使电阻减小，即半圆弧段电阻变化既受轴向线应变的影响，也受横向效应的影响，这种现象称为应变片的横向效应。

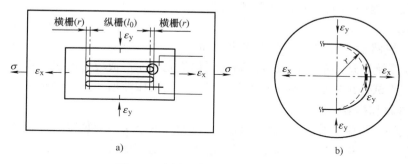

图 3-4　金属丝式应变片横向效应

当应变片承受轴向应变力，由于横向效应的影响，半圆弧段的电阻变化将小于沿轴向安放的同样长度电阻丝电阻的变化。轴向应变力引起应变片总的电阻相对变化为

$$\frac{\Delta R}{R} = K_x \varepsilon_x + K_y \varepsilon_y = K_x (1 + \alpha H) \varepsilon_x \tag{3-12}$$

式中　K_x——纵向应变灵敏系数；

　　　K_y——横向应变灵敏系数；

$\alpha = \varepsilon_y / \varepsilon_x$——横向应变与纵向应变比；

$H = K_y / K_x$——横向应变灵敏系数与纵向应变灵敏系数之比。

下面对式(3-12)进行讨论：

1）在标定条件下，由于 $\alpha = \varepsilon_y / \varepsilon_x = -\mu_0$，则有

$$\frac{\Delta R}{R} = K_x (1 - \mu_0 H) \varepsilon_x = K \varepsilon_x \tag{3-13}$$

式中，$K = K_x (1 - \mu_0 H)$ 为金属应变片应变灵敏系数。显然，应变灵敏系数 K 随横向效应影响增大而减小。

2）在非标定条件下，即当实际使用金属应变片的条件与其应变灵敏系数 K 的标定条件不同时，如 $\mu \neq 0.285$ 或受非单向轴向应力状态，由于横向效应的影响，实际 K 值要改变，如仍按标定应变灵敏系数来进行计算，可能造成较大误差。其相对误差为

$$\gamma = \frac{H}{1 - \mu_0 H} (\mu_0 + \alpha) \tag{3-14}$$

若被测试件泊松比为 μ，且主应力与金属应变片轴向一致，则有 $\alpha = -\mu$，则式(3-14)变成

$$\gamma = \frac{H}{1 - \mu_0 H} (\mu_0 - \mu) \tag{3-15}$$

可见，H 越小，误差越小。因此，对丝式应变片应尽量减小横栅 b 的宽度，增加纵栅 l 的长度，以减小 H。实际中，为了减小横向效应产生的测量误差，通常采用箔式应变片。

3. 机械滞后

由于敏感栅、基底、黏结剂，或使用过程中的过载、过热，会使应变计产生残余变形，使敏感栅电阻发生少量的不可逆变化，导致在同一温度下应变片加载和卸载时，对同一机械应变 ε，应变片的指示应变值不同。实际应变与指示应变特性曲线正反行程中的最大差值即为机械滞后，如图 3-5 所示。

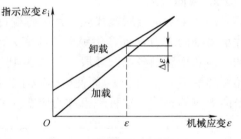

图 3-5　应变片的机械滞后

为减小机械滞后，在制作或使用应变片时，应避免敏感栅受到不适当的变形或者黏结剂固化不充分而造成较大的机械滞后。此外，在正式测试之前应将试件预先加、卸载若干次，以减少因机械滞后所产生的测量误差。

4. 零点漂移和蠕变

粘贴在试件上的应变片，当试件空载时，应变片的指示应变值随时间变化的现象称为零点漂移。产生零点漂移的主要原因是敏感栅通电后的温度效应、应变片的内应力逐渐变化及黏结剂固化不充分等。

在恒温恒载条件下，应变片的指示应变值随时间单向变化的特性称为蠕变，通常要求小于 $(3 \sim 5)\ \mu\varepsilon$。引起蠕变的主要原因是制作应变片时内部产生的内应力、工作中出现的剪应力、以及胶层之间产生的"滑动"所致。选用弹性模量较大的黏结剂，适当减薄胶层，并使之充分固化，可减小应变片的蠕变。

5. 应变极限

应变极限通常是指在一定温度下，应变片的指示应变对测试下的真实应变的相对误差不超过 10% 时的最大真实应变值。如图 3-6 所示，纵坐标是应变片的指示应变，横坐标为试件表面的真实应变。当应变量较小时，应变片的指示应变值随试件表面的真实应变的增加而线性增加。如曲线 1 所示。当试件表面的应变不断增加时，曲线 1 由直线逐渐变弯，产生非线性误差，用相对误差 γ 表示为

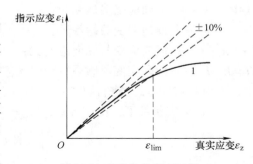

图 3-6　应变片的应变极限

$$\gamma = \frac{|\varepsilon_{\mathrm{z}} - \varepsilon_{\mathrm{i}}|}{\varepsilon_{\mathrm{z}}} \times 100\% \tag{3-16}$$

通常要求 $\varepsilon_{\mathrm{lim}} \geqslant 8000\mu\varepsilon$，影响应变极限的主要因素及改善措施与蠕变基本相同。

6. 允许电流

允许电流是指不因电流产生热量影响测量精度，应变片允许通过的最大电流。工作电流大，应变片输出信号也大，灵敏度就高，但太大的工作电流会使应变片本身发热，影响应变片的性能，甚至烧坏应变片。为了保证测量精度，在静态测量时，允许电流一般为 25mA；在动态测量时，允许电流可达 75 ~ 100mA。

7. 初始电阻

初始电阻是指未安装和没有受力的应变片在室温条件下测定的电阻值（原始电阻值）。

目前，应变片电阻值（R_0）已趋标准化，常用的阻值有 60Ω、120Ω、250Ω、350Ω、600Ω 和 1000Ω，其中 120Ω 为最常使用阻值。

3.3.2 动态特性

当被测量变化频率较高时，应考虑电阻应变片的动态响应特性。在动态情况下，应变片是以应变波的形式在材料中传播的，其传播速度与声波的速度相同。应变波从试件材料经过应变片的基底、胶层而传递到敏感栅所需时间约为 $2 \times 10^{-7}\mathrm{s}$，这一时间极其短暂，通常可忽略不计。但是当应变波沿应变片长度方向经过敏感栅时，情况就不同了。由于应变片所反映的应变量是应变片栅长 l 内所感受应变量的平均值，而只有当应变波通过应变片敏感栅全部长度后，应变片反映的波形才能达到最大值，因而会产生动态响应滞后，从而产生动态测量误差。

1. 对正弦应变波的响应

当被测量为正弦规律变化的应变波时，由于应变片反映的应变波形是应变片栅长 l 内所感受应变量的平均值，因此应变片输出的波幅与真实应变波的大小存在一定误差，并且这种误差将随应变片基片长度的增加而加大。当基片一定时将随频率的增加而加大。图 3-7 为一频率为 f，幅值为 ε_0 的正弦应变波 $\varepsilon = \varepsilon_0 \sin 2\pi f t$ 通过试件时，应变片处于应变波达到最大值时的瞬时情况。设应

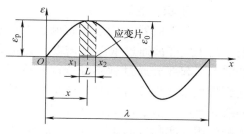

图 3-7 应变片正弦应变波的响应

变波以速度 v 沿着应变片纵向 x 方向传播，波长为 λ，应变片的基长为 L，两端点的坐标分别为 x_1 和 x_2，其值分别为

$$x_1 = \frac{\lambda}{4} - \frac{L}{2} \qquad x_2 = \frac{\lambda}{4} + \frac{L}{2}$$

此时应变片在其基长 L 内测得的平均应变 ε_p 达到最大值。其值为

$$\varepsilon_\mathrm{p} = \frac{\int_{x_1}^{x_2} \varepsilon_0 \sin \frac{2\pi}{\lambda} x \mathrm{d}x}{x_2 - x_1} = -\frac{\lambda \varepsilon_0}{2\pi L}\left(\cos \frac{2\pi}{\lambda} x_2 - \cos \frac{2\pi}{\lambda} x_1\right)$$

$$= \frac{\lambda \varepsilon_0}{\pi L} \sin \frac{\pi L}{\lambda}$$

设 $\phi = \frac{\pi L}{\lambda}$，则应变波幅测量的相对误差 γ 为

$$\gamma = \frac{\varepsilon_0 - \varepsilon_\mathrm{p}}{\varepsilon_0} = 1 - \frac{\sin\phi}{\phi}$$

由于 $\frac{\pi L}{\lambda} \ll 1$，故可将 $\frac{\sin\phi}{\phi}$ 展开成级数，略去高阶小量后可得

$$\gamma \approx \frac{\phi^2}{6} = \frac{1}{6}\left(\frac{\pi L}{\lambda}\right)^2 \tag{3-17}$$

将 $\lambda = \frac{v}{f}$ 代入式（3-17），可获得允许测量的相对误差为 γ 时应变片的工作频率为 $f = \frac{v}{\pi L}\sqrt{6\gamma}$。

例 3.2 某钢材中应变波的传播速度 $v = 5000\text{m/s}$，若要求测量的相对误差 $\gamma < 1\%$，对栅长 $L = 1\text{mm}$ 的应变片，求其允许的最高工作频率。

解：根据

$$f = \frac{v}{\pi L}\sqrt{6\gamma}$$

可求得最高工作频率

$$f = \frac{5 \times 10^6}{\pi}\sqrt{6 \times 0.01}\,\text{Hz} = 390\text{kHz}$$

由式 (3-17) 可知，测量的相对误差 γ 与应变波长对基长的相对比值 $n = \lambda/L$ 有关。n 越大，测量的相对误差 γ 越小。一般可取 $\lambda/L = 10 \sim 20$，此时测量的相对误差 γ 介于 0.4% ~ 1.6% 之间。

2. 对阶跃应变波的响应

图 3-8 中曲线 a 为沿敏感栅轴向传播的阶跃应变波。由于应变波通过敏感栅需要一定时间，当阶跃应变波的跃起部分通过敏感栅全部长度后，电阻变化才达到最大值。应变片的理论响应特性曲线如图 3-8 中曲线 b 所示。由于应变片粘合层对应变中高次谐波的衰减作用，实际波形如图 3-8 中曲线 c 所示，近似为二阶系统的阶跃响应。如以输出从最大值的 10% 上升到 90% 的这段时间为上升时间，则

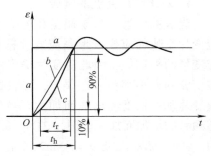

图 3-8 应变片阶跃应变波的响应

$$t_k = 0.8\frac{L}{v} \tag{3-18}$$

式中 L——应变片基长；

v——应变波的速度。

实际中，可根据 t_k 来估算应变片的工作频率，即

$$f = \frac{0.35}{t_k} = 0.44\frac{v}{L} \tag{3-19}$$

实际上 t_k 值是很小的。例如：当应变片基长 $L = 20\text{mm}$、应变波速度 $v = 5000\text{m/s}$ 时，$t_k = 3.2 \times 10^{-6}\text{s}$，$f = 110\text{kHz}$。

微思考

小　敏：技术男，实际中应力测量很重要吗？

技术男：当然了。实际中许多场合都需要监测应力，如监测道路、桥梁、铁路、隧道、桩基等结构表面的应变和应力。应变片除了直接粘在被测试件上测量试件的应变和应力外，还广泛用作传感元件研制成各种应变式传感器，用来测量其他物理量，如压力、扭矩、加速度等。

小　敏：哇，太厉害了☺。

3.4　测量电路

应变式传感器是利用导体或半导体材料的电阻应变效应制成的一种测量器件，用于测量微小的机械应变量。要把这微小应变引起的微小电阻变化精确地测量出来，必须采用特别设计的测量电路，把应变片的电阻变化（$\Delta R/R$）转换成电压或电流变化。通常电阻应变片测量电路采用直流电桥或交流电桥。

3.4.1　直流电桥

1. 平衡条件

直流电桥电路如图 3-9 所示，图中 E 为电源电压，R_1、R_2、R_3 及 R_4 为桥臂电阻，R_L 为负载电阻。

当 $R_L \rightarrow \infty$ 时，电桥输出电压为

$$U_o = E \frac{R_1 R_4 - R_2 R_3}{(R_1 + R_2)(R_3 + R_4)} \tag{3-20}$$

当电桥平衡时，$U_o = 0$，则 $R_1 R_4 = R_2 R_3$ 为电桥平衡条件。即欲使电桥平衡，相对两臂电阻的乘积应相等。

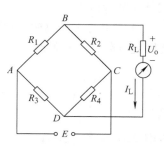

图 3-9　直流电桥电路

2. 输出特性

下面讨论 4 个桥臂接入应变片后的电压输出特性。

设电桥初始平衡，各桥臂应变片电阻变化分别为 ΔR_1、ΔR_2、ΔR_3、ΔR_4，代入式(3-20)得输出电压为

$$U_o = E \frac{(R_1 + \Delta R_1)(R_4 + \Delta R_4) - (R_2 + \Delta R_2)(R_3 + \Delta R_3)}{(R_1 + \Delta R_1 + R_2 + \Delta R_2)(R_3 + \Delta R_3 + R_4 + \Delta R_4)} \tag{3-21}$$

令桥臂比 $(R_2/R_1) = (R_4/R_3) = n$，则有

$$U_o = \frac{nE}{(1+n)^2} \frac{\dfrac{\Delta R_1}{R_1} - \dfrac{\Delta R_2}{R_2} - \dfrac{\Delta R_3}{R_3} + \dfrac{\Delta R_4}{R_4}}{\left[1 + \dfrac{n}{1+n}\left(\dfrac{\Delta R_1}{R_1} + \dfrac{\Delta R_2}{R_2} + \dfrac{\Delta R_3}{R_3} + \dfrac{\Delta R_4}{R_4} \right) \right]} \tag{3-22}$$

通常 $\Delta R_i \ll R_i$，故分母中 $\Delta R_i/R_i$ 各项可忽略，则

$$U_o = \frac{nE}{(1+n)^2}\left(\frac{\Delta R_1}{R_1} - \frac{\Delta R_2}{R_2} - \frac{\Delta R_3}{R_3} + \frac{\Delta R_4}{R_4} \right) \tag{3-23}$$

式(3-23) 中电桥的电压灵敏度为

$$S_u = \frac{n}{(1+n)^2}E \tag{3-24}$$

当 $\mathrm{d}S_u/\mathrm{d}n = 0$ 时，S_u 最大，输出电压最大。由此可得 $n = 1$ 时，S_u 为最大值，即电桥的电压灵敏度最高。因此，测量电路电桥通常采用全等臂或半等臂电桥，此时 $n = 1$，则由式(3-23) 得

$$U_o = \frac{E}{4}\left(\frac{\Delta R_1}{R_1} - \frac{\Delta R_2}{R_2} - \frac{\Delta R_3}{R_3} + \frac{\Delta R_4}{R_4} \right) = \frac{EK}{4}(\varepsilon_1 - \varepsilon_2 - \varepsilon_3 + \varepsilon_4) \tag{3-25}$$

对式(3-25)进行分析，可得出以下结论：

1）当 $\Delta R_i \ll R_i$ 时，输出电压与四臂应变的代数和呈线性关系。

2）若四臂的应变极性一致，即同为拉应变或压应变时，相对臂应变 ε_1 与 ε_4 相加，相邻臂应变 ε_1 与 ε_2、ε_3 相减。这种特性称为应变电桥的"和差特性"。

应变测量时，要充分利用上述应变电桥的"和差特性"，根据试件不同的受力状态，通过合理布片和接桥，获取所需的应变量，剔除不需要的应变量，以实现温度补偿、非线性补偿和提高测量的灵敏度。

实际应用中，应变电桥可以是单臂工作电桥（一个桥臂接入应变片），双臂工作电桥（两个桥臂接入应变片）和四臂工作电桥（四个桥臂均接入应变片），下面对这几种工作方式分别进行讨论。

（1）单臂工作电桥　单臂工作电桥如图3-9所示，若 R_1 接入应变片，R_2、R_3、R_4 为平衡固定电阻，若初始时 $R_1 = R_2 = R_3 = R_4 = R$，即 $n=1$ 时，则由式(3-22)可得

$$U_{\circ} = \frac{\frac{E}{4} \times \frac{\Delta R}{R}}{1 + \frac{1}{2}\frac{\Delta R}{R}} \tag{3-26}$$

考虑 $\Delta R_1 \ll R_1$，则有

$$U_{\circ} \approx \frac{E}{4} \times \frac{\Delta R}{R} \tag{3-27}$$

可见，单臂工作电桥输出特性具有近似的线性关系，其电压灵敏度为 $S_u = E/4$。

（2）相邻差动双臂工作电桥　相邻差动双臂工作电桥如图3-10所示，一臂电阻应变变化为 $R_1 + \Delta R$，另一臂电阻应变变化为 $R_2 - \Delta R$，R_3、R_4 为平衡桥臂。若初始时 $R_1 = R_2 = R_3 = R_4 = R$，则根据式(3-22)可得电桥的输出电压为

$$U_{\circ} = \frac{E}{2} \times \frac{\Delta R}{R} \tag{3-28}$$

可见，相邻差动双臂工作电桥输出特性具有严格的线性关系，其电压灵敏度 $S_u = E/2$。

（3）相对双臂工作电桥　相对双臂工作电桥如图3-11所示，一臂电阻应变变化为 $R_1 + \Delta R$，另一臂电阻应变变化为 $R_4 + \Delta R$，R_2、R_3 为平衡桥臂。若初始时 $R_1 = R_2 = R_3 = R_4 = R$，则根据式(3-22)可得电桥的输出电压为

$$U_{\circ} = \frac{E}{2 + \frac{\Delta R}{R}}\frac{\Delta R}{R} \approx \frac{E}{2}\frac{\Delta R}{R} \tag{3-29}$$

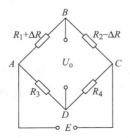

图3-10　相邻差动双臂工作电桥

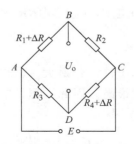

图3-11　相对双臂工作电桥

可见，相对双臂工作电桥考虑 $\Delta R_i \ll R_i$ 时，输出特性具有近似的线性关系，其电压灵敏度与相邻差动双臂工作电桥相同。

（4）四臂差动工作电桥　四臂差动工作电桥如图 3-12 所示，若初始时 $R_1 = R_2 = R_3 = R_4 = R$，四臂工作时有：$R_1 + \Delta R$、$R_2 - \Delta R$、$R_3 - \Delta R$、$R_4 + \Delta R$，则根据式（3-22）可得电桥的输出电压为

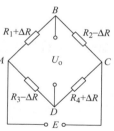

$$U_o = E \times \frac{\Delta R}{R} \tag{3-30}$$

可见，四臂差动工作电桥输出特性具有严格的线性关系，其电压灵敏度 $S_u = E$。

图 3-12　四臂差动工作电桥

3. 电桥的非线性误差及其补偿

根据式（3-22）可知，电桥的输出电压实际上与应变 ε 呈非线性关系。只有当 $R \gg \Delta R$ 时，输出电压 U_o 与应变 ε 间的关系可近似为线性关系。因此，用线性化处理后的仪表来测量应变必然产生非线性误差。以全等臂电压输出电桥单臂工作的情况为例，由式（3-26）和式（3-27）可得非线性误差 γ 为

$$\gamma = \frac{\dfrac{\dfrac{E}{4}\dfrac{\Delta R}{R}}{1 + \dfrac{1}{2}\dfrac{\Delta R}{R}} - \dfrac{E}{4}\dfrac{\Delta R}{R}}{\dfrac{E}{4}\dfrac{\Delta R}{R}} = \frac{-\dfrac{\Delta R}{R}}{2 + \dfrac{\Delta R}{R}} = \frac{-K\varepsilon}{2 + K\varepsilon} \tag{3-31}$$

可见，当测量较大应变或应变片灵敏系数较大时（如半导体应变片），误差较大。当误差超过允许误差范围时，必须采取补偿措施。

例 3.3　设应变片灵敏系数 $K = 2$，要求非线性误差 $\gamma < 1\%$，试求允许测量的最大应变值 $\varepsilon_{\max}$。

解：根据式（3-31），且 $K\varepsilon \ll 2$ 得

$$\frac{1}{2}K\varepsilon_{\max} < 0.01$$

$$\varepsilon_{\max} < \frac{2 \times 0.01}{K} = \frac{2 \times 0.01}{2} = 0.01$$

即如果被测应变大于 $10000\mu\varepsilon$，采用单臂电桥时的非线性误差将大于 1%，须采取补偿措施。

非线性误差补偿通常采用以下措施：

（1）差动电桥补偿法　采用上述讨论的相邻差动双臂工作电桥和四臂差动工作电桥，即利用电桥的和差特性，通过应变片的合理布片与接桥来达到补偿目的。

（2）恒流源补偿法　产生非线性的原因之一是在工作过程中电阻的变化，使通过桥臂的电流不恒定。若采用恒流源供电，如图 3-13 所示。设供电电流为 I，则电桥的输出电压为

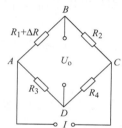

$$U_o = I \frac{R_1 R_4 - R_2 R_3}{R_1 + R_2 + R_3 + R_4} \tag{3-32}$$

若电桥初始状态处于平衡状态，而且 $R_1 = R_2 = R_3 = R_4 = R$，当电

图 3-13　恒流源电桥

阻 R_1 变为 $R_1 + \Delta R_1$ 时，电桥的输出电压为

$$U_\circ = I \frac{R_4 \Delta R_1}{R_1 + R_2 + R_3 + R_4 + \Delta R_1} \tag{3-33}$$

忽略分母中的非线性项 ΔR_1，则

$$U'_\circ = I \frac{R_4 \Delta R_1}{R_1 + R_2 + R_3 + R_4} \tag{3-34}$$

其产生的误差 γ 为

$$\gamma = \frac{U_\circ - U'_\circ}{U'_\circ} = \frac{-K\varepsilon_1}{4 + K\varepsilon_1} \tag{3-35}$$

可见，与恒压源相比，非线性误差明显减小了。采用半导体应变片时，电桥一般采用恒流源供电。

3.4.2 交流电桥

直流电桥的优点是稳定度高、易于获得、电桥调节平衡电路简单、传感器至测量仪表的连接导线的分布参数影响小等。但直流放大器容易产生零点漂移，线路也较复杂。因此应变测量电路现在多采用交流电桥。

交流电桥的结构和工作原理与直流电桥基本相同，其交流电桥的各桥臂仍采用应变片或无电感精密电阻。但在交流电源供电时，需要考虑分布电容的影响。这相当于应变片并联一个电容。

图 3-14 所示为半桥差动交流电桥的一般形式，$\dot{U}$ 为交流电源。由于电桥供电电源为交流电，连接应变片的两个桥臂不再是纯电阻，而是复阻抗，Z_1、Z_2 桥臂上复阻抗分别为

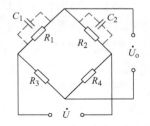

$$\left.\begin{array}{l} Z_1 = \dfrac{R_1}{1 + j\omega R_1 C_1} \\[3mm] Z_2 = \dfrac{R_2}{1 + j\omega R_2 C_2} \end{array}\right\} \tag{3-36}$$

图 3-14 半桥差动交流电桥

式中　C_1、C_2——应变片引线分布电容。

根据交流电桥分析可得输出电压为

$$\dot{U}_\circ = \dot{U} \frac{Z_1 Z_4 - Z_2 Z_3}{(Z_1 + Z_2)(Z_3 + Z_4)} \tag{3-37}$$

要满足电桥平衡条件，即 $\dot{U}_\circ = 0$，则有

$$Z_1 Z_4 = Z_2 Z_3 \tag{3-38}$$

由式(3-36) 和式(3-38)，可得

$$\frac{R_1}{1 + j\omega R_1 C_1} R_4 = \frac{R_2}{1 + j\omega R_2 C_2} R_3 \tag{3-39}$$

整理式(3-39) 后，使其实部、虚部分别相等，可得图 3-14 所示半桥差动交流电桥的平衡条件为

$$\left.\begin{array}{l} \dfrac{R_2}{R_1} = \dfrac{R_4}{R_3} \\[2mm] \dfrac{R_2}{R_1} = \dfrac{C_1}{C_2} \end{array}\right\} \tag{3-40}$$

可见，为了实现交流电桥平衡调节，在电桥电路上除设有电阻平衡调节外还必须设有电容平衡调节。图 3-15 所示为交流电桥平衡调节电路。其中，图 3-15a、b 为电阻平衡调节电路，图 3-15c、d 为电容平衡调节电路。

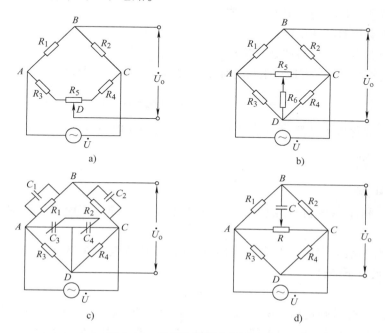

图 3-15　交流电桥平衡调节电路

当被测应力变化引起 $Z_1 = Z_{10} + \Delta Z$, $Z_2 = Z_{20} - \Delta Z$ 变化时（且 $Z_{10} = Z_{20} = Z_0$），则图 3-14 电桥输出电压为

$$\dot{U}_\mathrm{o} = \dot{U}\left(\frac{Z_0 + \Delta Z}{2Z_0} - \frac{1}{2}\right) = \frac{1}{2}\dot{U}\frac{\Delta Z}{Z_0} \tag{3-41}$$

一般情况下，由于导线的寄生电容很小，因此有 $\Delta Z \approx \Delta R$, $Z_0 \approx R_0$，则由式（3-41）可得

$$\dot{U}_\mathrm{o} \approx \frac{\dot{U}}{2}\frac{\Delta R}{R_0} \tag{3-42}$$

由此可见，与直流差动电桥相似，交流差动电桥的输出电压也与电阻相对变化成正比。

3.5　电阻应变片的温度误差及其补偿

3.5.1　温度误差

粘贴到试件上的应变片，即使试件不受任何外力作用，由于环境温度变化的影响，也将引起电阻的变化，这种现象称为应变片的温度效应。由温度变化引起的应变输出称为热输出，这种热输出叠加在测试结果中将产生很大的测量误差，在测量中须设法予以消除。

应变片产生热输出的原因主要有两个：一是由于敏感栅的电阻值会随着温度的变化而改变；二是由于敏感栅材料与试件材料的线膨胀系数不同，使得应变片不能自由伸缩，只能跟随试件一起变形，从而使敏感栅产生一定的附加应变而造成的。

设工作温度变化为 Δt，则由此引起粘贴在试件上的应变片电阻的相对变化为

$$\frac{\Delta R}{R} = \alpha_t \Delta t + K(\beta_s - \beta_t)\Delta t \tag{3-43}$$

式中　α_t——敏感栅材料的电阻温度系数；

　　　K——应变片的灵敏系数；

　β_s、β_t——分别为试件材料和敏感栅材料的线膨胀系数。

将式(3-43) 应变片的温度效应引起的电阻相对变化折合成应变量输出为

$$\varepsilon_t = \frac{\Delta R/R}{K} = \frac{1}{K}\alpha_t \Delta t + (\beta_s - \beta_t)\Delta t \tag{3-44}$$

在工作温度变化较大或测量精度要求较高时，必须采取温度补偿。

3.5.2　温度补偿

1. 温度自补偿法

这种方法是利用温度自补偿应变片来实现温度补偿的。下面介绍两种温度自补偿应变片：

（1）单丝自补偿应变片　由式(3-44) 可知，欲使应变片在温度变化为 Δt 时的热输出 $\varepsilon_t = 0$，必须满足以下条件

$$\alpha_t = -K(\beta_s - \beta_t) \tag{3-45}$$

由于被测试件材料确定后，β_s 为确定值。应合理选择应变片敏感栅的材料，使敏感栅材料的 α_t、β_t 能与试件材料的 β_s 相匹配，满足式(3-45)，则能使应变片的热输出 $\varepsilon_t = 0$，达到温度自补偿的目的。这种自补偿应变片具有结构简单、制造使用方便等优点，但使用局限性较大，一种 α_t 值的应变片只能用在对应的一种材料上。

（2）双丝自补偿应变片　这种应变片的敏感栅是由一正一负电阻温度系数的两种金属丝串接而成，其结构如图 3-16 所示。应变片总电阻 R 由电阻 R_a 和 R_b 两部分组成。当工作温度变化为 Δt 时，若 R_a 栅产生的正热输出 ε_{at} 正好与 R_b 栅产生的负热输出 ε_{bt} 相互抵消，则可达到自补偿的目的。即

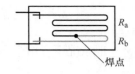

图 3-16　双丝自补偿应变片

$$\frac{-\varepsilon_{bt}}{\varepsilon_{at}} \approx \frac{\Delta R_a/R}{\Delta R_b/R} = \frac{R_a}{R_b} \tag{3-46}$$

这种补偿方法可通过调节两段敏感栅的丝长，实现某种材料试件的温度补偿，但与单丝自补偿应变片相似，在选定的试件上才能使用。

2. 桥路温度补偿法

这是一种最常用和效果较好的温度补偿方法。选用两个参数完全相同的应变片 R_1、R_2，将 R_1 粘贴在试件上，R_2 粘贴在和试件材料相同并处于同一温度的补偿块上，如图 3-17a 所示。测量时将两个应变片分别接入测量电路的两个相邻桥臂，如图 3-17b 所示。当温度变化

时，由于补偿块与试件材料相同，且两个应变片参数相同，所以两个应变片的电阻变化 ΔR_1 与 ΔR_2 也相同；若有应变作用时，只有工作应变片感受应变，补偿块上应变片由于粘贴在补偿块上而不感受应变。因此电路输出只与被测试件受力情况有关，而与温度变化无关，从而起到了温度补偿的作用。

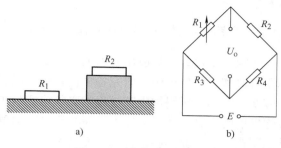

图 3-17 桥路温度补偿法

桥路补偿法的优点是方法简单，能在较大温度范围内进行补偿；其缺点是上述条件有时难以保证，尤其是在温度变化梯度较大的情况下，补偿应变片 R_1 和 R_2 很难处于相同温度点，这将影响补偿效果。

实际使用中，常可根据试件的结构及承受应变情况，将补偿应变片直接贴在被测试件上，而不需要专门设置补偿块，如图 3-18 所示。在图 3-18 中，构件受弯曲应力 F 作用，将补偿应变片 R_1 和 R_2 分别贴在弯曲梁的上、下两面。当弯曲梁受弯曲应变时，补偿应变片 R_1 和 R_2 的应变绝对值相等，但符号相反。

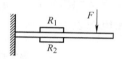

图 3-18 弯曲梁

若将补偿应变片 R_1、R_2 接到测量电路的相邻桥臂，这样不但实现了温度的补偿，还可提高测量灵敏度。

3. 热敏电阻补偿法

热敏电阻补偿法如图 3-19 所示，图中的热敏电阻 R_t 处在与应变片相同温度条件下，当应变片的灵敏度随温度升高而下降时，热敏电阻 R_t 的值也下降，使电桥的输入电压随温度升高而增加，从而提高电桥的输出，补偿因应变片引起的输出下降。选择分流电阻 R_5 的值，可以得到良好的补偿。

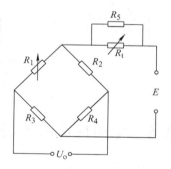

图 3-19 热敏电阻补偿法

例 3.4 图 3-18 测力传感器，R_1、R_2 为两片分别粘贴在等强度梁上下两侧的金属电阻应变片，其初始阻值为 $R_1 = R_2 = 100\Omega$，应变片材料的泊松系数 $\mu = 2.0$。当梁受力 F 时，每个应变片承受的平均应变 $\varepsilon = 50000\mu m/m$。求：（1）电阻应变片的灵敏系数？（2）应变片电阻变化量 ΔR_1 和电阻相对变化量 $\Delta R_1/R_1$？（3）将电阻应变片 R_1、R_2 接入等臂直流电桥的相邻臂，若电桥供电电压为 5V，求电桥的输出电压？（4）求此电桥测量电路非线性误差和温度误差。

解：（1）
$$K \approx 1 + 2\mu = 1 + 2 \times 2 = 5$$

（2）
$$\frac{\Delta R_1}{R_1} = K\varepsilon = 5 \times 50000 \times 10^{-6} = 0.25$$

$$\Delta R_1 = K\varepsilon R_1 = 0.25 \times 100\Omega = 25\Omega$$

（3）
$$U_o = \frac{E}{2} \frac{\Delta R_1}{R_1} = 2.5 \times 0.25V = 0.625V$$

（4）此测量电路为相邻差动双臂工作电桥，不存在非线性误差，故非线性误差为零。又因为 R_1、R_2 两个应变片置于相同的温度中，接入电桥相邻臂，可实现温度补偿，故温度误差也为零。

【拓展应用系统实例1】 电阻应变仪电路系统

电阻应变仪是最早应用的以电阻应变片作为传感元件的测量应变力的专用仪器，主要应用于科研和工业生产中，研究各种设备构件或组件承受应变的状况，测量构件或组件形变时的应变力。如高压锅炉生产过程中必须检测耐压和变形时的压力；火炮生产过程中需要测量火炮发射时炮管形变时的压力；飞机研制时需要在特殊的风洞实验场中模拟上万米高空飞行状态下机身、机翼等各部件的应变情况。

电阻应变仪的作用是把应变电桥输出的微小电压调理到可供显示、记录的程度。按应变仪所能测量的应变工作频率，可分为静态、动静态、动态、超动态、遥测应变仪等多种类型，但其构成原理基本相同。典型的交流电桥动态电阻应变仪原理框图如图 3-20 所示。主要由音频振荡器、测量电桥、差动放大器、相敏检波器、移相器、滤波器、转换及显示、稳压电源组成。

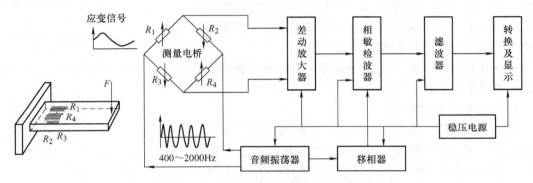

图 3-20　交流电桥电阻应变仪原理框图

3.6　电阻应变式传感器

应变式传感器其基本构成通常为弹性敏感元件、应变片和一些附件。弹性敏感元件直接感受被测量，在被测量的作用下，产生一个与它成正比的应变，然后通过应变片作为转换元件将应变量转换为电阻变化。

3.6.1　应变式测力与称重传感器

1. 柱式力传感器

柱式力传感器是称重（或测力）传感器应用较普遍的一种形式。它分为圆筒形和圆柱形两种，如图 3-21 所示，其结构是在圆筒或圆柱上按一定方式贴上应变片。图 a、b 为传感器的结构示意图，在与 ε_1、ε_2 对称的面上贴有 ε_3、ε_4，ε_1、ε_3 为沿轴向的应变，ε_2、ε_4 为沿横向的应变。图 c 为实物图。圆筒或圆柱在外力 F 作用下产生的应变为

$$\varepsilon = \frac{T}{E} = \frac{F}{AE} \tag{3-47}$$

式中　T——应力（Pa）；

E——弹性元件的弹性模量（N/m²）；

A——圆柱或圆筒的横断面积（m²）。

实际上，由于作用力 F 往往不正好沿着弹性元件的轴线方向作用，而是与轴线成某一微小角度，或偏离轴线，这就使弹性元件除受到拉（或压）力作用外还受到横向力和弯矩的作用。恰当的结构设计、合理的布置应变片和接桥方式可以大大减小横向力和弯矩的影响。

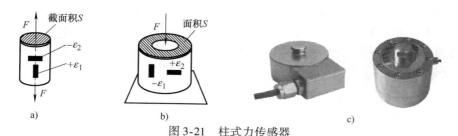

图 3-21　柱式力传感器

a）圆柱形结构　b）圆筒形结构　c）实物图

图 3-22 所示为采用差动布片和全桥接线的柱式力传感器结构图。当弹性元件受偏心力 F 作用时，如图 3-22a 所示，产生的应力可分解为压应力和弯应力，如图 3-22b 和 c 所示。因此，各应变片感受的应变 ε_i 为相应的压（拉）应变 ε_{F_i} 与弯应变 ε_{M_i} 之代数和，即

$$\varepsilon_i = \varepsilon_{F_i} + \varepsilon_{M_i}$$

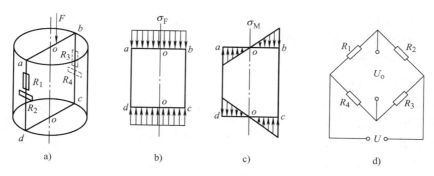

图 3-22　柱式力传感器布片与桥接

a）受偏心力 F 作用　b）压应力　c）弯应力　d）桥接

柱式力传感器全桥接线图如图 3-22d 所示，则传感器电桥的输出电压为

$$U_o = \frac{U}{4}K(\varepsilon_1 - \varepsilon_2 + \varepsilon_3 - \varepsilon_4)$$

$$= \frac{U}{4}K\left[(\varepsilon_{F_1} - \varepsilon_{M_1}) + \mu(\varepsilon_{F_2} - \varepsilon_{M_2}) + (\varepsilon_{F_3} + \varepsilon_{M_3}) + \mu(\varepsilon_{F_4} + \varepsilon_{M_4})\right]$$

由于 $\varepsilon_{F_1} = \varepsilon_{F_2} = \varepsilon_{F_3} = \varepsilon_{F_4}$，$\varepsilon_{M_1} = \varepsilon_{M_2} = \varepsilon_{M_3} = \varepsilon_{M_4}$，代入上式得

$$U_o = \frac{U}{4}K\left[2(1+\mu)\varepsilon_F\right] = \frac{U}{2}K(1+\mu)\frac{F}{EA} \tag{3-48}$$

可见，这种布片和桥接，不仅可消除偏心力的干扰，还可提高灵敏度，同时还可达到温度补偿的效果。

柱式结构的力传感器测量范围为几百公斤到几百吨，精度可达 ±（0.3% ~ 0.5%），其

中高精度拉压力传感器精度可达 0.05% FS。国产有 BLR－1 型测拉力、BHR 型测荷重传感器。

2. 环式力传感器

环式力传感器的结构如图 3-23a 所示，在外力作用下，其应力分布如图 3-23b 所示。可见存在一个应力为 0 的位置（C 位置），贴在该位置的应变片可起温度补偿作用。设图示薄壁圆环的厚度为 h，外径为 R，宽度为 b，在 A、B 两点内外表面分别贴上电阻应变片，则 A 位置的应变量为

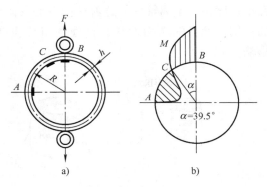

图 3-23　环式力传感器
a）结构图　b）应力分布图

$$\varepsilon = \pm \frac{3F\left(R - \dfrac{h}{2}\right)}{bh^2 E}\left(1 - \frac{2}{\pi}\right) \qquad (3\text{-}49)$$

在图 3-23 所示拉力的作用下，内贴片取"＋"，外贴片取"－"。

B 位置的应变量为

$$\varepsilon = \pm \frac{3F\left(R - \dfrac{h}{2}\right)}{bh^2 E}\frac{2}{\pi} \qquad (3\text{-}50)$$

在图 3-23 所示拉力的作用下，内贴片取"－"，外贴片取"＋"。

可见，只要测出 A 点或 B 点的应变，即可确定力 F 的大小。

3. 轮辐式力传感器

图 3-24 所示为轮辐式力传感器结构示意图。图中轮辐条可以是 4 根或 8 根对称分布，轮毂由顶端的钢球传递重力，圆球的压头有自动定位的功能。这种形式的弹性元件的特点是刚性比较大，同时利用它的对称性，能够比较好地防止横向力的影响。当外力作用在轮毂上端时，轮辐条对角线方向产生 45°的线应变。在 4 个轮辐条的上、下表面按 45°方向分别贴上应变片，并接成全桥差动线路，则电桥输出应变与外力 F 之间具有良好的线性关系。

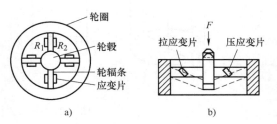

图 3-24　轮辐式力传感器
a）俯视图　b）侧视图

4. 悬臂梁式力传感器

悬臂梁式力传感器有等截面梁、等强度梁两种形式。图 3-25 所示为一种等强度梁悬臂梁式力传感器，等强度梁弹性元件是一种特殊形式的悬臂梁。梁的固定端宽度为 b_0，自由端宽度为 b，梁长为 L，梁厚为 h。力 F 作用于梁端三角形顶点上，梁内各断面产生的应力相等，表面上的应变也是相等的，与水平方向的贴片位置无关，故在对 L 方向上粘贴

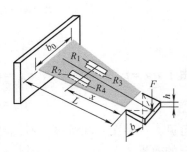

图 3-25　悬臂梁式力传感器

电阻应变片位置要求不严。载荷 F 将导致悬臂梁发生形变，该形变将传递给与之相连的电阻应变片，从而使得其电阻值发生变化。将该电阻应变片接入测量电桥，即可实现对载荷 F 的测量。该力传感器的特点是结构简单、加工方便，在较小力的测量中应用普遍。

【拓展应用系统实例 2】 自动给料电子皮带秤

电子皮带秤大量用于各种自动化流水线以及物流输送系统上自动配料、重量检测或上下限判别。图 3-26 所示为自动给料电子皮带秤结构示意图，要实现定量给料和显示皮带运输机上传输物料的瞬时流量和累计量，系统需要设置力和速度两套测试系统。将称重传感器安装在称重秤架下进行重量检测，将光敏传感器装在传送尾部滚筒或旋转设备上实现给料速度测量。

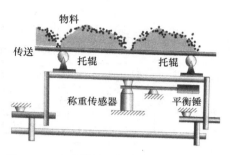

图 3-26　自动给料电子皮带秤结构示意图

将速度信号和重量信号一起送入传送给料机控制系统，给料机控制系统将该流量与设定流量进行比较，由给料机控制系统输出信号控制变频器调速，实现定量给料的要求。

图 3-27 所示是电子皮带秤信号变送器电路。图中 IC 为集成电压-电流转换电路 AD693。这是一款美国亚德诺半导体（Analog Devices，AD）公司生产的用于热电偶、电桥、压力传感器的信号放大、补偿 V－I 转换以实现远程传输的单片集成电路，它可接收低电平输入来控制标准 4～20mA 双线电流环路。其 IO 引脚 I_{IN} 是反馈的电流输入端，接远程的电源正端，7 引脚 I_{OUT} 是电流输出端。远程传输信号的双绞线既是供给信号变送器电路工作电压的电源线，又是信号输出线。传感器信号电压由 17 和 18 引脚输入，当 14、15 和 16 引脚互不连接时，输入量程为 0～30mV；当 15、16 引脚短路时，输入量程为 0～60mV。

若要求 $V_{imax} < 30mV$，可在 14、15 引脚间跨接电阻

$$R_1' = \frac{400}{30/V_{imax} - 1} \tag{3-51}$$

若要求 $30mV < V_{imax} < 60mV$，可在 15、16 引脚间跨接电阻

$$R_2' = \frac{400 \times (60 - V_{imax})}{V_{imax} - 30} \tag{3-52}$$

AD693 具有 4～20mA、0～20mA、12mA ±8mA 3 种输出范围，其零点电流分别为 4mA、0mA、12mA，对应的连接方式是把 12 引脚分别接 13、14 或 11 引脚。

无负载时，AD693 可在 12V 直流电源下工作，其最大电源电压为 36V，相应的最大允许负载为 1200Ω。AD693 通常工作在 24V 直流电源下，$R = 250Ω$ 时输出 4～20mA 直流标准信号。

图 3-27 中 R_{w1} 用于输出范围的零点调整，R_{w2} 用于 AD693 输入量程的调整，±SIG 端所加电容用于滤波。左下角 $R_{01} \sim R_{04}$ 为电阻应变式称重传感器的电桥测量电路，电桥电源电压 V_{24} 由基准电压源和辅助放大器提供，V_{24} 为

$$V_{24} = \frac{R_2}{R_2 + R_3} \times 6.2 \tag{3-53}$$

当电桥输出电压 V_{13} 为 0～2.1mV 时，AD693 输出电流为 4～20mA。

基准电压源的 9 引脚（V_{IN}）与 8 引脚（BOOST）相连接，因此，基准电压源的能量取

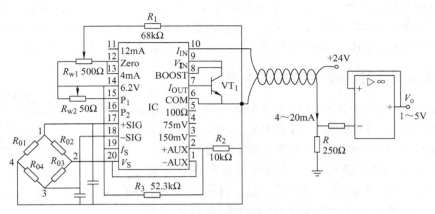

图 3-27　应用 AD693 作电子皮带秤的信号变送器电路

自外部 +24V 直流电源，外接旁路晶体管 VT$_1$（可选用 3DK3D、3DK10C 和 2N1711 等）用于降低 AD693 的自身热耗，以提高稳定性和可靠性。

3.6.2　应变式压力传感器

应变式压力传感器广泛用于测量管道内部压力、内燃机燃气的压力和压差、发动机中的脉动压力以及各种流体压力。其结构主要由弹性元件、应变片、外壳组成。按弹性元件结构形式的不同，应变式压力传感器可分为板（膜片）式、筒式、组合式等。

1. 筒式压力传感器

如图 3-28 所示，弹性元件为一具有盲孔的圆筒。图中 a 为弹性元件剖面图，b 为布片侧视图。4 个应变片沿筒外壁周向粘贴，R_1、R_3 为工作应变片，R_2、R_4 为温度补偿应变片，采用全桥工作测量电路。当被测流体压力 p 作用于筒体内壁时，圆筒部分发生变形。对于厚壁筒，其外表面上的切向应变（沿着圆周线）为

$$\varepsilon = \frac{p(2-\mu)}{E(n^2-1)} \quad (3-54)$$

式中　$n = D_0/D$——筒外径与内径之比。

对于薄壁筒，其外表面上的切向应变为

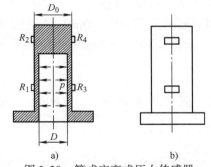

图 3-28　筒式应变式压力传感器
a) 弹性元件剖面图　b) 布片侧视图

$$\varepsilon = \frac{pD}{2hE}(1-0.5\mu) \quad (3-55)$$

式中　$h = (D_0-D)/2$——筒外径与内径之差，即壁厚。

由式(3-55)知，应变与壁厚成反比。实际上，对于孔径为 12mm 的圆筒，壁厚大概最小为 0.2mm。如用钢制成（$E = 20 \times 10^6 \text{N/cm}^2$，$\mu = 0.3$），设工作应变为 $1000\mu\varepsilon$，则由式(3-55)计算得可测压力约为 780N/cm^2。这种压力传感器结构简单、制造方便，可测压力的上限值可达 14000N/cm^2 以上。在设计用于测量高压的圆筒时，要进行强度计算，并注意连接处的密封问题。这种传感器可用来测量枪炮膛内压力。

2. 膜片式压力传感器

如图 3-29 所示为膜片式压力传感器，应变片贴在膜片内壁。在压力 p 作用下，膜片产

生形变，其径向应变 ε_r 和切向应变 ε_t 表达式分别为

$$\varepsilon_r = \frac{3p(1-\mu^2)(R^2-3x^2)}{8h^2E} \tag{3-56}$$

$$\varepsilon_t = \frac{3p(1-\mu^2)(R^2-x^2)}{8h^2E} \tag{3-57}$$

式中　p——膜片上均匀分布的压力；

R、h——膜片的半径和厚度；

x——离圆心的径向距离。

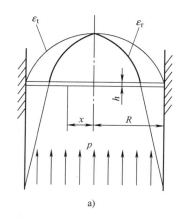 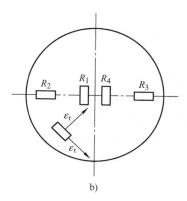

图 3-29　膜片式压力传感器

a）应变变化图　b）应变片布片

由应变变化图 a 可知，膜片承受压力 p 时，其应变变化曲线的特点为：当 $x=0$ 时，$\varepsilon_{rmax}=\varepsilon_{tmax}$；当 $x=R$ 时，$\varepsilon_t=0$，$\varepsilon_r=-2\varepsilon_{rmax}$；当 $x=R/\sqrt{3}$ 时，$\varepsilon_r=0$。

根据以上特点，贴片时应避开 $x=R/\sqrt{3}$ 位置，通常在膜片圆心处切向粘贴 R_1、R_4 两个应变片，在边缘处沿径向粘贴 R_2、R_3 2 个应变片，采用全桥测量电路。这类传感器一般测量范围为 $10^5 \sim 10^6$ Pa。

3. 组合式压力传感器

组合式压力传感器的应变片不直接粘贴在压力感受元件上，而是由某种压力传递机构将压力敏感元件（如膜片、波纹管、弹簧管等）感受压力产生的位移传递到贴有应变片的其他弹性元件上，如图 3-30 所示。图 a 中的感压元件为膜片，由压力产生的位移被传递给贴有应变片的悬臂梁；图 b 中的感压元件为波纹管，其位移被传给双端梁；图 c 中的感压元件为双重曲线膜片，其位移使薄壁圆筒产生形变，薄壁圆筒外壁上贴有应变片。该传感器可测压力达 10^8 Pa 以上。

3.6.3　应变式液体重量传感器

图 3-31 所示是应变式液体重量传感器，主要由传压杆、微压传感器、感压膜构成，3 种空腔内充满传压介质。由于传压介质液位高于被测溶液液位，因而微压传感器处于负压状态。当容器中溶液增多时，感压膜感受的压力增大，微压传感器上的电阻应变片将压力的变化转变为电阻的变化，将电阻应变片接入测量电桥，则输出电压为

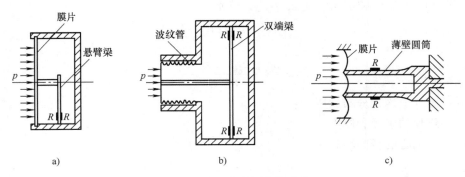

图 3-30　组合式压力传感器

a) 感压元件为膜片　b) 感压元件为波纹管　c) 感压元件为双重曲线膜片

$$U_{\text{o}} = S \cdot h\rho g \qquad\qquad (3\text{-}58)$$

式中　S——传感器的传输系数；

ρ——液体密度（kg/m^2）；

g——重力加速度（m/s^2）；

h——位于感压膜上的液体高度（m）。

$h\rho g$ 为感压膜上所感受的压强。对于等截面的柱形容器，有

$$h\rho g = \frac{Q}{A} \qquad\qquad (3\text{-}59)$$

式中　Q——容器内感压膜上方液体的重量（N）；

A——柱形容器的截面积（m^2）。

由式(3-58)、式(3-59) 可得到柱形容器内感压膜上方液体的重量与电桥输出电压间的关系

图 3-31　应变式液体重量传感器

$$U_{\text{o}} = \frac{S \cdot Q}{A} \qquad\qquad (3\text{-}60)$$

可见，电桥输出电压与柱形容器内感压膜上方液体的重量成正比关系。当已知液体密度时，容器中液位 h 的变化也会引起输出电压发生变化，此时可实现容器内的液位高度测量。

3.6.4　应变式加速度传感器

由于加速度是运动参数而不是力，因此，需要经过质量惯性系统将加速度转换成力作用于弹性元件上来实现测量。根据牛顿运动第二定律，物体运动的加速度与作用于它的力成正比、与质量成反比，即可实现加速度的测量。

图 3-32 所示为应变式加速度传感器基本结构，由一端固定、一端带有惯性质量块 m 的悬臂梁及贴在梁根部的应变片、弹簧片、基座及外壳等组成。壳体内充满硅油，产生必要的阻尼。测量时，将传感器壳体与被测物体刚性连接。当被测物体以加速度 a 运动时，质量块受到一个与加速度方向相反

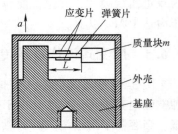

图 3-32　应变式加速度传感器

的惯性力作用，惯性力大小由 $F = ma$ 可得，惯性力使悬臂梁产生形变，导致其上应变片的电阻发生变化，从而引起测量电桥输出电压的变化，即可测出加速度的大小。这种测量方法主要用于 $10 \sim 60\mathrm{Hz}$ 低频的振动和冲击测量。

3.7　压阻式传感器

1954 年 C. S. 史密斯研究发现了半导体材料在某一方向受力时，电阻率会发生明显的变化，从此开始用硅制造压力传感器。早期的硅压力传感器是半导体应变计式的（其工作原理见本章 3.1 节）。后来在 N 型硅片上定域扩散 P 型杂质形成电阻条，并接成电桥制成芯片。此芯片仍需粘贴在弹性元件上才能敏感压力的变化。采用这种芯片作为敏感元件的传感器称为扩散型压力传感器。无论是半导体应变计式，还是扩散型压力传感器都同样采用粘片结构，因而存在滞后和蠕变大、固有频率低、不适于动态测量、难于小型化和集成化以及测量精度不高等缺点。

20 世纪 70 年代制成了周边固定支撑的电阻和硅膜片的一体化硅杯式扩散型压力传感器。它不仅克服了粘片结构的固有缺陷，而且能将电阻条、补偿电路和信号调整电路集成在一块硅片上，甚至将微型处理器与传感器集成在一起，制成智能传感器。这种新型传感器的优点是：① 频率响应高（例如：有的产品固有频率达 $1.5\mathrm{MHz}$ 以上），适于动态测量；② 体积小（例如：有的产品外径可达 $0.25\mathrm{mm}$），适于微型化；③ 精度高，可达 $0.01\% \sim 0.1\%$；④ 灵敏高，比金属应变计高出很多倍，有些应用场合可不加放大器；⑤ 无活动部件，可靠性高，能工作于振动、冲击、腐蚀、强干扰等恶劣环境。其缺点是温度影响较大（有时需进行温度补偿）、工艺较复杂和造价高等。

压阻式传感器广泛地应用于航天、航空、航海、石油化工、动力机械、生物医学工程、气象、地质、地震测量等各个领域。在航天和航空工业中压力是一个关键参数，对静态和动态压力，局部压力和整个压力场的测量都要求很高的精度。压阻式传感器是用于这方面的较理想的传感器。例如：用于测量直升机机翼的气流压力分布，测试发动机进气口的动态畸变、叶栅的脉动压力和机翼的抖动等。在飞机喷气发动机中心压力的测量中，使用专门设计的硅压力传感器，其工作温度达 $500\,^{\circ}\mathrm{C}$ 以上。在波音客机的大气数据测量系统中，采用了精度高达 0.05% 的配套硅压力传感器。在尺寸缩小的风洞模型试验中，压阻式传感器能密集安装在风洞进口处。单个传感器直径仅 $2.36\mathrm{mm}$，固有频率高达 $300\mathrm{kHz}$，非线性和滞后均为全量程的 $\pm0.22\%$。在生物医学方面，压阻式传感器也是理想的检测工具，已制成扩散硅膜薄至 $10\mu\mathrm{m}$、外径仅 $0.5\mathrm{mm}$ 的注射针型压阻式压力传感器和能测量心血管、颅内、尿道、子宫和眼球内压力的传感器。压阻式传感器还有效地应用于爆炸压力和冲击波的测量、真空测量、监测和控制汽车发动机的性能以及诸如测量枪炮膛内压力、发射冲击波等兵器方面的测量。此外，在油井压力测量、流量和液位测量等方面都广泛应用压阻式传感器。随着微电子技术和计算机的进一步发展，压阻式传感器的应用还将迅速发展。

3.7.1　压阻系数

本章 3.1 节曾经讨论了半导体应变片的压阻效应，得到了半导体应变片的电阻应变效应表达式(3-10)，并得知半导体应变片的应变电阻效应主要取决于压阻效应，其电阻相对变

化量可表达为

$$\frac{\mathrm{d}R}{R} \approx \frac{\mathrm{d}\rho}{\rho} = \pi\sigma = \pi E\varepsilon \tag{3-61}$$

可见，半导体电阻的相对变化近似等于电阻率的相对变化，而电阻率的相对变化与应力成正比，二者的比例系数即为压阻系数，即上式中的 π。

由于半导体是各向异性的材料，取向不同其特性也不同，压阻系数 π 随应力的方向和电流方向的不同而不同。对各向异性的立方晶体单晶硅的压阻系数有 36 个，但实际使用时，硅膜很薄，可简化为二维向量。应力作用下膜片电阻变化近似只与纵向和横向应力有关，因此电阻的相对变化量可由下式计算

$$\frac{\mathrm{d}R}{R} = \pi_1\sigma_1 + \pi_t\sigma_t \tag{3-62}$$

式中 σ_1——纵向应力；

σ_t——横向应力；

π_1、π_t——分别为 σ_1、σ_t 相对应的压阻系数，π_1 表示应力作用方向与通过压阻元件电流方向一致时的压阻系数，π_t 表示应力作用方向与通过压阻元件电流方向垂直时的压阻系数。

3.7.2 压阻式传感器的应用

1. 压阻式压力传感器

如图 3-33 所示是压阻式压力传感器，主要由膜片、导电层、硅底座、引线等组成。利用固体扩散技术，将 P 型杂质扩散到一片 N 型硅底层上，形成一层极薄的导电 P 型层，装上引线接点后，即形成扩散型半导体应变电阻。若在圆形硅膜片上扩散出 4 个 P 型电阻，构成惠斯通电桥的 4 个臂，这样的敏感器件通常称为固态压阻器件。

2. 压阻式加速度传感器

如图 3-34 所示是压阻式加速度传感器，主要由基座、扩散电阻、硅梁和质量块组成。传感器弹性元件是硅梁，在硅梁的根部有 4 个扩散电阻，当硅梁的自由端因加速度受力作用时，惯性使梁弯曲，弯矩产生的应力使 4 个电阻值发生变化。为了保证传感器输出有良好的线性，硅梁根部受应力所产生的应变范围在 $400 \sim 500\mu\varepsilon$。

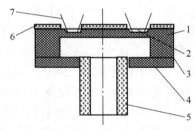

图 3-33　压阻式压力传感器
1—N 型 Si 膜片　2—P 型 Si 导电层
3—黏结剂　4—硅底座　5—引压管
6—Si 保护膜　7—引线

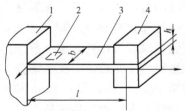

图 3-34　压阻式加速度传感器
1—基座　2—扩散电阻
3—硅梁　4—质量块

拓展训练项目

【项目 1】数字电子秤电路系统设计

数字电子秤已广泛应用于超市、家庭、菜场等场所。根据本章所学电阻应变片测试技术，结合其他专业课程所学知识，试设计一个称重范围在 $0 \sim 50\mathrm{kg}$ 的数字电子秤测量系统。

【项目2】 数字血压计的设计

血压是衡量人体健康非常重要的一项指标。数字血压计由于具有使用方便、测量速度快、体积小等特点，受到人们的普遍欢迎。试用电阻式压力传感器设计一个数字血压计，画出其测量电路原理图。

习 题

3.1 何为金属材料的电阻应变效应？金属材料和半导体材料的电阻应变效应有何不同？

3.2 电阻应变片产生温度误差的原因是什么？其温度补偿方法有哪些？

3.3 消减应变电桥非线性误差的措施有哪些？试简述其工作原理。

3.4 试分析差动测量电路在应变式传感器测量中的好处。

3.5 一试件受力后的应变为 2×10^{-3}，丝式应变片的灵敏系数为 2，初始阻值 120Ω，温度系数为 $-50 \times 10^{-6}/℃$，线膨胀系数为 $14 \times 10^{-6}/℃$；试件的线膨胀系数为 $12 \times 10^{-6}/℃$。试求：温度升高 20℃时，应变片输出的相对误差。

3.6 一应变片的电阻 $R = 120\Omega$，灵敏系数 $K = 2.05$，用作应变为 $800\mu m/m$ 的传感元件。求（1）ΔR 和 $\Delta R/R$。（2）若电源电压 $U = 3V$，求初始平衡时惠斯通电桥的输出电压 U_o。

3.7 在图 3-35 所示实心圆柱形试件上，沿轴线和圆周方向各贴 1 片电阻为 120Ω 的金属应变片 R_1 和 R_2，把这两应变片接入差动电桥。若实心圆柱采用泊松比 $\mu = 0.285$ 的钢，应变片的灵敏系数 $K = 2$，电桥电源 $U = 6V$，当试件受轴向拉伸时，测得应变片 R_1 的电阻变化值 $\Delta R_1 = 0.48\Omega$。试求电桥的输出电压 U_o。

3.8 设在等截面的悬臂梁上粘贴 4 个完全相同的电阻应变片，并组成差动全桥电路，试问：

（1）4 个应变片怎样粘贴在悬臂梁上？

（2）画出相应的电桥电路图。

3.9 交直流电桥的平衡条件是什么？试设计一交流电桥电路消除空载时不平衡电桥输出电压。

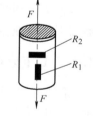

图 3-35 题 3.7 图

第 4 章

电感式传感器

利用电磁感应原理将被测非电量如位移、压力、流量、振动等转换成线圈自感量 L 或互感量 M 的变化，再由测量电路转换为电压或电流的变化量输出，这种装置称为电感式传感器。

电感式传感器具有结构简单、工作可靠、测量精度高、零点稳定、输出功率较大等一系列优点。其主要缺点是灵敏度、线性度和测量范围相互制约，传感器自身频率响应低，不适用于快速动态测量。这种传感器能实现信息的远距离传输、记录、显示和控制，在工业自动控制系统中被广泛采用。

电感式传感器种类很多，本章主要介绍自感式、互感式和电涡流式 3 种传感器。

4.1 自感式传感器

自感式传感器有气隙型和螺线管型两种结构。下面以气隙型传感器为例，介绍自感式传感器的工作原理。

4.1.1 工作原理

气隙型自感式传感器结构如图 4-1 所示。它由线圈、铁心和衔铁 3 部分组成。铁心和衔铁由导磁材料如硅钢片或坡莫合金制成，在铁心和衔铁之间有气隙，气隙厚度为 δ，传感器的运动部分与衔铁相连。当衔铁移动时，气隙厚度 δ 发生改变，引起磁路中磁阻变化，从而导致电感线圈的电感值变化。因此只要能测出这种电感量的变化，就能确定衔铁位移量的大小和方向。

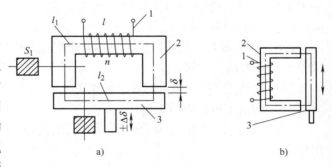

图 4-1 气隙型自感式传感器结构图

a）变气隙厚度型 b）变气隙面积型

1—线圈 2—铁心 3—衔铁

由磁路基本知识可知，线圈自感为

$$L = \frac{\Psi}{I} = \frac{n\Phi}{I} \tag{4-1}$$

式中 Ψ——线圈总磁链；

         I——通过线圈的电流（A）；

         n——线圈的匝数；

Φ——穿过线圈的磁通（Wb）。

由磁路欧姆定律，得

$$\Phi = BS = \mu HS = \mu \frac{nI}{l} S = \frac{In}{R_{\mathrm{m}}} \tag{4-2}$$

$$R_{\mathrm{m}} = \frac{l}{\mu S} \tag{4-3}$$

式中 R_{m}——磁路磁阻（Ω）；

    l——磁路长度（m）；

    μ——铁心磁导率；

    S——铁心截面积（m^2）。

对于变隙型传感器，因为气隙很小，所以可以认为气隙中的磁场是均匀的。若忽略磁路磁损，则磁路总磁阻为

$$R_{\mathrm{m}} = \frac{l_1}{\mu_1 S_1} + \frac{l_2}{\mu_2 S_2} + \frac{2\delta}{\mu_0 S_0} \tag{4-4}$$

式中 μ_1、μ_2——分别为铁心、衔铁材料的磁导率；

    l_1、l_2——分别为磁通通过铁心、衔铁的长度；

    S_1、S_2——分别为铁心、衔铁的截面积；

    μ_0——空气的磁导率；

    S_0——气隙的截面积；

    δ——气隙的厚度。

通常气隙磁阻远大于铁心和衔铁的磁阻，铁心和衔铁的磁阻可忽略，则式（4-4）可近似为

$$R_{\mathrm{m}} = \frac{2\delta}{\mu_0 S_0} \tag{4-5}$$

联立式（4-1）、式（4-2）及式（4-5），可得

$$L = \frac{n^2}{R_{\mathrm{m}}} = \frac{n^2 \mu_0 S_0}{2\delta} \tag{4-6}$$

式（4-6）表明，当线圈匝数为常数时，电感 L 仅仅是磁路中磁阻 R_{m} 的函数，改变 δ 或 S_0 均可导致电感变化，因此变隙型自感式传感器又可分为变气隙厚度 δ 的传感器和变气隙面积 S_0 的传感器。使用最广泛的是变气隙厚度 δ 型自感式传感器。

4.1.2 输出特性

设自感式传感器初始气隙为 δ_0，初始电感量为 L_0，衔铁位移引起的气隙变化量为 $\Delta\delta$，从式（4-6）可知 L 与 δ 之间是非线性关系，L-δ 特性曲线如图 4-2 所示，初始电感量为

$$L_0 = \frac{\mu_0 S_0 n^2}{2\delta_0} \tag{4-7}$$

当衔铁上移 $\Delta\delta$ 时，传感器气隙减小 $\Delta\delta$，即 $\delta = \delta_0 - \Delta\delta$，则此时输出电感为 $L = L_0 + \Delta L$，代入式（4-6）式并整理，得

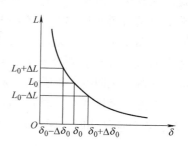

图 4-2 变隙型自感式传感器的
L-δ 特性曲线

$$L = L_0 + \Delta L = \frac{n^2 \mu_0 S_0}{2(\delta_0 - \Delta \delta)} = \frac{L_0}{1 - \dfrac{\Delta \delta}{\delta_0}} \tag{4-8}$$

当 $\Delta \delta / \delta_0 \ll 1$ 时，可将式(4-8) 用泰勒级数展开成级数形式为

$$L = L_0 + \Delta L = L_0 \left[1 + \left(\frac{\Delta \delta}{\delta_0}\right) + \left(\frac{\Delta \delta}{\delta_0}\right)^2 + \left(\frac{\Delta \delta}{\delta_0}\right)^3 + \cdots \right] \tag{4-9}$$

由式(4-9) 可求得电感增量 ΔL 和相对增量 $\Delta L / L_0$ 的表达式，即

$$\Delta L = L_0 \frac{\Delta \delta}{\delta_0} \left[1 + \left(\frac{\Delta \delta}{\delta_0}\right) + \left(\frac{\Delta \delta}{\delta_0}\right)^2 + \cdots \right] \tag{4-10}$$

$$\frac{\Delta L}{L_0} = \frac{\Delta \delta}{\delta_0} \left[1 + \left(\frac{\Delta \delta}{\delta_0}\right) + \left(\frac{\Delta \delta}{\delta_0}\right)^2 + \cdots \right] \tag{4-11}$$

当衔铁下移 $\Delta \delta$ 时，传感器气隙增大 $\Delta \delta$，即 $\delta = \delta_0 + \Delta \delta$，则此时输出电感为 $L = L_0 - \Delta L$，代入式(4-6) 并整理，得

$$\Delta L = L_0 \frac{\Delta \delta}{\delta_0} \left[1 - \left(\frac{\Delta \delta}{\delta_0}\right) + \left(\frac{\Delta \delta}{\delta_0}\right)^2 - \cdots \right] \tag{4-12}$$

$$\frac{\Delta L}{L_0} = \frac{\Delta \delta}{\delta_0} \left[1 - \left(\frac{\Delta \delta}{\delta_0}\right) + \left(\frac{\Delta \delta}{\delta_0}\right)^2 - \cdots \right] \tag{4-13}$$

对式(4-11)、式(4-13) 作线性处理，忽略高次项，可得

$$\frac{\Delta L}{L_0} = \frac{\Delta \delta}{\delta_0} \tag{4-14}$$

灵敏度为

$$K_0 = \frac{\dfrac{\Delta L}{L_0}}{\Delta \delta} = \frac{1}{\delta_0} \tag{4-15}$$

非线性误差为

$$\gamma \approx \frac{\left(\dfrac{\Delta \delta}{\delta_0}\right)^2}{\dfrac{\Delta \delta}{\delta_0}} = \frac{\Delta \delta}{\delta_0} \tag{4-16}$$

由此可见，变隙型自感式传感器的测量范围与灵敏度及线性度相矛盾，所以变隙型自感式传感器用于测量微小位移时是比较精确的。为了减小非线性误差，实际测量中广泛采用差动变隙型自感式传感器。图 4-3 所示为差动变隙型自感式传感器的原理结构图。

由图 4-3 可知，差动变隙型自感式传感器由两个相同的电感线圈和磁路组成。测量时，衔铁通过导杆与被测体相连，当被测体上下移动时，导杆带动衔铁也以相同的位移上下移动，使两个磁回路中磁阻发生大小相等，方向相反的变化，导致一个线圈的电感量增加，另一个线圈的电感量减小，形成差动形式。当衔铁往上移动 $\Delta \delta$ 时，两个线圈的电感变化量为 ΔL_1、ΔL_2，当差动使用时，两个电感线圈接成交流电桥的相邻桥臂，由式(4-11) 及式(4-13) 可得

$$\frac{\Delta L}{L_0} = \frac{\Delta L_1}{L_0} + \frac{\Delta L_2}{L_0} = 2 \frac{\Delta \delta}{\delta_0} \left[1 + \left(\frac{\Delta \delta}{\delta}\right)^2 + \left(\frac{\Delta \delta}{\delta_0}\right)^4 + \cdots \right] \tag{4-17}$$

对式(4-17) 进行线性处理，忽略高次项，可得

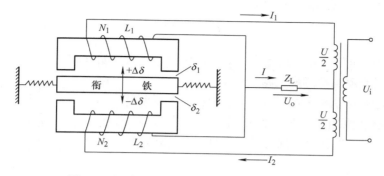

图 4-3　差动变隙型自感式传感器的原理结构图

$$\frac{\Delta L}{L_0} = 2\frac{\Delta \delta}{\delta_0} \tag{4-18}$$

灵敏度为

$$K_0 = \frac{\frac{\Delta L}{L_0}}{\Delta \delta} = \frac{2}{\delta_0}$$

非线性误差为

$$\gamma \approx \frac{\left(\dfrac{\Delta \delta}{\delta_0}\right)^3}{\dfrac{\Delta \delta}{\delta_0}} = \left(\frac{\Delta \delta}{\delta_0}\right)^2 \tag{4-19}$$

比较单线圈式和差动式两种变隙型自感传感器的特性，可以得到如下结论：

1）差动式比单线圈式的灵敏度高一倍。

2）差动式的非线性项等于单线圈式非线性项乘以（$\Delta \delta / \delta_0$）因子，差动式的线性度得到明显改善。

为了使输出特性能得到有效改善，构成差动的两个变隙型自感传感器在结构尺寸、材料、电气参数等方面均应完全一致。

4.1.3　测量电路

常用的自感式传感器的测量电路有交流电桥式、交流变压器式以及谐振式等几种形式。

1. 交流电桥式测量电路

图 4-4 所示为交流电桥式测量电路。把传感器的两个线圈作为电桥的两个桥臂 Z_1 和 Z_2，另外两个相邻的桥臂用纯电阻代替。当传感器的衔铁处于中间位置，即 $Z_1 = Z_2 = Z$ 时，有 $U_o = 0$，电桥平衡。对于高 Q 值（$Q = \omega L / R$）的差动式自感传感器，设工作时，传感器衔铁上移，即 $Z_1 = Z + \Delta Z$，$Z_2 = Z - \Delta Z$，则电桥输出电压为

$$\dot{U}_o = \frac{\dot{U}}{2}\frac{\Delta Z_1}{Z_1} = \frac{\dot{U}}{2}\frac{j\omega \Delta L}{R_0 + j\omega L_0} \approx \frac{\dot{U}}{2}\frac{\Delta L}{L_0} \tag{4-20}$$

式中　L_0——衔铁在中间位置时单个线圈的电感（H）；

ΔL——单个线圈电感的变化量。

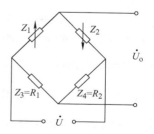

图 4-4　交流电桥式测量电路

将式(4-18)代入式(4-20),得

$$\dot{U}_o \approx \dot{U}\frac{\Delta\delta}{\delta_0} \tag{4-21}$$

可见,输出电压与气隙变化量有近似的正比关系,且初始气隙越小,输出电压越大。

2. 变压器式交流电桥测量电路

变压器式交流电桥测量电路如图 4-5 所示,电桥两臂 Z_1、Z_2 为传感器线圈阻抗,另外两桥臂为交流变压器二次线圈的 1/2 阻抗。当负载阻抗为无穷大时,电桥输出电压为

$$\dot{U}_o = \frac{Z_2\dot{U}}{Z_1 + Z_2} - \frac{\dot{U}}{2} = \frac{Z_2 - Z_1}{Z_1 + Z_2}\frac{\dot{U}}{2} \tag{4-22}$$

图 4-5　变压器式交流电桥测量电路

当传感器的衔铁处于中间位置。即 $Z_1 = Z_2 = Z$ 时,有 $U_o = 0$,电桥平衡。当传感器衔铁上移时,即 $Z_1 = Z + \Delta Z$,$Z_2 = Z - \Delta Z$,此时

$$\dot{U}_o = -\frac{\dot{U}}{2}\frac{\Delta Z}{Z} = -\frac{\dot{U}}{2}\frac{\Delta L}{L} \tag{4-23}$$

当传感器衔铁下移时,则 $Z_1 = Z - \Delta Z$,$Z_2 = Z + \Delta Z$,此时

$$\dot{U}_o = \frac{\dot{U}}{2}\frac{\Delta Z}{Z} = \frac{\dot{U}}{2}\frac{\Delta L}{L} \tag{4-24}$$

从式(4-23)及式(4-24)可知,衔铁上下移动相同距离时,输出电压的大小相等,方向相反。但由于 $\dot{U}_o$ 是交流电压,输出指示无法判断位移方向,所以必须配合相敏检波电路来解决。

3. 谐振式测量电路

谐振式测量电路有谐振式调幅电路如图 4-6 所示,谐振式调频电路如图 4-7 所示。

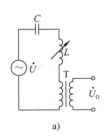
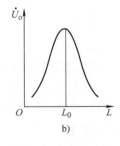

a)　　　　　　　　　b)

图 4-6　谐振式调幅电路

a)原理图　b)输出电压幅值随电感 L 的变化曲线

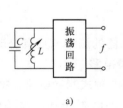
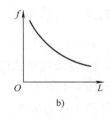

a)　　　　　　　　　b)

图 4-7　谐振式调频电路

a)原理图　b) f 与 L 的特性曲线

在调幅电路中,传感器电感 L、电容 C 与变压器一次侧串联连接,接入交流电源,变压器二次侧将有电压 $\dot{U}_o$ 输出,输出电压的频率与电源频率相同,而幅值随着电感 L 而变化,图 4-6b 所示为输出电压 $\dot{U}_o$ 与电感 L 的关系曲线,其中 L_0 为谐振点的电感值。此电路灵敏度很高,但线性差,适用于线性要求不高的场合。

图 4-7 所示为调频电路的基本原理是把传感器电感 L 和电容 C 接入一个振荡回路中，其振荡频率

$$f = \frac{1}{2\pi\sqrt{LC}} \qquad (4\text{-}25)$$

传感器电感 L 变化将引起输出电压频率的变化，根据 f 的大小即可测出被测量的值。图 4-7b 表示 f 与 L 的特性曲线，它具有明显的非线性关系，只能限制在动态范围较小的情况下使用。因此调频电路只有在谐振频率较大的情况下才能达到较高精度。

4.1.4 自感式传感器的应用

图 4-8 所示是变隙型自感式压力传感器的结构图。它由膜盒、铁心、衔铁及线圈等组成，衔铁与膜盒的上端连在一起。当被测压力进入膜盒时，膜盒的顶端在压力 p 的作用下产生与压力 p 大小成正比的位移。于是衔铁也发生移动，从而使气隙发生变化，流过线圈的电流也发生相应的变化，电流表指示值就反映了被测压力的大小。

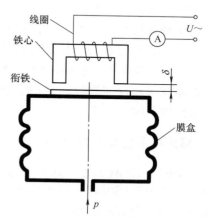

图 4-8 变隙型自感式压力
传感器的结构图

图 4-9 所示为变隙型差动自感式压力传感器。它主要由 C 形弹簧管、衔铁、铁心和线圈等组成。当被测压力进入 C 形弹簧管时，C 形弹簧管产生变形，其自由端发生位移，带动与自由端连接成一体的衔铁运动，使线圈 1 和线圈 2 中的电感发生大小相等、符号相反的变化，即一个电感量增大，另一个电感量减小。电感的这种变化通过电桥电路转换成电压输出。由于输出电压与被测压力之间成比例关系，所以只要用检测仪表测量出输出电压，即可得知被测压力的大小。

电感测微仪是一个差动自感式传感器测量微位移装置，其原理图如图 4-10 所示，图中自感传感线圈和电阻组成交流测量电桥，电桥输出交流电压经放大后送相敏检波器，检波输出直流电压由直流电压表显示其输出。

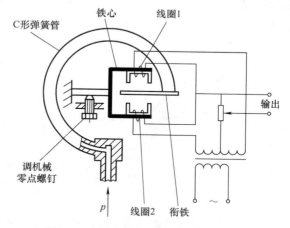

图 4-9 变隙型差动自感式压力传感器

【拓展应用系统实例 1】铁磁性基体上的非磁性覆盖层厚度测量

如需检测磁性基体上非磁性覆盖层的厚度，则可以使用自感式传感器。如图 4-11 所示，带磁心的线圈和磁性基体构成变隙型的磁阻式自感传感器。为避免或减小涡流效应的影响，磁阻式磁性测厚仪采用较低的工作频率，通常是几十到几百赫兹的频率。当线圈通以低频交流电时，线圈内产生磁通，磁通穿过磁心和被测量对象的铁磁性基体形成闭合的磁路。当非

铁磁性覆盖层厚度不同时，磁路中的磁阻不同。对于较薄的覆盖层，回路中的磁阻较小；对于较厚的覆盖层，回路中的磁阻则较大。因此根据磁阻的大小可以获得覆盖层的厚度信息。需要注意的是：回路中磁阻的大小不仅取决于检测线圈与铁磁性基体表面之间的距离，而且取决于基体材料的磁性大小；磁阻的大小与表面覆盖层，二者之间存在明确的对应关系，它们之间的对应关系需要采用标准厚度膜片校准进行确定；校准时基体材质应与被检测的基体一致。

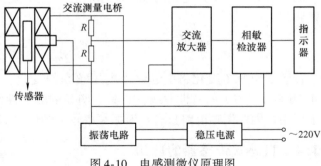

图 4-10　电感测微仪原理图

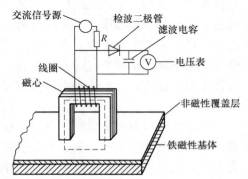

图 4-11　铁磁性基体上非磁性覆盖层厚度测量

【拓展应用系统实例 2】 滚珠自动分装筛选控制系统

如图 4-12 所示为一滚珠自动分装筛选控制系统。该系统采用电感式传感器测量滚珠直径，将滚珠直径的变化量转变为电感变化量 ΔL，经相敏检波电路、电压放大电路等信号调理电路进行信号处理后送入计算机，经计算机软件信号处理后输出控制信号控制相应的电磁翻板开合，实现按误差分装筛选滚珠。

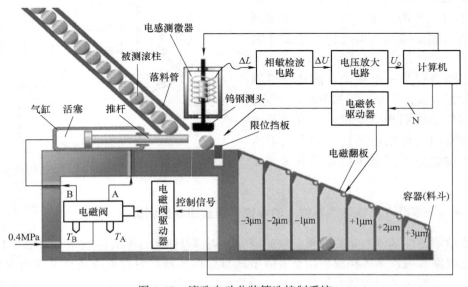

图 4-12　滚珠自动分装筛选控制系统

4.2 差动变压器式传感器

把被测的非电量变化转换为线圈互感量变化的传感器称为互感式传感器。这种传感器是根据变压器的基本原理制成的，并且二次绕组都用差动形式连接，故又称差动变压器式传感器。差动变压器结构形式较多，有变隙型、变面积型和螺线管型等，但其工作原理基本一样。非电量测量中，应用最多的是螺线管式差动变压器，它可以测量 1 ~ 100mm 范围内的机械位移，并具有测量精度高、灵敏度高、结构简单、性能可靠等优点。

4.2.1 工作原理

螺线管型差动变压器按线圈排列的方式不同可分为一节式、二节式、三节式、四节式和五节式等类型，如图 4-13 所示。一节式灵敏度高，三节式零点残余电压较小，通常采用的是二节式和三节式两类。

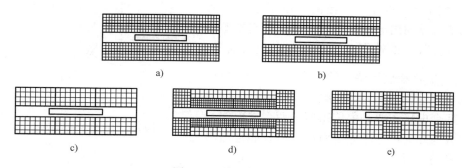

图 4-13 线圈排列方式

a) 一节式 b) 二节式 c) 三节式 d) 四节式 e) 五节式

图 4-14a 为三节式螺线管型差动变压器结构，它由一次绕组、2 个二次绕组和插入线圈中央的圆柱形活动衔铁等组成。图中 2 个二次绕组反向串联，并且在忽略铁损、导磁体磁阻和线圈分布电容的理想条件下，其等效电路如图 4-14b 所示。当一次绕组 w_1 加以激励电压

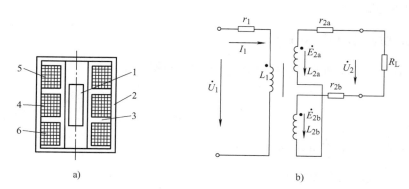

图 4-14 螺线管型差动变压器

a) 结构 b) 等效电路

1—活动衔铁 2—导磁外壳 3—骨架 4——次绕组 5—二次绕组 a 6—二次绕组 b

$\dot{U}_1$ 时，根据变压器的工作原理，在两个二次绕组 w_{2a} 和 w_{2b} 中便会产生感应电动势 $\dot{E}_{2a}$ 和 $\dot{E}_{2b}$。如果工艺上保证变压器结构完全对称，则当活动衔铁处于初始平衡位置时，必然会使两互感系数 $M_1 = M_2$。根据电磁感应原理，将有 $\dot{E}_{2a} = \dot{E}_{2b}$。由于变压器两个二次绕组反向串联，因而 $\dot{U}_2 = \dot{E}_{2a} - \dot{E}_{2b} = 0$，即差动变压器输出电压为零。

图 4-15a 中的差动变压器，当活动衔铁向右移动时，由于磁阻的影响，w_{2a} 中磁通将大于 w_{2b}，使 $M_1 > M_2$，因而 $\dot{E}_{2a}$ 增加，而 $\dot{E}_{2b}$ 减小。反之，$\dot{E}_{2b}$ 增加，$\dot{E}_{2a}$ 减小。因为 $\dot{U}_2 = \dot{E}_{2a} - \dot{E}_{2b}$，所以当 $\dot{E}_{2a}$、$\dot{E}_{2b}$ 随着衔铁位移 x 变化时，$\dot{U}_2$ 也必将随 x 变化。

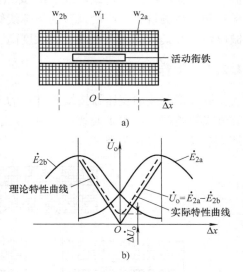

a)

b)

图 4-15 差动变压器的输出特性

a）差动变压器

b）变压器输出电压与活动衔铁位移关系曲线

图 4-15b 给出了变压器输出电压 $\dot{U}_2$ 与活动衔铁位移 x 的关系曲线。实际上，当衔铁位于中心位置时，差动变压器输出电压并不等于零，我们把差动变压器在零位移时的输出电压称为零点残余电压，记作 $\dot{U}_x$。它的存在使传感器的输出特性不过零点，实际特性与理论特性不完全一致。

零点残余电压主要是由传感器的两个二次绕组的电气参数与几何尺寸不完全对称，以及磁性材料的非线性等问题引起的。零点残余电压的波形十分复杂，主要由基波和高次谐波组成。基波产生的主要原因是：传感器的两个二次绕组的电气参数和几何尺寸不完全对称，导致它们产生的感应电动势的幅值不等、相位不同，因此不论怎样调整衔铁位置，两个线圈中感应电动势都不能完全抵消。高次谐波中起主要作用的是 3 次谐波，产生的原因是由于磁性材料磁化曲线的非线性（磁饱和、磁滞）。零点残余电压一般在几十毫伏以下，在实际使用时，应设法减小 $\dot{U}_x$，否则将会影响传感器的测量结果。

4.2.2 差动变压器的基本特性

差动变压器等效电路如图 4-14b 所示。当二次开路时有

$$\dot{I}_1 = \frac{\dot{U}_1}{r_1 + j\omega L_1} \tag{4-26}$$

式中　　ω——激励电压 $\dot{U}_1$ 的角频率（Hz）；

　　　$\dot{U}_1$——一次绕组激励电压（V）；

　　　$\dot{I}_1$——一次绕组激励电流（A）；

　　　r_1、L_1——一次绕组电阻（Ω）和电感（H）。

根据电磁感应定律，二次绕组中感应电动势的表达式分别为

$$\dot{E}_{2a} = -j\omega M_1 \dot{I}_1 \tag{4-27}$$

$$\dot{E}_{2b} = -j\omega M_2 \dot{I}_1 \tag{4-28}$$

由于二次两绕组反向串联，且考虑到二次开路，则由以上关系可得

$$\dot{U}_2 = \dot{E}_{2a} - \dot{E}_{2b} = -\frac{j\omega(M_1 - M_2)\dot{U}_1}{r_1 + j\omega L_1} \tag{4-29}$$

输出电压的有效值为

$$\dot{U}_2 = \frac{\omega(M_1 - M_2)\dot{U}_1}{\sqrt{r_1^2 + (\omega L_1)^2}} \tag{4-30}$$

下面分 3 种情况进行分析：

1）衔铁处于中间位置时，$M_1 = M_2 = M$，故 $\dot{U}_2 = 0$。

2）衔铁向上移动时，$M_1 = M + \Delta M$，$M_2 = M - \Delta M$，故 $\dot{U}_2 = \dfrac{2\omega\Delta M \dot{U}_1}{\sqrt{r_1^2 + (\omega L_1)^2}}$，与 $\dot{E}_{2a}$ 同极性。

3）衔铁向下移动时，$M_1 = M - \Delta M$，$M_2 = M + \Delta M$，故 $\dot{U}_2 = -\dfrac{2\omega\Delta M \dot{U}_1}{\sqrt{r_1^2 + (\omega L_1)^2}}$，与 $\dot{E}_{2b}$ 同极性。

可见，衔铁上下移动相同距离时，输出电压的大小相等，方向相反。

4.2.3 差动变压器式传感器的测量电路

差动变压器输出的是交流电压，若用交流电压表测量，只能反映衔铁位移的大小，而不能反映移动方向。另外，其测量值中将包含零点残余电压。为了达到能辨别移动方向及消除零点残余电压的目的，实际测量时，常常采用差动整流电路和相敏检波电路。

1. 差动整流电路

这种电路是把差动变压器的两个二次输出电压分别整流，然后将整流的电压或电流的差值作为输出，图 4-16 给出了几种典型电路形式。图 4-16 中 a、b 为电压输出型，适用于高负载阻抗；c、d 为电流输出型，适用于低负载阻抗；电阻 R_0 用于调整零点残余电压。

下面结合图 4-16b 分析差动整流电路工作原理。

从图 4-16b 电路结构可知，不论两个二次绕组的输出瞬时电压极性如何，流经电容 C_1 的电流方向总是从 2 到 4，流经电容 C_2 的电流方向从 6 到 8，故整流电路的输出电压为：$\dot{U}_2 = \dot{U}_{24} - \dot{U}_{68}$。

当衔铁在零位时，因为 $\dot{U}_{24} = \dot{U}_{68}$，所以 $\dot{U}_2 = 0$；当衔铁在零位以上时，因为 $\dot{U}_{24} > \dot{U}_{68}$，则 $\dot{U}_2 > 0$；而当衔铁在零位以下时，则有 $\dot{U}_{24} < \dot{U}_{68}$，则 $\dot{U}_2 < 0$。

差动整流电路结构简单，不需要考虑相位调整和零点残余电压的影响，分布电容影响小

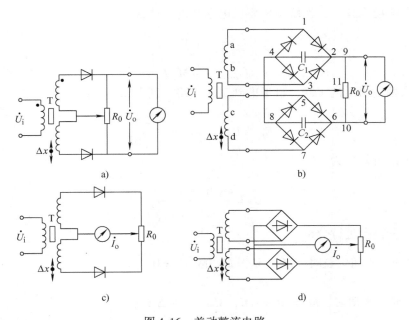

图 4-16 差动整流电路

a）电压输出型 1   b）电压输出型 2   c）电流输出型 1   d）电流输出型 2

和便于远距离传输，因而获得广泛应用。

2. 相敏检波电路

相敏检波电路原理如图 4-17a 所示。VD_1、VD_2、VD_3、VD_4 为 4 个性能相同的二极管，以同一方向串联成一个闭合回路，形成环形电桥。输入信号 u_2（差动变压器式传感器输出的调幅波电压）通过变压器 T_1 加到环形电桥的一条对角线上。参考信号 u_0 通过变压器 T_2 加到环形电桥的另一个对角线上。输出信号 u_L 从变压器 T_1 与 T_2 的中心抽头引出。平衡电阻 R 起限流作用，避免二极管导通时变压器 T_2 的二次电流过大。R_L 为负载电阻。u_0 的幅值要远大于输入信号 u_2 的幅值，以便有效控制 4 个二极管的导通状态，且 u_0 和差动变压器式传感器激磁电压 u_1 由同一振荡器供电，保证二者同频、同相（或反相），如图 4-18b、d 所示。

由图 4-18a、c、d 可知，当位移 $\Delta x > 0$ 时，u_2 与 u_0 同频同相，当位移 $\Delta x < 0$ 时，u_2 与 u_0 同频反相。

$\Delta x > 0$ 时，u_2 与 u_0 为同频同相，当 u_2 与 u_0 均为正半周时，图 4-17a 环形电桥中二极管 VD_1、VD_4 截止，VD_2、VD_3 导通，则可得图 4-17b 所示的等效电路。

根据变压器的工作原理，考虑到 O、M 分别为变压器 T_1、T_2 的中心抽头，则有

$$u_{01} = u_{02} = \frac{u_0}{2n_2} \tag{4-31}$$

$$u_{21} = u_{22} = -\frac{u_2}{2n_1} \tag{4-32}$$

式中 n_1、n_2——变压器 T_1、T_2 的电压比。

采用电路分析的基本方法，可求得图 4-15b 所示电路的输出电压 u_L 的表达式

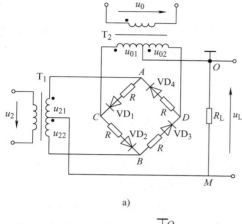

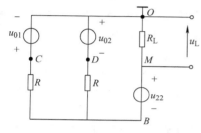

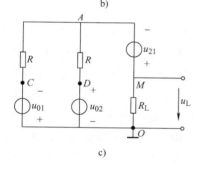

图 4-17　相敏检波电路

a) 相敏检波电路原理图

b) u_2、u_0 均为正半周时的等效电路

c) u_2、u_0 均为负半周时的等效电路

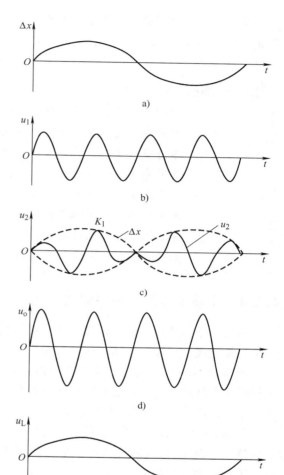

图 4-18　相敏检波电路电压波形图

a) 被测位移变化波形

b) 差动电压器式传感器激磁电压波形

c) 差动电压器式传感器输出电压波形

d) 相敏检波解调电压波形

e) 相敏检波输出电压波形

$$u_L = \frac{R_L u_2}{n_1 (R + 2R_L)} \qquad (4\text{-}33)$$

同理，当 u_2 与 u_0 均为负半周时，二极管 VD_2、VD_3 截止，VD_1、VD_4 导通，其等效电路如图 4-17c 所示。输出电压 u_L 表达式与式(4-33) 相同，说明只要位移 $\Delta x > 0$，不论 u_2 与 u_0 是正半周还是负半周，负载电阻 R_L 两端得到的电压 u_L 始终为正。

当 $\Delta x < 0$ 时，u_2 与 u_0 为同频反相。采用上述相同的分析方法不难得到当 $\Delta x < 0$ 时，不论 u_2 与 u_0 是正半周还是负半周，负载电阻 R_L 两端得到的输出电压 u_L 表达式总是为

$$u_L = - \frac{R_L u_2}{n_1 (R + 2R_L)} \tag{4-34}$$

所以，上述相敏检波电路输出电压 u_L 的变化规律充分反映了被测位移量的变化规律，即 u_L 的值反映位移 Δx 的大小，而 u_L 的极性则反映了位移 Δx 的方向。

微思考

技术男：同学们知道互感式传感器激励电源的频率应如何选取吗？

同学甲：我猜频率选取应该越高越好吧☺。

技术男：不行喔，工程中的任何问题都不能凭感觉来解决的，而应该用科学的、严谨的态度通过认真分析来寻找答案的，否则会造成严重的后果。互感式传感器激励电源频率的选取：首先，应根据所用铁心材料，选取合适的较高激励频率，以保证灵敏度不随激励频率的波动而波动；其次，激励电源频率应避开机械系统的自振频率，防止与机械系统产生共振；第三，激励电源频率应远远大于被测参数的变化频率，否则无法实现正确测量。

4.2.4 差动变压器式传感器的应用

差动变压器式传感器可以直接用于位移测量，也可以测量与位移有关的任何机械量，如振动、加速度、应变、比重、张力和厚度等。

图 4-19 所示为差动变压器式加速度传感器的结构示意图。它由悬臂梁和差动变压器构成。测量时，将悬臂梁底座及差动变压器的线圈骨架固定，而将衔铁的 A 端与被测振动体相连。当被测振动体带动衔铁以 $\Delta x(t)$ 振动时，导致差动变压器的输出电压也按相同规律变化。

图 4-20 所示为力平衡式测压计的测量电路。图 4-20 中 N_1、N_{21}、N_{22} 分别为差动变压器一次绕组和两个二次绕组，VD_1、VD_2 和 C 为半波整流电容滤波电路。当动铁处于中间位置时，膜盒亦在正中位置时，此时膜盒的上下压力相同，即差动变压器输出电压 $U = 0$。当膜盒的上下压力大小不同时，膜盒产生位移，带动动铁移动，差动变压器输出电压大小和极性即表示动铁位移的大小和方向，从而可测出压力差。

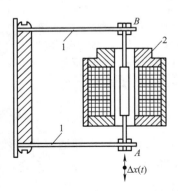

图 4-19　差动变压器式加速度传感器
1—悬臂梁　2—差动变压器

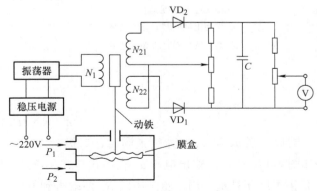

图 4-20　力平衡式测压计

4.3 电涡流式传感器

根据法拉第电磁感应原理，块状金属导体置于变化的磁场中或在磁场中作切割磁力线运动时，导体内将产生呈涡旋状的感应电流，此电流叫电涡流，以上现象称为电涡流效应。

根据电涡流效应制成的传感器称为电涡流式传感器。按照电涡流在导体内的贯穿情况，此传感器可分为高频反射式和低频透射式两类，但从基本工作原理上来说仍是相似的。电涡流式传感器最大的特点是能对位移、厚度、表面温度、速度、应力、材料损伤等进行非接触式连续测量，另外还具有体积小、灵敏度高、频率响应宽等特点，应用极其广泛。

4.3.1 电涡流式传感器的工作原理

图 4-21 所示为电涡流式传感器的原理图，该图由传感器线圈和被测金属导体组成线圈–导体系统。根据法拉第电磁感应定律，当传感器线圈通以正弦交变电流 $\dot{I}_1$ 时，传感器线圈周围空间必然产生正弦交变磁场 $\dot{H}_1$，使置于此磁场中的被测金属导体中感应电涡流 $\dot{I}_2$，$\dot{I}_2$ 又产生新的交变磁场 $\dot{H}_2$。根据楞次定律，$\dot{H}_2$ 的作用将反抗原磁场 $\dot{H}_1$，导致传感器线圈的等效阻抗发生变化。由上可知，传感器线圈阻抗的变化完全取决于被测金属导体的电涡流效应。而电涡流效应既与被测金属导体的电阻率 ρ、磁导率 μ 以及几何形状有关，又与传感器线圈的几何参数、线圈中激磁电流的频率有关，还与线圈与被测金属导体间的距离 x 有关。因此，传感器线圈受电涡流影响时的等效阻抗 Z 是 ρ、μ、r、f、x 的函数，即

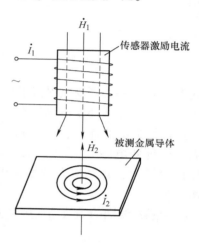

图 4-21　电涡流式传感器原理图

$$Z = F(\rho, \mu, r, f, x) \tag{4-35}$$

式中　r——线圈与被测金属导体的尺寸因子。

如果保持上式中其他参数不变，而只改变其中一个参数，传感器线圈阻抗 Z 就仅仅是这个参数的单值函数。通过与传感器配用的测量电路测出阻抗 Z 的变化量，即可实现对该参数的测量。

4.3.2 电涡流式传感器的基本特性

根据电涡流的分布特性，可把在被测金属导体上形成的电涡流等效成一个短路环，传感器线圈与被测金属导体便可等效为互为耦合的 2 个线圈，其等效电路图如图 4-22 所示。根据基尔霍夫第二定律，可列出如下方程：

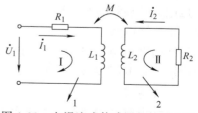

图 4-22　电涡流式传感器的等效电路
1—传感器线圈　2—电涡流短路环

$$R_1 \dot{I}_1 + j\omega L_1 \dot{I}_1 - j\omega M \dot{I}_2 = \dot{U}_1 \tag{4-36}$$

$$R_2 \dot{I}_2 + j\omega L_2 I_2 - j\omega M \dot{I}_1 = 0 \tag{4-37}$$

式中　ω——传感器线圈激磁电流角频率；

　R_1、L_1——传感器线圈电阻和电感；

　　L_2——短路环等效电感；

　　R_2——短路环等效电阻。

由式（4-36）和式（4-37）解得等效阻抗 Z 的表达式为

$$Z = \frac{\dot{U}_1}{\dot{I}_1} = R_1 + \frac{\omega^2 M^2}{R_2^2 + (\omega L_2)^2} R_2 + j\omega \left[L_1 - \frac{\omega^2 M^2}{R_2^2 + (\omega L_2)^2} L_2 \right] = R_{eq} + j\omega L_{eq} \tag{4-38}$$

$$R_{eq} = R_1 + \frac{\omega^2 M^2}{R_2^2 + (\omega L_2)^2} R_2 \tag{4-39}$$

$$L_{eq} = L_1 - \frac{\omega^2 M^2}{R_2^2 + (\omega L_2)^2} L_2 \tag{4-40}$$

式中　R_{eq}——线圈受电涡流影响后的等效电阻；

　　L_{eq}——线圈受电涡流影响后的等效电感。

若接近的金属导体为非磁、硬磁性材料，随着金属导体的靠近，则 L_1 不变，M 增大，则等效电感 L_{eq} 减小；若为软磁性材料，随着金属导体的靠近，L_1 也会由于磁心的接近而增大，且其增大的量大于电涡流带来的等效电感的减小量，所以等效电感 L_{eq} 是增大的。

传感器线圈的等效品质因数 Q 值为

$$Q = \frac{\omega L_{eq}}{R_{eq}} = \frac{\omega L_1}{R_1} \cdot \frac{1 - \dfrac{L_2}{L_1} \cdot \dfrac{\omega^2 M^2}{R_2^2 + \omega^2 L_2^2}}{1 + \dfrac{R_2}{R_1} \cdot \dfrac{\omega^2 M^2}{R_2^2 + \omega^2 L_2^2}} \tag{4-41}$$

可见，由于电涡流的影响，传感器线圈复阻抗的实数部分增大，虚数部分减小，因此传感器线圈的品质因数 Q 下降。

综上所述，根据电涡流式传感器的等效电路，运用电路分析的基本方法得到的式（4-38）和式（4-41），即为电涡流式传感器的基本特性。

4.3.3　测量电路

根据电涡流式传感器的基本工作原理和等效电路，传感器线圈与被测金属导体间距离的变化可以转化为传感器线圈的品质因数 Q、等效阻抗 Z 和等效电感 L 的变化。测量电路的任务是把这些参数的变化转换为电压或电流输出，可以用 3 种类型的电路：电桥电路、谐振电路、正反馈电路。

利用 Z 的测量电路一般用桥路，属于调幅电路。利用 L 的测量电路一般用谐振电路，根据输出是电压幅值还是电压频率，谐振电路又分为调幅和调频两种。

1. 电桥电路

这种电路结构简单，主要用于差动式电涡流传感器。图4-23 中 L_1 和 L_2 为差动式电涡流传感器的两个线圈，分别与选频电容 C_1 和 C_2 并联组成相邻的两个桥臂，电阻 R_1 和 R_2 组成另外两个桥臂，电源由振荡器供给，振荡频率根据电涡流式传感器的需求选择。电桥将线圈阻抗的变化转换成电压幅值的变化。

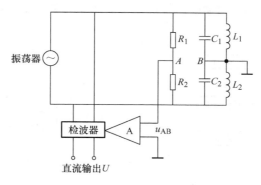

图 4-23　电桥电路

2. 谐振电路

这种方法是把传感器线圈与电容并联组成 LC 并联谐振电路。

并联谐振电路的谐振频率为

$$f_0 = \frac{1}{2\pi \sqrt{LC}} \tag{4-42}$$

谐振时 LC 并联谐振回路的等效阻抗最大。

（1）定频调幅法　电路结构如图 4-24a 所示，以固定频率的正弦波信号为激励，电涡流式传感器与电容 C 构成并联谐振电路。其谐振曲线如图 4-24b 所示，当被测金属导体为软磁材料靠近传感器线圈时，由于磁导率 μ 增加，谐振回路的等效电感 L 增加，LC 回路谐振频率减小，谐振曲线左移，谐振阻抗下降，频率为 f_0 的电流 i_0 流过阻抗减小的并联谐振电路，输出电压 u_0 降至 u_3。当被测金属导体为硬磁或非软磁材料靠近线圈时，等效电感 L 减小，LC 回路谐振频率增大，谐振曲线右移，谐振阻抗下降。输出电压 u_0 降至 u_1。可见，传感器线圈与被测金属导体之间距离 δ 的变化，引起 Z 的变化，使输出电压跟随变化，从而实现位移量的测量，故称调幅法。

（2）调频法　如图 4-25 所示，传感器线圈作为组成 LC 振荡器的电感元件，当传感器的等效电感 L 发生变化时，引起振荡器的振荡频率变化，该频率可直接由数字频率计测得，或通过频率/电压转换后用数字电压表测量出对应的电压。这种方法稳定性较差。另外采用这种测量电路时，不能忽略传感器与振荡器之间连接电缆的分布电容，几皮法的变化将使频率变化几千赫，严重影响测量结果，为此可设法把振荡器的电容元件和传感器线圈组装成一体。

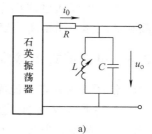

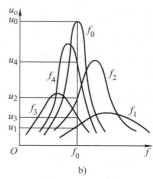

图 4-24　定频调幅法原理图

a）电路结构　b）谐振曲线

（3）变频调幅法　如图 4-26 所示，传感器线圈作为组成 LC 振荡器的电感元件，当传

感器的等效电感 L 发生变化时，不仅引起振荡器的振荡频率变化，也引起振荡器输出信号幅值的变化。变频调幅法不考虑频率变化，而是利用振荡幅值的变化来测量传感器线圈与被测金属导体间的位移变化。振荡器输出信号幅值的变化通过检波电路将交流变换为直流信号来检测位移的变化。

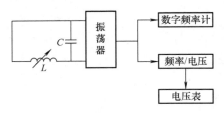

图 4-25　调频法原理图

图 4-26　变频调幅法原理图

3. 正反馈电路

图 4-27 中 Z_r 为一固定的线圈阻抗，Z_L 为传感器线圈电涡流效应的等效阻抗，D 为测量距离。放大器的反馈电路是由 Z_L 组成，当传感器线圈与被测体之间的距离发生变化时，Z_L 变化，反馈放大电路的放大倍数发生变化，从而引起运算放大器输出电压变化，经检波和放大后使测量电路的输出电压变化。因此，可以通过输出电压的变化来检测传感器线圈和被测体之间距离的变化。

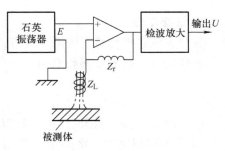

图 4-27　正反馈法原理图

4.3.4　电涡流式传感器的应用

1. 低频透射式电涡流厚度传感器

图 4-28 所示为低频透射式电涡流厚度传感器结构原理图。在被测金属板的上方设有发射传感器线圈 L_1，在被测金属板下方设有接收传感器线圈 L_2。当在 L_1 上加低频电压 U_1 时，则 L_1 上产生交变磁通 Φ_1，若两线圈间无金属板，则交变磁场直接耦合至 L_2 中，L_2 产生感应电压 U_2。如果将被测金属板放入两线圈之间，则 L_1 产生的磁通将导致在被测金属板中产生电涡流。此时磁场能量受到损耗，到达 L_2 的磁通将减弱为 Φ'_1，从而使 L_2 产生的感应电压 U_2 下降。金属板越厚，磁场能量损失就越大，U_2 就越小。因此，可根据 U_2 的大小得知被测金属板的厚度，透射式电涡流厚度传感器检测范围可达 $1 \sim 100\text{mm}$，分辨力为 $0.1\mu\text{m}$，线性度为 1%。

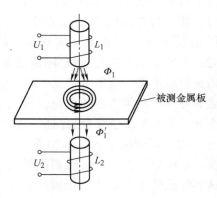

图 4-28　低频透射式电涡流厚度传感器结构原理图

2. 高频反射式电涡流式传感器

高频反射式电涡流式传感器由于具有测量范围大、灵敏度高、结构简单、抗干扰能力强、可以实现非接触式测量等优点，被广泛地应用于工业生产和科学研究的各个领域，可以用来测量位移、振幅、尺寸、厚度、热膨胀系数、轴心轨迹和金属件探伤等，如图 4-29a、b 所示。

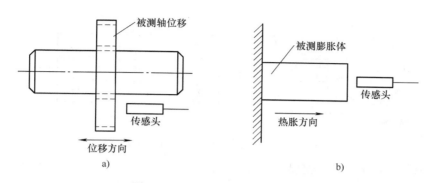

图 4-29　电涡流式传感器测位移

a）轴心位移检测　b）间接检测金属试件热膨胀系数

图 4-30 所示是高频反射式电涡流带材测厚仪测试系统原理图。为了克服被测带材不够平整或运行过程中上下波动的影响，在被测带材的上、下两侧对称地设置了两个特性完全相同的电涡流式传感器 S_1、S_2。S_1、S_2 与被测带材表面之间的距离分别为 x_1 和 x_2。若被测带材厚度不变，则被测带材上、下表面之间的距离总有 $x_1 + x_2 =$ 常数的关系存在。两传感器的输出电压之和为 $2U_。$ 数值不变。如果被测带材厚度改变量为 $\Delta\delta$，则两传感器与被测带材之间的距离也改变了一个 $\Delta\delta$，两传感器输出电压之和此时为 $2U_。+ \Delta U$。ΔU 经放大器放大后，通过指示仪表电路即可指示出被测带材的厚度变化值。被测带材厚度给定值与偏差指示值的代数和就是被测带材的厚度。

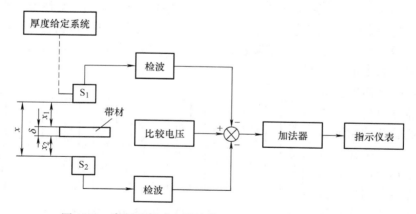

图 4-30　高频反射式电涡流带材测厚仪测试系统原理图

3. 电涡流式转速传感器

图 4-31 所示为电涡流式转速传感器工作原理图。在软磁材料制成的输入轴上加工一键槽，在距输入轴表面 d_0 处设置电涡流式传感器，输入轴与被测旋转轴相连。

当被测旋转轴转动时，传感器距输入轴的距离发生 $d_0 + \Delta d$ 的变化。由于电涡流效应，传感器线圈电感将随 Δd 的变化而变化，它们将直接影响振荡器的电压幅值和振荡频率。因此，随着输入轴的旋转，从振荡器输出的信号中包含有与转数成正比的脉冲频率信号。该信号由检波器检出电压幅值的变化量，然后经整形电路输出脉冲频率信号 f_n。该信号经电路处理便可得到被测转速。

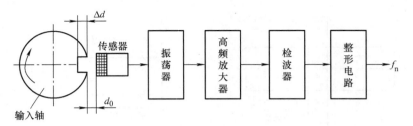

图 4-31　电涡流式转速传感器工作原理图

这种转速传感器可实现非接触式测量、抗污染能力很强，可安装在旋转轴附近长期对被测转速进行监视。最高测量转速可达 $6.0 \times 10^5 \text{r/min}$（转/分）。

此外，电涡流式传感器还可制成开关量输出的检测元件，这时可使测量电路大为简化。目前，应用比较广泛的有接近开关，也可用于金属零件的计数。

【拓展应用系统实例3】　电涡流探伤

电涡流式传感器可以对被测对象进行非破坏性的探伤。例如：检查金属的表面裂纹、热处理裂纹以及焊接部位的探伤等。在检查时，使传感器与被测体的距离不变，如有裂纹出现时，导体电阻率、磁导率发生变化，从而引起传感器的等效阻抗发生变化，通过测量电路达到探伤的目的。

电涡流探伤仪的工作原理是：振荡器产生的各种频率的振荡电流流经检测线圈，检测线圈产生交变磁场并在试件中感生涡流。同时，受到试件影响的电涡流会使检测线圈的电性能发生变化，通过信号输出电路将（包含待测信息的）检测线圈电性能的变化转变成电信号输出，经放大器放大，信号处理器消除各种干扰，然后输入显示器显示检测结果。电涡流探伤仪的基本组成如图 4-32 所示。

以发电厂热交换器管为例，热交换器管道内的液体介质可能造成管壁的腐蚀和沉淀物的堆积，设备在运行过程中，由于热交换器管的振动，与支撑板之间形成碰撞和摩擦，造成热交换器管外壁与支撑板接触部位磨

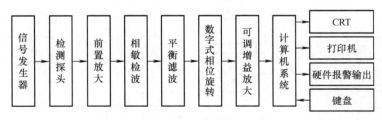

图 4-32　电涡流探伤仪的基本组成

损。采用内穿过式线圈的电涡流检测方法对热交换器管道内、外壁的这些缺陷进行检测是最为有效和可靠的无损检测方法。使用多频电涡流探伤仪进行热交换管的在役检测，电涡流探伤仪探头结构如图 4-33 所示，电涡流探伤仪探头的阻抗变化以阻抗平面图形式显示，如图 4-34 所示，由图可见管道中存在 3 个缺陷。

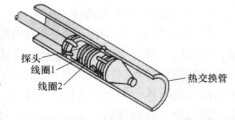

图 4-33　热交换管电涡流探伤仪探头结构图

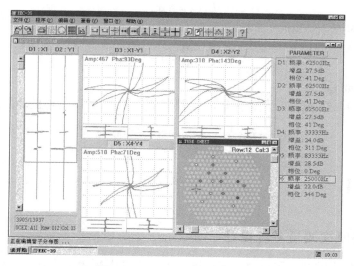

图 4-34　电涡流探伤仪界面图

例 4.1　用一个电涡流式测振仪测量某机器主轴的轴向振动。已知传感器的灵敏度为 20mV/mm，最大线性范围为 5mm。现将传感器安装在主轴一侧，如图 4-35a 所示。所记录的振动波形如图 4-35b 所示。试问：

（1）传感器与被测轴的安装距离 L 为多大时测量效果较好？

（2）轴向振幅 A 为多大？

（3）主轴振动的基频 f 为多大？

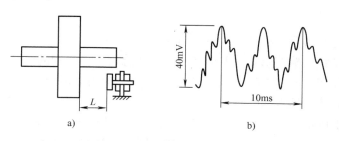

图 4-35　电涡流式测振仪测量振动

a）传感器的安装　b）振动波形

解：（1）由于最大线性范围为 5mm，所以安装距离 L 的平均值应为 2.5mm，这样可获得最大的测量范围。然而，安装传感器时轴是静止的，在未知振动幅值的情况下，也就无法实现将 L 的平均值调整为 2.5mm。为了保证传感器不与被测轴发生碰撞，并最终调整到测量范围内，应先让传感器距离轴较远安装。待被测轴开始转动之后，根据输出被测波形判断是否需要减小 L。若输出波形上下不对称，说明传感器工作在非线性区，在不发生碰撞的条件下，逐渐减小 L。但是，有可能振动幅值太大（如大于 2.5mm），减小 L 直到即将发生碰撞，都不能使波形上下对称，则传感器的线性范围不够。当观察到输出波形上下对称时，说明传感器基本上工作在线性区，在不发生碰撞的条件下，可进一步减小 L，直到所测振幅为最大。

（2）输出电压的峰-峰值 U_{P-P} 与振动峰-峰值 x_{P-P} 及传感器灵敏度 S_n 的关系为

$$U_{P-P} = S_n x_{P-P}$$

根据图 4-35b 可知 $U_{P-P} = 40\text{mV}$，所以可得

$$x_{P-P} = \frac{40}{20}\text{mm} = 2\text{mm}$$

故轴向振幅 $A = 1\text{mm}$。

（3）根据图 4-35b 可知，主轴振动的周期为 $T = 5\text{ms}$，所以主轴振动的基频为

$$f = \frac{1}{T} = \frac{1}{5 \times 10^{-3}}\text{Hz} = 200\text{Hz}$$

拓展训练项目

【项目1】 膜层厚度测量系统设计

如基体材料是非磁性金属材料，要检测其上的不导电覆盖层厚度，可以使用本章的哪种传感器，试用选定的传感器设计一个测量系统电路结构框图，并说明工作原理。

【项目2】 电涡流式安检门的设计

安检系统已广泛应用于许多公共场所，试用电涡流式传感器设计一个安全检查门系统，用于探测枪支、匕首等金属武器或其他金属物品，画出电路原理图。

习　　题

4.1　电感式传感器分为哪几类？各有何特点？

4.2　说明差动式电感传感器和差动变压器式传感器工作原理的区别？

4.3　说明差动变压器零点残余电压产生的原因并指出消除零点残余电压的方法。

4.4　电涡流式传感器有何特点？

4.5　如图 4-1 所示，气隙型电感式传感器，线圈断面面积 $S = 4 \times 4\text{mm}^2$，气隙总长度 $l_\delta = 0.8$，衔铁最大位移 $\Delta l_\delta = \pm 0.08\text{mm}$，激励线圈 $N = 2500$ 匝，导线直径 $d = 0.06\text{mm}$，电阻率 $\rho = 1.75 \times 10^{-6}\Omega \cdot \text{cm}$。当激励频率 $f = 4000\text{Hz}$ 时，忽略漏磁及铁损，要求计算：

（1）线圈电感值。

（2）电感最大变化量。

（3）当线圈外断面积为 $11 \times 11\text{mm}^2$ 时，求其电阻值。

（4）线圈的品质因数。

（5）当线圈存在 200pF 分布电容与之并联后，其等效电感值变化多大？

4.6　利用电涡流法测板材厚度，已知激励频率 $f = 1\text{MHz}$，被测材料相对磁导率 $\mu_r = 1$，电阻率 $\rho = 2.9 \times 10^{-6}\Omega \cdot \text{cm}$，被测板厚为 $(1 \pm 0.2)\text{mm}$，要求：

（1）计算采用高频反射法测量时，电涡流穿透深度 h 为多少？

（2）能否用低频透射法测板厚？若可以，需要采取什么措施？画出检测示意图。

4.7　试计算如图 4-36a 所示差动变压器式传感器接入电桥电路（顺接法）时的空载输

出电压 $\dot{U}_{\circ}$；已知一次绕组激励电流为 $\dot{I}_1$，电源角频率为 ω，一、二次绕组间的互感为 M_a、M_b，两个二次绕组完全相同。若同一差动变压器式传感器接成图 4-36b 所示反串电路（对接法），问两种方法中哪种灵敏度高？高几倍？

4.8 有一差动式自感传感器，零位时 $Z_{10} = Z_{20} = r_0 + j\omega L_0$，$r_0 = 20\Omega$，$L_0 = 3\text{mH}$。将它接入如图 4-37 所示电桥，若 $U_{AC} = 4\text{V}$、$f = 3\text{kHz}$，求四臂交流电桥匹配电阻 R_3、R_4 的最佳值，并说明理由；又若 $\Delta Z = 6\Omega$ 时，电桥输出电压为多大？

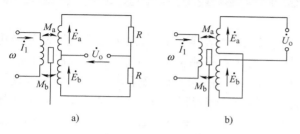

图 4-36 题 4.7 图

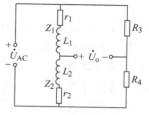

图 4-37 题 4.8 图

第 5 章

电容式传感器

电容式传感器是将被测非电量（如液位、温度、振动等）的变化转化为电容量的变化来实现非电量到电量转化的。电容式传感器的主要优点是测量范围大、灵敏度高、功耗小、结构简单、零点漂移小、分辨率高、动态响应时间短、易实现非接触测量等，主要缺点是输出阻抗高、易受外界干扰和寄生电容的影响。近年来，随着新材料、新工艺，特别是半导体集成技术等方面的快速发展，电容式传感器的缺点已得到了较好地解决。目前电容式传感器已广泛应用于压力、位移、加速度、厚度、液位、温度、湿度和成分含量等的测量之中。

5.1 工作原理及特性

5.1.1 工作原理及类型

电容式传感器常用的结构有两种：平板状和圆筒状。平板电容式传感器结构最简单，用 2 块金属平板做电极即可构成电容器，如图 5-1 所示。当忽略边缘效应时，其电容 C 为

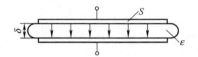

图 5-1 平板电容式传感器

$$C = \frac{\varepsilon S}{\delta} = \frac{\varepsilon_r \varepsilon_0 S}{\delta} \tag{5-1}$$

式中　S——极板相对覆盖面积（m^2）；

　　　δ——极板间距离（m）；

　　　ε_0——真空介电常数，$\varepsilon_0 = 8.85\text{pF/m}$；

　　　ε——电容极板间介质的介电常数；

　　　ε_r——电容极板间介质的相对介电常数。

当被测非电量的变化引起式（5-1）中 S、δ、ε_r 3 个参量中任一个发生变化时，都将引起电容量 C 的变化，通过测量电路将 C 的变化转化为电量的输出，实现非电量的测量。

可见，平板电容式传感器可分为以下 3 种基本类型：变极距（变间隙）型、变面积型和变介电常数型。

圆筒电容式传感器的结构如图 5-2 所示。当忽略边缘效应时，其电容 C 为

$$C = \frac{2\pi\varepsilon_r\varepsilon_0 l}{\ln(R/r)} \tag{5-2}$$

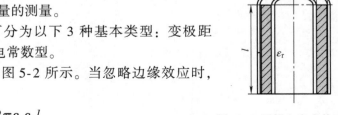

图 5-2 圆筒电容式传感器

式中　　l——内、外圆极板相对覆盖的高度（m）；

　　　　R、r——外、内圆极板的半径（m）。

当被测非电量的变化引起式(5-2) 中 l、ε_r 两个参量中任一个发生变化时，都将引起电容量 C 的变化，通过测量电路将 C 的变化转化为电量的输出，实现非电量的测量。

可见，圆筒电容式传感器可分为两种基本类型：变极板覆盖高度的变面积型和变介电常数型。

5.1.2　主要特性

1. 变极距型电容式传感器

变极距型电容式传感器的结构如图 5-3 所示，图 5-3 中极板 1 为静极板，极板 2 为动极板。初始电容为

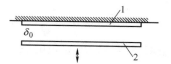

图 5-3　变极距型电容式传感器

$$C_0 = \frac{\varepsilon_r \varepsilon_0 S}{\delta_0} \qquad (5\text{-}3)$$

当动极板随被测非电量的变化而上下移动时，两极板间极距发生变化，从而使电容量产生变化，其电容变化量 ΔC 为

$$\Delta C = \frac{\varepsilon S}{\delta_0 - \Delta\delta} - \frac{\varepsilon S}{\delta_0} = \frac{\varepsilon S}{\delta_0} \frac{\Delta\delta}{\delta_0 - \Delta\delta} = C_0 \frac{\Delta\delta}{\delta_0 - \Delta\delta}$$

电容的相对变化量为

$$\frac{\Delta C}{C_0} = \frac{\Delta\delta}{\delta_0} \left(1 - \frac{\Delta\delta}{\delta_0}\right)^{-1} \qquad (5\text{-}4)$$

当 $\Delta\delta/\delta_0 \ll 1$ 时，式(5-4) 可按泰勒级数展开为

$$\frac{\Delta C}{C_0} = \frac{\Delta\delta}{\delta_0} \left[1 + \frac{\Delta\delta}{\delta_0} + \left(\frac{\Delta\delta}{\delta_0}\right)^2 + \left(\frac{\Delta\delta}{\delta_0}\right)^3 + \cdots\right] \qquad (5\text{-}5)$$

略去高次非线性项，式(5-5) 线性化处理后可获得近似线性输出特性，即

$$\frac{\Delta C}{C_0} \approx \frac{\Delta\delta}{\delta_0} \qquad (5\text{-}6)$$

其灵敏度定义为

$$K_0 = \frac{\Delta C}{\Delta\delta} = \frac{C_0}{\delta_0} \qquad (5\text{-}7)$$

使用线性化处理后的输出特性时，非线性误差为

$$e_f = \left|\frac{\Delta\delta}{\delta_0}\right| \times 100\% \qquad (5\text{-}8)$$

根据以上对变极距型电容式传感器的讨论，可得以下结论：

1) 变极距型电容式传感器灵敏度与初始极距成反比。要提高传感器灵敏度应减小初始极距，但初始极距又受电容击穿电压限制。两者兼顾，一般取 $\delta_0 = 0.1 \sim 0.2\,\mathrm{mm}$。

2) 相对非线性误差随极距变化量的增加而增加，为保证线性度应限制相对位移，通常取 $\Delta\delta = 0.1\delta_0$。因而变极距型电容式传感器适合测小位移（一般在 $0.01\,\mu\mathrm{m}$ 至几百微米范围内）。

为提高灵敏度和改善非线性，一般采用差动结构，如图 5-4 所示，下面对其进行讨论。

设动极板上移，则有 $C_1 = C_0 + \Delta C$，$C_2 = C_0 - \Delta C$，其具体表达式为

$$C_1 = C_0 + \Delta C = \frac{\varepsilon S}{\delta_0 - \Delta\delta} = \frac{\varepsilon S}{\delta_0(1 - \Delta\delta/\delta_0)}$$

$$C_2 = C_0 - \Delta C = \frac{\varepsilon S}{\delta_0 + \Delta\delta} = \frac{\varepsilon S}{\delta_0(1 + \Delta\delta/\delta_0)}$$

通常 $\Delta\delta/\delta_0 \ll 1$，可按泰勒级数展开

$$C_1 = C_0\left[1 + \frac{\Delta\delta}{\delta_0} + \left(\frac{\Delta\delta}{\delta_0}\right)^2 + \left(\frac{\Delta\delta}{\delta_0}\right)^3 + \cdots\right]$$

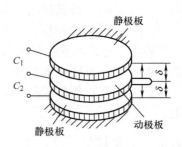

图 5-4　差动式变极距型电容式传感器

$$C_2 = C_0\left[1 - \frac{\Delta\delta}{\delta_0} + \left(\frac{\Delta\delta}{\delta_0}\right)^2 - \left(\frac{\Delta\delta}{\delta_0}\right)^3 + \cdots\right]$$

差动连接后，电容量的变化为

$$\Delta C' = C_1 - C_2 = C_0\left[2\frac{\Delta\delta}{\delta_0} + 2\left(\frac{\Delta\delta}{\delta_0}\right)^3 + \cdots\right] \tag{5-9}$$

线性化处理后，输出特性为

$$\frac{\Delta C'}{C_0} \approx 2\frac{\Delta\delta}{\delta_0} \tag{5-10}$$

灵敏度为

$$K = \frac{\Delta C'}{\Delta\delta} = 2\frac{C_0}{\delta_0} \tag{5-11}$$

非线性误差为

$$e_f = \left(\frac{\Delta\delta}{\delta_0}\right)^2 \times 100\% \tag{5-12}$$

可见，差动式比单极式灵敏度提高了一倍，且非线性误差大大减小。此外，差动结构还能有效地进行温度补偿。

2. 变面积型电容式传感器

（1）平板变面积型电容式传感器　平板变面积型电容式传感器的结构如图 5-5 所示，当动极板移动 Δx 时，电容 C 为

$$C = \frac{\varepsilon(a - \Delta x)b}{\delta} = C_0 - \frac{\varepsilon b\Delta x}{\delta} = C_0 - C_0\frac{\Delta x}{a}$$

电容的相对变化量为

$$\frac{\Delta C}{C_0} = -\frac{\Delta x}{a} \tag{5-13}$$

灵敏度为

$$K = \frac{\Delta C}{\Delta x} = -\frac{\varepsilon b}{\delta} \tag{5-14}$$

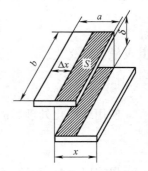

图 5-5　平板变面积型电容式传感器

显然，变面积型电容式传感器输出特性呈线性关系，但灵敏度比变极距型电容式传感器低。理论上，变面积型电容式传感器量程不受线性范围的限制，适合测量大的直线位移和角位移。但考虑到边缘效应，实际中，单极变面积型电容式传感器的测量范围也不能太大。为增大线性范围，提高灵敏度，常采用差动结构。

（2）圆筒变面积型电容式传感器　平板变面积型电容式传感器中，平板结构对极距变

化特别敏感，测量精度容易受到影响。而圆筒结构受极板径向变化的影响很小，故为实际中常采用的结构，如图 5-6 所示。在忽略边缘效应时其电容 C 为

$$C = \frac{2\pi\varepsilon \cdot l}{\ln(R/r)} \quad (5-15)$$

式中　l——外圆筒与内圆柱初始覆盖部分的长度（m）；

　　　R、r——分别为外圆筒内半径和内圆柱外半径（m）。

当圆筒与圆柱轴向相对移动 Δx 时，电容变化量 ΔC 为

$$\Delta C = \frac{2\pi\varepsilon l}{\ln(R/r)} - \frac{2\pi\varepsilon(l-\Delta x)}{\ln(R/r)} = \frac{2\pi\varepsilon\Delta x}{\ln(R/r)} = C_0\frac{\Delta x}{l} \quad (5-16)$$

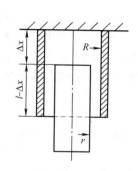

图 5-6　圆筒变面积型
电容式传感器

可见，圆筒变面积型电容式传感器的电容改变量 ΔC 与轴向位移 Δx 呈线性关系，常用来检测位移等参数。

3. 变介电常数型电容式传感器

当电容两极板之间的介电常数发生变化时，电容量随之改变。这种传感器应用非常广，可用来测量电介质厚度、位移、液位以及电介质温度、湿度等物理量。

（1）测位移　单组式平形板测位移变介电常数型电容式传感器如图 5-7 所示，图中两平行极板固定不动，相对介电常数为 ε_{r2} 的电介质作水平移动，从而改变两种介质的极板覆盖面积。若忽略边缘效应，传感器的电容与被测位移的关系为

$$C = C_1 + C_2 = \frac{\varepsilon_0 b_0}{\delta_0}\left[\varepsilon_{r1}(l-l_x) + \varepsilon_{r2}l_x\right]$$

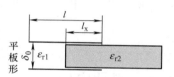

图 5-7　变介电常数型
电容式传感器测位移

式中　l、b_0——固定极板长度和宽度（m）；

　　　l_x——被测物进入两极板间的长度（m）；

　　　δ_0——两固定极板间的距离（m）；

　　　ε_{r2}、ε_{r1}——两种介质的相对介电常数。

若电介质 1 为空气，当 $l_x = 0$ 时传感器的初始电容 $C_0 = \varepsilon_0 lb/\delta_0$；当电介质 2 进入极板间后引起电容的相对变化为

$$\frac{\Delta C}{C_0} = \frac{\varepsilon_{r2}-1}{l}l_x \quad (5-17)$$

可见，传感器电容变化量 ΔC 与被测位移 l_x 呈线性关系。

（2）测液位　圆筒式测液位传感器如图 5-8 所示，当被测液位（介电常数为 ε）在传感器的两同心圆筒之间变化时，若忽略边缘效应，传感器的电容为

$$C = \frac{2\pi\varepsilon_0 h}{\ln(r_2/r_1)} + \frac{2\pi(\varepsilon - \varepsilon_0)h_x}{\ln(r_2/r_1)} \quad (5-18)$$

式中　h_x——被测液位高度（m）；

　　　h——两极板相互覆盖的长度（m）；

　　　r_1、r_2——分别为外圆筒电极内半径和内圆筒电极外半径（m）。

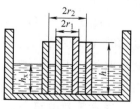

图 5-8　变介电常数型
电容式传感器测液位

可见，传感器电容 C 与被测液位高度 h_x 呈线性关系。

（3）测厚度　图 5-9 所示为电容测厚传感器结构示意图，当被测介质（介电常数为 ε）穿过两固定极板时，若忽略边缘效应，传感器的电容 C 与被测厚度 δ_x 的关系为

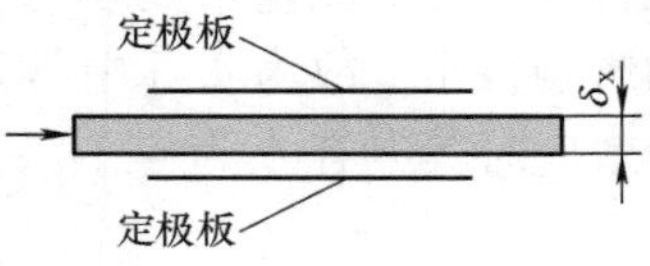

$$C = \frac{ab}{(\delta - \delta_x)/\varepsilon_0 + \delta_x/\varepsilon}$$ (5-19)

图 5-9　变介电常数型
电容式传感器测厚度

式中　a、b——分别为极板的长度和宽度（m）；

　　　　δ——两固定极板间的距离（m）。

可见，传感器电容 C 与被测厚度 δ_x 呈非线性关系。

例 5.1　差动式变极距型电容式传感器的初始电容量 $C_1 = C_2 = 80\mu\text{F}$，初始极距 $\delta_0 = 4\text{mm}$，当动极板相对于静极板位移了 $\Delta\delta = 0.75\text{mm}$，试计算其非线性误差。若改变为单极平板电容，初始值不变，其非线性误差是多少？

解：根据式（5-12），差动式变极距型电容式传感器的非线性误差为

$$e_f = \left(\frac{\Delta\delta}{\delta_0}\right)^2 \times 100\% = \left(\frac{0.75}{4}\right)^2 \times 100\% = 3.5\%$$

改为单极平板电容，初始值不变，非线性误差为

$$e_f = \frac{\Delta\delta}{\delta_0} \times 100\% = \frac{0.75}{4} \times 100\% = 18.75\%$$

5.2　测量电路

5.2.1　电容式传感器的等效电路

当电容式传感器使用环境温度不是太高、湿度不是太大且供电电源频率较合适时，其等效电路可看作纯电容。但当供电电源频率较高或在高温高湿环境下使用时，就要考虑传感器电极间的附加损耗和电效应影响，其等效电路如图 5-10 所示。

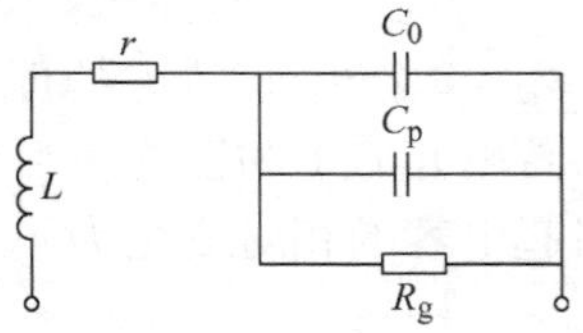

图中 L 包括传输线电感和电容式传感器本身的电感；r 包括引线电阻、极板电阻和金属支架电阻；C_0 为传感器本身的电容；C_p 为包括引线、测量电路及极板与外界所形成的总寄生电容；R_g 是极间等效漏电阻，它包括极板之间、极板与外界之间的漏电损耗和介质损耗。

图 5-10　电容式传感器的等效电路

由图 5-10 可知，当供电电源频率较低时，容抗 X_c 较大，此时等效电路中 L、r 可忽略；高频时 X_c 较小，L、r 不可忽略。通常工作频率 10MHz 以上就要考虑电感 L 的影响，这时等效电路相当于一个 LC 串联电路。有一个谐振频率 f_0，当供电电源频率 $f = f_0$ 时，串联谐振阻抗最小，电流最大，系统无法工作。

通常等效电路中分布电容 C_p 比传感器本身的电容 C_0 要大很多，它与传感器电容相并联，将严重影响传感器的输出特性，因此常采用以下措施克服分布电容的影响：

1）屏蔽电容转换元件，消除静电场和交变磁场。

2）前级紧靠转换元件装在同一壳体内避免信号长距离传输。

3）采用驱动电缆技术。电路原理如图 5-11 所示，连接电缆采用双层屏蔽，跟随器使传输电缆与内屏蔽层等电位，即屏蔽线上有随传感器信号变化的电压（所以称驱动电缆），从而消除芯线对内层屏蔽层的容性漏电，克服了寄生电容的影响。内外屏蔽之间的电容是放大器负载。这一方法可在 10m 距离不影响传感器性能，保证电容 1pF 时也能正常工作。提高电容式传感器稳定性。

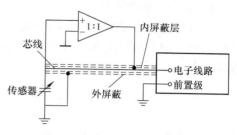

图 5-11　驱动电缆技术电路原理

5.2.2　测量电路

1. 紧耦合电感电桥

紧耦合电感电桥电路如图 5-12 所示。这种电桥以差动电容式传感器的两个电容作电桥的工作臂，两个互为紧耦合的电感作固定桥臂。根据电路原理分析可得，当负载阻抗 $Z_L \to \infty$ 时，紧耦合电感电桥电路输出电压为

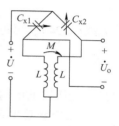

$$\dot{U}_{\rm o} = \frac{\Delta C}{C} \dot{U} \frac{4\omega^2 LC}{2\omega^2 LC - 1} \qquad (5\text{-}20)$$

紧耦合电感电桥的灵敏度为

图 5-12　紧耦合
电感电桥电路

$$K = \frac{4\omega^2 LC}{2\omega^2 LC - 1} \qquad (5\text{-}21)$$

根据式(5-21)，紧耦合电感电桥的灵敏度特性曲线如图 5-13 所示。为便于比较，图 5-13 中还给出了无耦合时的灵敏度特性曲线。电感无耦合时，电桥的输出电压为

$$\dot{U}_{\rm o} = \frac{\Delta C}{C} \dot{U} \frac{-2\omega^2 LC}{(\omega^2 LC - 1)^2}$$

电桥灵敏度为

$$K = \frac{2\omega^2 LC}{(\omega^2 LC - 1)^2} \qquad (5\text{-}22)$$

根据图 5-13，可得

1）紧耦合电感电桥灵敏度谐振点为 $\omega^2 LC = 1/2$；无耦合电感电桥灵敏度谐振点为 $\omega^2 LC = 1$。

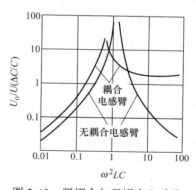

图 5-13　紧耦合与无耦合电感作
桥臂时电桥灵敏度特性曲线

2）在谐振点左侧，紧耦合电感电桥灵敏度与无耦合电感电桥灵敏度均与 $\omega^2 LC$ 成正比，稳定性差。

3）在谐振点右侧，紧耦合电感电桥灵敏度趋向于 2，呈水平特性，稳定性好；无耦合电感电桥灵敏度与 $\omega^2 LC$ 成反比，不存在灵敏度与频率（或电感）变化无关的区域，故稳定性差，一般不采用。

可见，紧耦合电感电桥高频时抗干扰性好，稳定性高，可大大简化电桥的屏蔽与接地，非常适合高频工作场合。该电路也适合较高载波频率的电感式和电阻式传感器的应用。

2. 变压器电桥电路

变压器电桥电路如图 5-14 所示，差动电容式传感器为两个桥臂，另外两个桥臂是变压器的二次绕组，交流电桥的空载输出电压为

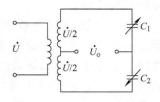

$$\dot{U}_\text{o} = \frac{\dot{U}}{2} \cdot \frac{Z_1 - Z_2}{Z_1 + Z_2} \tag{5-23}$$

将 $Z_1 = 1/\text{j}\omega C_1$，$Z_2 = 1/\text{j}\omega C_2$ 代入上式得

图 5-14　变压器电桥电路

$$\dot{U}_\text{o} = \frac{\dot{U}}{2} \cdot \frac{C_1 - C_2}{C_1 + C_2} \tag{5-24}$$

对于变极距型差动电容式传感器，可将

$$C_1 = C_0 + \Delta C = \frac{\varepsilon S}{\delta_0 - \Delta\delta} \quad \text{和} \quad C_2 = C_0 - \Delta C = \frac{\varepsilon S}{\delta_0 + \Delta\delta}$$

代入式(5-24)，可得

$$\dot{U}_\text{o} = \frac{\dot{U}}{2} \cdot \frac{\Delta\delta}{\delta_0} \tag{5-25}$$

可见，变压器电桥输出电压与输入位移呈线性关系。

3. 二极管双 T 形电路

二极管双 T 形电路如图 5-15a 所示。图中供电电源是电压幅值为 $\pm U_\text{E}$、周期为 T、占空比为 50% 的方波，如图 5-15b 所示；VD_1、VD_2 为特性相同的二极管；C_1、C_2 为传感器差动电容；R 为固定电阻；R_L 为负载电阻。

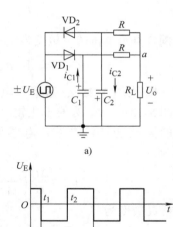

当电源接通时，设电源为正半周，VD_1 导通，VD_2 截止，此时 C_1 快速充电至 $U_{C1} = U_\text{E}$；当 $t = t_1$，U_E 变为负半周时，VD_1 截止，VD_2 导通，此时 C_2 快速充电至 $U_{C2} = -U_\text{E}$，而 C_1 还来不及放电，仍有 $U_{C1} = U_\text{E}$，故 a 点电位为零，此时 R_L 无电流通过；当 $t > t_1$，C_1 放电，C_2 仍有 $U_{C2} = -U_\text{E}$，故 a 点电位变负，R_L 上有由下至上的电流 I_L；当 $t = t_2$，U_E 变为正半周，VD_1 导通，VD_2 截止，此时 C_1 快速充电至 $U_{C1} = U_\text{E}$，C_2 还来不及放电，仍有 $U_{C2} = -U_\text{E}$，故 a 点电位为 0，此时 R_L 无电流通过；当 $t > t_2$，C_2 放电，C_1 仍有 $U_{C1} = U_\text{E}$，故 a 点电位变正，R_L 上有由上至下的电流 I'_L。

图 5-15　二极管双 T 形电路
a) 电路原理图　b) 电源波形

当 $C_1 = C_2$ 时，由于放电时间常数相等，则有 $I_\text{L} = -I'_L$，流过负载 R_L 上的电流大小相等方向相反，一个周期内 R_L 上的电压平均值为 0。

当 $C_1 \neq C_2$ 时，一个周期内 R_L 上的电压平均值为

$$U_\text{o} = \frac{RR_\text{L}(R + 2R_\text{L})}{(R + R_\text{L})^2} \frac{U_\text{E}}{T}(C_1 - C_2) \tag{5-26}$$

可见，一个周期内负载电阻 R_L 上输出电压 U_o 与电容的差值 $(C_1 - C_2)$ 成正比。当 $C_1 > C_2$ 时，$U_\text{o} > 0$；当 $C_1 < C_2$ 时，$U_\text{o} < 0$。

这种电路结构简单，可直接得到高电平的直流电压或电流，可用毫伏表或微安表直接进行测量，动态特性好，可用来测量高速机械运动。缺点是只能减小非线性，但不能完全消除；电源周期、幅值直接影响灵敏度，要求它们高度稳定。

4. 差动脉冲调宽电路

差动脉冲调宽电路如图 5-16 所示，图中 C_1、C_2 为差动电容式传感器电容，A_1、A_2 为比较器，U_r 为参考电压，电阻 $R_1 = R_2$，VD_1、VD_2 为特性相同的二极管，A、B 为双稳态输出端，双稳态触发器的两输出端 Q、$\overline{Q}$ 电平由比较器控制，产生反相的方波脉冲电压。

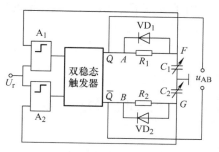

图 5-16　差动脉冲调宽电路

设电源接通后，触发器 Q（A）端为高电平（$U_A = 1$），$\overline{Q}$（B）端为低电平（$U_B = 0$），此时 U_A 通过 R_1 向 C_1 充电；当 F 点的电位 U_F 升高到与 U_r 相等时，比较器 A_1 产生一个脉冲使触发器翻转，从而使 Q 端变为低电平（$U_A = 0$），$\overline{Q}$ 端变为高电平（$U_B = 1$），此时电容 C_1 通过二极管 VD_1 快速放电，U_B 通过 R_2 向 C_2 充电；当 G 点的电位 U_G 升高到与 U_r 相等时，比较器 A_2 产生一个脉冲使触发器翻转。循环重复上述过程，在双稳态触发器的两端各产生一宽度受 C_1、C_2 调制的脉冲方波。

图 5-17 所示为电路各点电压的输出波形图。当 $C_1 = C_2$ 时，Q 和 $\overline{Q}$ 两端电平的脉冲宽度相等，两端间的平均电压为零，如图 5-17a 所示；当 $C_1 > C_2$ 时，各点电压的输出波形图如图 5-17b 所示，Q 和 $\overline{Q}$ 两端间的平均电压为

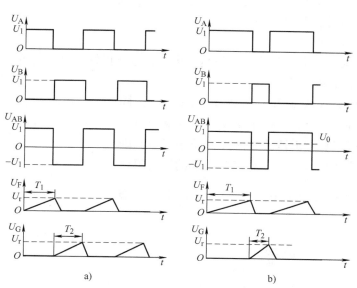

a)　　　　　　　　　　　　b)

图 5-17　差动脉冲调宽电路各点电压波形图

a）当 $C_1 = C_2$ 时　b）当 $C_1 > C_2$ 时

$$U_o = U_A - U_B = \frac{T_1}{T_1 + T_2}U_1 - \frac{T_2}{T_1 + T_2}U_1 = \frac{T_1 - T_2}{T_1 + T_2}U_1 \tag{5-27}$$

式中　U_A、U_B——A 点和 B 点的矩形脉冲的直流分量;

　　　　T_1、T_2——分别为 C_1 和 C_2 的充电时间;

　　　　U_1——触发器输出的高电位。

由于 $R_1 = R_2$,C_1、C_2 的充电时间 T_1、T_2 分别为

$$T_1 = R_1 C_1 \ln \frac{U_1}{U_1 - U_r}$$

$$T_2 = R_2 C_2 \ln \frac{U_1}{U_1 - U_r}$$

将 T_1、T_2 代入式(5-27)可得

$$U_o = \frac{C_1 - C_2}{C_1 + C_2}U_1 \tag{5-28}$$

可见,输出的直流电压与传感器两电容差值成正比。

当电容 C_1 和 C_2 为差动变极距型电容式传感器时,有

$$U_o = \frac{\delta_2 - \delta_1}{\delta_1 + \delta_2}U_1$$

当电容 C_1 和 C_2 为差动变面积型电容式传感器时,有

$$U_o = \frac{S_2 - S_1}{S_2 + S_1}U_1$$

根据以上讨论可知,差动脉冲调宽电路具有以下特点:

1)不需载频振荡器和解调线路,无波形和移相失真。

2)对变极距和变面积型差动电容式传感器均可获得线性输出。

3)采用直流电源,其电压稳定度高。

4)对元件无线性要求。

5)经低通滤波器可获得较大的直流输出电压,电压极性取决于传感器电容 C_1 和 C_2。

5. 运算放大器电路

运算放大器电路原理如图 5-18 所示,图中 C_0 为固定电容,C_x 为传感器电容,采用高增益、高输入阻抗的运算放大器。设运算放大器放大倍数 K 趋于无穷,则反向输入端 a 点为"虚地"点。运算放大器的输入阻抗 Z_i 趋于无穷,则可认为 $\dot{I}_i = 0$,$\dot{I}_0 = -\dot{I}_x$,于是有输入电压为

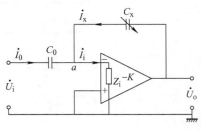

图 5-18　运算放大器电路

$$\dot{U}_i = \frac{\dot{I}_0}{j\omega C_0} \tag{5-29}$$

输出电压可表示为

$$\dot{U}_o = \frac{\dot{I}_x}{j\omega C_x} \tag{5-30}$$

根据 $\dot{I}_0 = -\dot{I}_x$，由式(5-29)、式(5-30) 可得

$$\dot{U}_o = -\dot{U}_i \frac{C_0}{C_x} \tag{5-31}$$

对变极距型电容式传感器，将 $C_x = \varepsilon_0 S/\delta$ 代入式(5-31)，则有

$$\dot{U}_o = -\dot{U}_i \frac{C_0}{\varepsilon_0 S} \delta \tag{5-32}$$

可见，采用运算放大器电路的最大优点是可克服变极距型电容式传感器的非线性。

例 5.2 设有一圆筒型电容式位移传感器，其结构如图 5-19a 所示。已知：$L = 25\text{mm}$，$R = 6\text{mm}$，$r = 4.5\text{mm}$。其中圆柱 C 为内电极，圆筒 A、B 为两个外电极，D 为屏蔽套筒，BC 之间构成一个固定电容 C_1，AC 之间是随活动屏蔽套筒伸入位置量 x 而变的可变电容 C_x，现采用理想运算放大器检测电路，电路原理如图 5-19b 所示，其信号源电压 $U_{SR} = 6\text{V}$。求

（1）若要求运算放大器输出电压 U_{SC} 与输入位移 x 成正比，图 5-19b 中电容 1、2 哪个是 C_1，哪个是 C_x，U_{SC} 表达式是什么？

（2）电容式传感器的输出电容–位移灵敏度是多少？

（3）测量系统输出电压–位移灵敏度是多少？

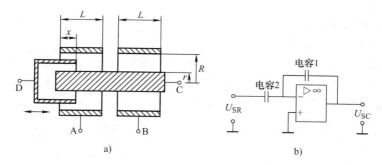

图 5-19 圆筒型电容式位移传感器

a）结构图 b）运算放大器检测电路

解：（1）两个套筒电容的表达式

$$C_1 = \frac{2\pi\varepsilon_0\varepsilon_r L}{\ln(R/r)} \qquad C_x = \frac{2\pi\varepsilon_0\varepsilon_r(L-x)}{\ln(R/r)}$$

根据式(5-31)，得

$$U_{SC} = -U_{SR} \cdot \frac{C_0}{C_x} = \left(\frac{x}{L} - 1\right)U_{SR}$$

可知，此时输出电压与输入位移成正比。故电容 1 为 C_1，电容 2 为 C_x。

（2）

$$K = \frac{dC_x}{dx} = -\frac{2\pi\varepsilon_0\varepsilon_r}{\ln R/r} = -\frac{55.60619}{0.28768}\text{F/m} = -1.93 \times 10^{-10}\text{F/m}$$

（3）

$$K_{SC} = \frac{1}{L} \cdot U_{SC} = 2.4 \times 10^2\text{V/m}$$

5.3　电容式传感器及其应用

由于电容式传感器具有结构简单、灵敏度高、分辨率高、动态响应好、能实现非接触测量、能在恶劣环境下工作等优点，现已被广泛应用于非电量测量和自动控制系统中。

1. 电容式压差传感器

图 5-20 为差动电容式压差传感器的结构，金属弹性膜片为动极片（测量膜）；两个凹形玻璃球面上的金属镀层为静电极，与动极片构成两个差动电容；膜片左右两侧充满硅油，由于硅油的不可压缩性和流动性，可将压差传递到测量膜片。

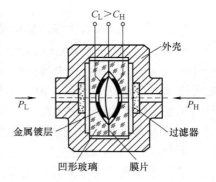

图 5-20　电容式压差传感器的结构

当被测压力或压差作用于膜片时，将使两个差动电容一个增大，一个减小，该变化的差动电容经测量电路转换成电压或电流的变化，即可实现压力或压差的测量。这种传感器结构简单、灵敏度高、能测量微小的压差，其动态响应速度主要取决于膜片的固有频率。

2. 电容式加速度传感器

图 5-21 为电容式加速度传感器结构图，两个固定极板间有一个用弹簧片支撑的质量块，质量块的两端面为动极板，构成两个差动电容。当传感器随被测物做竖直方向的直线加速运动时，由于惯性作用，质量块对固定电极将产生位移，使两个差动电容器 C_1 和 C_2 的电容量发生相应的变化，其中一个变大，另一个变小，它们的差值正比于被测加速度。这种加速度传感器的精度高、频率响应范围宽、量程大。

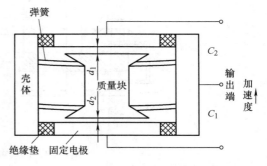

图 5-21　电容式加速度传感器的结构

> **微思考**
>
> 技术男：嗨，小辉，问你个问题呗☺。图 5-21 所示的加速度传感器中的弹簧是选用硬点的材料好还是软点的材料好呀？
>
> 小　辉：应该是软点的材料好吧。
>
> 技术男：错。还记得在第 2 章中讲传感器的动态特性时讲过，为加宽传感器的工作频率范围，应该是增大还是减小其固有频率呀？
>
> 小　辉：嗯，这个我记得，传感器的固有频率越高，其工作频率范围越宽。
>
> 技术男：这就对呀，你想想，是不是越硬的材料，固有频率越高呀？
>
> 小　辉：哦，懂了，应该选硬点的材料好。

3. 电容式力传感器

图 5-22 所示为用于大吨位电子吊秤的电容式力传感器，扁环形弹性元件内腔上下平面上分别固连电容式传感器的定极板和动极板。称重时，弹性元件受力变形，使两平行极板间间隙发生变化，导致传感器电容发生变化，这种电容式传感器可与图 5-18 所示的运算放大器电路相连构成测量系统。

4. 电容传声器

图 5-23 所示是一个电容传声器结构原理图，主要由振动膜片、钢性极板、电源和负载组成。振动膜片表面经过金属化处理，当膜片受到声波的压力，并随着压力的大小和频率的不同而振动时，膜片与极板之间的电容量就发生变化，与此同时极板上的电荷随之变化，从而使电路中的电流也相应变化，负载电阻上也就有相应的电压输出变化，从而完成了声电转换。电容传声器在整个音域范围内具有很好的频率响应特性、灵敏度高、失真小，多用在有要求的高音质扩音、录音工作中。

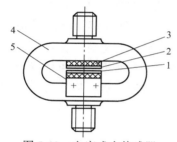

图 5-22　电容式力传感器

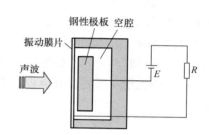

图 5-23　电容传声器的结构

1—动极板　2—定极板　3—绝缘材料　4—弹性元件　5—极板支架

5. 手机电容触摸屏

目前手机中的最常用的触摸屏有电阻屏和电容屏两类。与传统的电阻屏相比，电容屏具有以下优点：支持多点触控、不易误触（由于电容屏需要感应到人体的电流，只有人体才能对其进行操作，其他物体触碰时不会产生响应）、耐用度高（防尘、防水、耐磨性较好）。但也存在易受环境影响和成本偏高等缺点。

简单的电容屏是一个 4 层复合玻璃板，其结构如图 5-24 所示。玻璃屏（基板）的内表面和夹层各涂一层纳米钢锡金属氧化物（Indium Tin Oxides，简称 ITO），最外层是只有0.0015mm 厚的矽土玻璃保护层，夹层 ITO 涂层作工作面，在触摸屏 4 个边均镀上狭长的电极，在导电体内形成一个低电压交流电场，内层 ITO 为屏层，以保证工作环境。

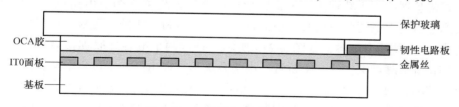

图 5-24　4 层复合玻璃板电容屏

电容屏的工作原理如图 5-25 所示。当手指接触屏幕上某个部位时，就会与 ITO 材料构成耦合电容，改变触点处的电容大小。屏幕的 4 个角会有导线，由于交流电可以通过电容

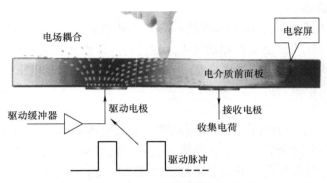

图 5-25　电容屏触摸屏的工作原理

器，4 个导线的电流会奔向触点，并且电流大小与到触点的距离有关。手机内部的芯片可以分析 4 个角的电流，通过计算就可以得到触点的位置。

更加精细的电容屏是投射式电容屏。它采用被蚀刻的 ITO 阵列，这些 ITO 层通过蚀刻形成多个水平和垂直电极，如图 5-26 所示。每一部分的 ITO 部件都带有传感功能。当手指触摸某个部位时，人体的电场使手指与触摸屏表面形成一个耦合电容，使触点的阵列电容发生变化，从而引起与之相连的振荡器频率发生变化，通过测量频率变化可以确定触摸位置，获得信息。相比于 4 层复合玻璃板的 4 角电流电容屏，这种电容屏可以实现多点触控，应用更加广泛。

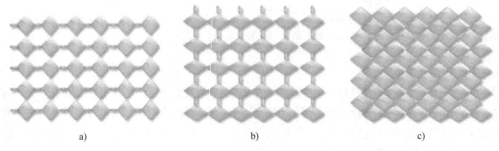

a)　　　　　　　　　　　　　b)　　　　　　　　　　　　　c)

图 5-26　投射式电容屏

a）X 轴电极　b）Y 轴电极　c）X/Y 轴电极合并

【拓展应用系统实例 1】 轧钢过程中金属带材厚度在线检测

电容式传感器应用于轧钢过程中金属带材厚度在线检测结构及电路原理框图如图 5-27 所示。被测带材的上下两侧各安装一块面积相等、与带材等距的定极板，金属带材为电容动极板，构成 C_1、C_2 两个电容，如图 5-27a 所示。将这两个电容并联连接后（$C_X = C_1 + C_2$）接入图 5-27b 所示测量电桥的一个桥臂。由于金属带材在生产加工过程中会有波动，如果带材只是上下波动，两个电容一个增大，一个减小，增量相同，则总电容不会因带材上下波动而改变；如果带材厚度发生变化，将引起总电容 C_X 变化，电桥将该信号变化转换为输出电压的变化，输出电压经放大器后整流为直流，再经差动放大，即可用指示电表指示带材厚度的变化，或通过控制执行机构来调整钢板厚度。

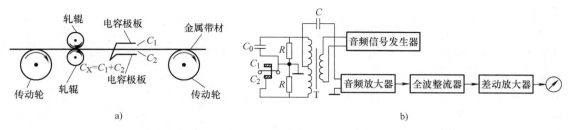

图 5-27　电容测厚结构及电路原理框图

【拓展应用系统实例 2】　智能电容测微仪系统

图 5-28a 是非接触式智能电容测微仪硬件系统原理框图。主要由电容式传感器，测量系统以及单片机系统等部分组成，测量系统与 PC 接口可采用 USB 接口或 RS – 232 接口通信。

图 5-28b 是非接触式智能电容测微仪传感原理图，电容探头与待测表面间形成电容，该电容接入图 5-28a 所示的测量系统中，根据式（5-32）可知，测量系统输出电压与待测距离之间呈线性关系。

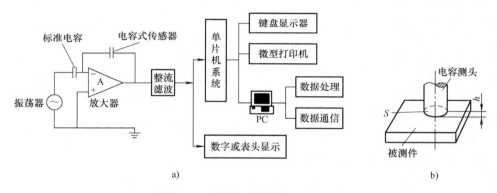

图 5-28　非接触式智能电容测微仪
a）硬件系统原理框图　b）传感原理图

据有关报道，目前电容测微仪的分辨力可以达到 $1 \sim 0.1\,\mathrm{nm}$，用于测量微位移及微小尺寸的系统精度能达到 $10\,\mathrm{nm}$ 左右。

测量微位移还有其他传感器检测方法。有关研究表明，电感式传感器测量的最小位移是 $0.2\,\mathrm{nm}$，压电式传感器测量的最小位移是 $1.1\,\mathrm{nm}$，压敏式传感器测量的最小位移是 $0.3\,\mathrm{nm}$，隧道电流传感器测量的最小位移是 $10^{-4}\,\mathrm{nm}$，微波传感器测量的最小位移是 $10^{-3}\,\mathrm{nm}$，光学测量的最小位移是 $10^{-3}\,\mathrm{nm}$。

【拓展应用系统实例 3】　用驻极体电容传声器构成声光控开关灯电路

驻极体电容传声器是电容传声器的一种，某些材料在加上电荷后可以基本上永久性的保存住这些电荷，这就是通常所说的驻极体材料，使用这些材料的传声器就是所谓的驻极体电容传声器。电容传声器拾声单元有两个极，其中的一极是可以振动的金属化膜片，另一极则为金属极板。对驻极体电容传声器来说，就是将其中一个极用驻极体材料制成或加上驻极体材料，利用驻极体材料本身可以保存电荷的特点，由驻极体材料提供正常工作所需恒定电压。这样省去了提供给传声器极头工作所需电源电压的部分，结构简单，体积也小。其实物图如图 5-29 所示。驻极体材料传声器相对于一般电容传声器来说，生产工艺简单、成本低、适于大批量生产。同时体积较小、使用时比较方便、广泛应用于多种场合。比如一般会议场合、语音通信系统，如电话机、摄像机、手机、复读机等。但驻极体传声器拾声的音质效果相对差些，多用在对于音质效果要求不高的场合。

图 5-29　驻极体电容传声器

图 5-30 所示是声光控开关灯电路原理图，图 5-31 所示是 IC_1 声光控开关灯芯片 CD4011B 的结构原理图。图 5-30 中 220V 交流电通过白炽灯 EL 后，经 VD_2、VD_3、VD_4、VD_5 桥式整流电路把交流电压变为脉动直流电压，由 R_5 和 R_6 分压、C_2 滤波，获得 10V 左右的直流电压，作为控制电路的工作电源，这时通过白炽灯 EL 的电流小于

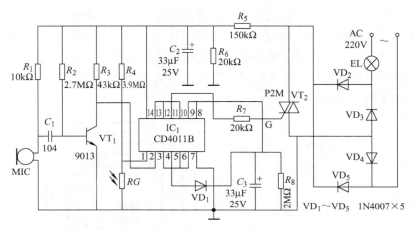

图 5-30　声光控开关灯电路原理图

2mA，白炽灯不发光。电阻 R_4 和光敏电阻 RG 串联分压，当有光照射光敏电阻 RG 时，它呈低阻状态，即 IC_1 的 1 引脚（与非门 1 的光信号输入端）为低电平，此时声音信号被屏蔽，与非门 1 的输出即 IC_1 的 3 引脚为高电平。与非门 1 的 3 引脚输出端接与非门 2 的 5、6 引脚输入端，所以与非门 2 的 4 引脚输出为低电平。此时二极管 VD_1 截止，触发电路无触发信号，双向晶闸管 VT_2 截止，白炽灯 EL 熄灭。当无光照射时，光敏电阻 RG 呈高阻状态，即 IC_1 的 1 引脚（与非门 1 的光信号输入端）为高电平，与非门 1 打开，声音信号可

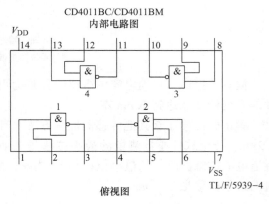

图 5-31　CD4011B 的结构原理图

以输入。传声器 MIC 和电阻 R_1 将外界的声音信号变成电信号。在外界无声的情况下，晶体管 VT_1 处于饱和状态，使与非门 1 的输入端即 IC_1 的 2 引脚（与非门 1 的声音信号输入端）为低电平，与非门 1 的输出即 IC_1 的 3 引脚为高电平。最终使与非门 2 的输出 4 引脚为低电平，白炽灯 EL 熄灭。若外界有声音，晶体管 VT_1 将出现反复饱和、截止状态，使与非门 1 的 2 端反复出现高、低电平的转换过程。若与非门 1 的两个输入端有一个为低电平时，与非

门 2 便输出低电平，只有当与非门 1 的两个输入端都为高电平时，与非门 2 才输出高电平。当与非门 2 输出高电平时，通过隔离二极管 VD_1 给电容 C_3 充电，当 C_3 充电电压达到与非门 3 的阈值电平时，使与非门 4 输出高电平，通过电阻 R_7 触发双向晶闸管 VT_2 使其导通，主回路便有较大的电流通过白炽灯 EL 使其发光。VT_2 导通后，由于没有了声音信号，与非门 1 的输入端 IC_1 的 2 引脚很快变为低电平，从而使与非门 2 输出为低电平。但延时电路的电容 C_3 通过电阻 R_8 放电，经过大约 1min 的时间下降到与非门 3 的阈值电平以下，使与非门 4 输出低电平。当交流电过零点时，VT_2 自动关断，白炽灯 EL 熄灭。因此，白天白炽灯 EL 不亮，只有到了晚上传声器 MIC 接收到声音信号时，才能产生触发信号，触发双向晶闸管 VT_2 使其导通，白炽灯 EL 发光，延时一段时间后白炽灯 EL 自动熄灭。

微思考

技术男：小燕子，你知道手机上有没有指纹识别传感器呀？

小燕子：有呀，手机指纹锁应该是个指纹识别传感器吧。

技术男：那你知道指纹识别传感器有哪些种类吗？最常用的是哪种原理的指纹识别传感器吗？

小燕子：嗯，这个我就不知道了。

技术男：指纹识别传感器主要有光学式、射频式和晶体式这几种。射频式有无线电波探测与超声波探测两种，射频指纹模块技术是通过传感器本身发射出微量射频信号，穿透手指的表皮层去探测里层的纹路，来获得最佳的指纹图像。这一类指纹模块最大的优点便是手指无须与指纹模块相接触，因而不会对手机的外观造成太大影响。晶体式传感器有电容式和压电式两种。电容式指纹模块是利用硅晶元与导电的皮下电解液形成电场，指纹的高低起伏会导致二者之间的电容出现不同的变化，借此可实现准确的指纹测定。该方式适应能力强，对使用环境无特殊要求，同时，硅晶元以及相关的传感元件对空间的占用在手机设计的可接受范围内，因而使得该技术在手机端得到了广泛应用。

拓展训练项目

【项目 1】 简易飞机燃油油量检测系统设计

燃油油量测量是飞机燃油系统的一个重要组成部分，燃油测量系统的测量精度和可靠性对飞机的整体性能有着重要影响。通过查阅资料，了解飞机燃油系统油量测量的特点，以及目前常用的测量方法及原理。试用电容式传感器设计一个简易的飞机油量检测系统，并画出电路系统原理图。

【项目 2】 电容式触摸开关的应用设计

触摸屏已广泛应用于我们日常生活的各个领域，如手机、媒体播放器、导航系统、数码相机、显示器等。试通过查阅资料，了解电容式触摸开关的工作原理，结合所学的专业基础知识，设计一个电容式触摸开关的应用系统方案，并画出电路系统原理图。

习 题

5.1 电容式传感器有哪些优、缺点？可分为哪几类？

5.2 如何改善单极式变极距、变面积型电容式传感器的非线性？

5.3 试说明变介电常数型电容式传感器测量位移、液位及厚度的结构原理和测量方法。

5.4 当差动变极距型电容式传感器动极板相对于定极板移动了 $\Delta d = 0.75\text{mm}$ 时，若初始电容 $C1 = C2 = 80\text{pF}$，初始极距 $d = 4\text{mm}$，试计算其非线性误差。若改为单极板电容，初始值不变，其非线性误差为多大？

5.5 已知一平板电容式位移传感器，极板间介质为空气，极板尺寸 $a = b = 4\text{mm}$，极板间隙 $\delta_0 = 0.5\text{mm}$。试求：

（1）传感器静态灵敏度？

（2）若极板沿 a 方向移动 2mm 时，电容是多少？

5.6 变间隙（极距）型电容式传感元件，若初始极板间距离 $\delta_0 = 1\text{mm}$，当电容 C 的线性度规定分别为 0.1%、1.0%、2.0% 时，求允许的间隙最大变化量 $\Delta\delta_{max} = ?$

5.7 有一台变极距非接触式电容测微仪，其极板间的极限半径 $r = 4\text{mm}$，假设与被测工件的初始间隙 $\delta_0 = 0.3\text{mm}$，试求：

（1）若极板与工件的间隙变化量 $\Delta\delta = \pm 10\mu\text{m}$ 时，电容变化量为多少？

（2）若测量电路的灵敏度 $K_u = 100\text{mV/pF}$，则在 $\Delta\delta = \pm 1\mu\text{m}$ 时输出电压为多少？

5.8 在压力比指示系统中采用差动变极距型电容式传感器，已知原始极距 $\delta_1 = \delta_2 = 0.25\text{mm}$，极板直径 $D = 38.2\text{mm}$，采用如图 5-32 所示电桥电路作为其转换电路，电容式传感器的 2 个电容分别接 $R = 5.1\text{k}\Omega$ 的电阻后作为电桥的两个桥臂，并接有效值为 $U_1 = 60\text{V}$ 的电源电压，其频率为 $f = 400\text{Hz}$，电桥的另两个桥臂为相同的固定电容 $C = 0.001\mu\text{F}$。试求该电容式传感器的电压灵敏度。若 $\Delta\delta = 10\mu\text{m}$ 时，求输出电压的有效值。

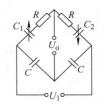

图 5-32 题 5.8 图

▶ 第6章

磁敏传感器

　　磁敏传感器是可以将各种磁场及其变化的量转变成电信号输出的装置。自然界和人类社会生活的许多地方都存在磁场或与磁场相关的信息。利用人工设置的永久磁体产生的磁场，可作为许多种信息的载体。因此，探测、采集、存储、转换和监控各种磁场和磁场中承载的各种信息的任务自然就落在磁敏传感器身上。

　　在当今的信息社会中，磁敏传感器已成为信息技术和信息产业中不可缺少的基础元件。目前，人们已研制出利用各种物理、化学和生物效应的磁敏传感器，这些传感器已在科研、生产和社会生活的各个方面得到了广泛应用，并承担起了探究种种信息的任务。本章将介绍各类磁敏传感器的原理及其应用。

6.1　霍尔式传感器

　　霍尔式传感器是基于霍尔效应的一种传感器。1879 年美国物理学家霍尔首先在金属材料中发现了霍尔效应，但由于金属材料的霍尔效应太弱而没有得到应用。直到 1960 年，西门子研制出第一个磁敏元件，霍尔效应才被重视和利用。

　　由于霍尔式传感器具有体积小、成本低、灵敏度高、性能可靠、频率响应宽、动态范围大的特点，并可采用集成电路工艺，因此被广泛用于电磁、压力、加速度、振动等方面的测量。

6.1.1　霍尔效应

　　通电的导体或半导体在垂直于电流和磁场的方向上将产生电动势的现象称为霍尔效应。

　　如图 6-1 所示，设霍尔片的长度为 l，宽度为 w，厚度为 d。又设电子以均匀的速度 v 运动，则在垂直方向施加的磁感应强度 B 的作用下，它受到洛仑兹力

$$F_L = qvB \tag{6-1}$$

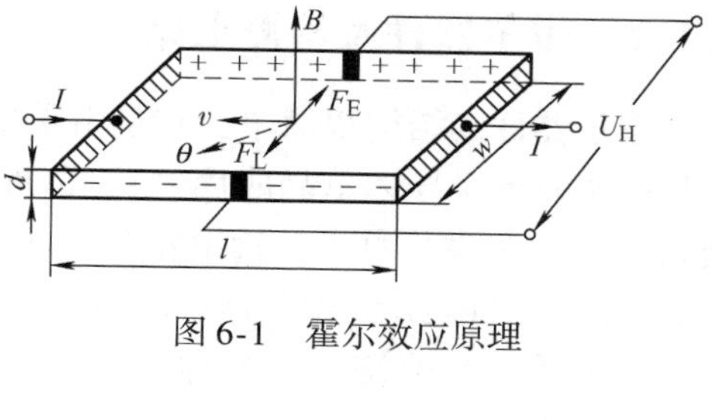

式中　q——电子电量（1.602×10^{-19} C）；

　　　v——电子平均运动速度（m/s）。

同时，作用于电子的电场力

$$F_E = qE_H = qV_H/w \tag{6-2}$$

　　当达到动态平衡时

图 6-1　霍尔效应原理

$$qvB = qV_H/w \tag{6-3}$$

由于电流密度 $j = nqv$，则

$$I = jw \cdot d = -nqvw \cdot d \tag{6-4}$$

式中 n——N 型半导体中的电子浓度（若为 P 型半导体，则空穴浓度为 p）。

$$v = \frac{-I}{nqwd} \tag{6-5}$$

将式(6-5) 代入式(6-3)，则有

$$V_H = \frac{-IB}{nqd} \tag{6-6}$$

可见，霍尔电动势 V_H 与 I、B 的乘积成正比，而与 d 成反比。于是可改写成

$$V_H = R_H \cdot \frac{IB}{d} \tag{6-7}$$

$$\left. \begin{array}{ll} R_H \approx -\dfrac{1}{qn} & (\text{N 型}) \\[2mm] R_H \approx \dfrac{1}{qp} = \rho\mu & (\text{P 型}) \end{array} \right\} \tag{6-8}$$

式中 R_H——霍尔系数，由载流材料的物理性质决定；

ρ——材料电阻率；

μ——载流子迁移率 $\mu = v/E$，即单位电场强度作用下载流子的平均速度。

通常金属材料 μ 很高，但 ρ 很小；而绝缘材料 ρ 很高，但 μ 很小。故为获得较强霍尔效应，霍尔片全部采用半导体材料制成。

设 $K_H = R_H/d$，则

$$V_H = K_H IB \tag{6-9}$$

式中 K_H——霍尔器件的乘积灵敏度。它与载流材料的物理性质和几何尺寸有关，表示在单位磁感应强度和单位控制电流时霍尔电动势的大小。

若磁感应强度 B 的方向与霍尔器件的平面法线夹角为 θ，霍尔电动势为

$$V_H = K_H IB\cos\theta \tag{6-10}$$

注意：当控制电流的方向或磁场方向改变时，输出霍尔电动势的方向也改变。但当磁场与控制电流同时改变方向时，霍尔电动势并不一定改变方向。

6.1.2　霍尔器件及检测电路

霍尔器件的结构很简单，它是由霍尔片、4 个电极和壳体组成的，如图 6-2a 所示。霍尔片是一块矩形半导体单晶薄片，A、B 两电极加激励电压或电流，称为激励电极（或控制电极）；C、D 为霍尔电极，输出霍尔电压。霍尔器件的壳体是用非导磁金属、陶瓷或环氧树脂封装的。图 6-2b 为霍尔器件的简化结构，图 6-2c 为霍尔器件的等效电路。

关于霍尔器件符号、名称及型号，国内外尚无统一规定。常用图 6-3 所示几种符号表示。

图 6-4 是霍尔器件的基本检测电路。R 用来调节激励电流的大小，激励电源 E 用以提供激励电流 I，霍尔器件输出端接负载电阻 R_3（也可以是测量仪表的内阻或放大器的输入电阻等）。流过 R_3 的电流为霍尔电流 I_H，R_3 两端的电动势为霍尔电动势 V_H。由于霍尔效应建立

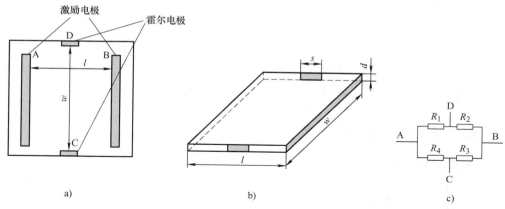

图 6-2　霍尔器件的结构

a）实际结构（mm）　b）简化结构　c）等效电路

的时间很短，所以激励电源也可以用频率很高的交流电（如 10^9Hz 以上的交流电）。

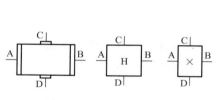

图 6-3　霍尔器件的符号

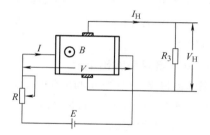

图 6-4　霍尔器件的基本检测电路

由于霍尔电动势正比于激励电流 I 或磁感应强度 B，或者二者的乘积，因此在实际应用中，可以把激励电流 I 或磁感应强度 B，或者二者的乘积作为输入信号进行检测。

设磁感应强度 B 不变，霍尔片厚度 d 均匀，则控制电流 I 和霍尔电动势 V_H 的关系式为

$$V_\text{H} = \frac{R_\text{H}}{d}BI = K_\text{I}I \tag{6-11}$$

同样，若给出控制电压 V，由于 $V = RI$，可得控制电压和霍尔电动势的关系式为

$$V_\text{H} = \frac{R_\text{H}}{Rd}BV = \frac{K_\text{I}}{R}V_1 = K_\text{V}V \tag{6-12}$$

上两式是霍尔器件的基本公式。即当磁感应强度 B 不变时，输入电流或输入电压和霍尔输出电动势完全呈线性关系。如果输入电流或输入电压中任一项固定时，磁感应强度和霍尔输出电动势之间也完全呈线性关系。

通常，霍尔电动势的转换效率比较低，为了获得更大的霍尔电动势输出，我们可以将若干个霍尔器件串联起来使用。图 6-5 所示的是 2 个霍尔器件串联的接线图。在霍尔器件输出信号不够大的情况下，我们可以采用运算放大器对霍尔电动势进行放大，如图 6-6 所示。当然，最好还是采用集成霍尔传感器。

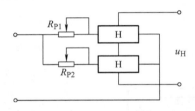

图 6-5　霍尔器件的串联

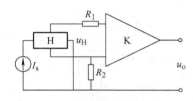

图 6-6　霍尔电动势的放大电路

6.1.3　霍尔器件的主要特性参数

1. 额定激励电流

使霍尔器件温升10℃时所施加的激励电流称为额定激励电流。以器件允许最大温升为限所对应的激励电流称为最大允许激励电流。因霍尔电动势随激励电流增加而线性增加，所以使用中希望选用尽可能大的激励电流以获得较高的霍尔电动势输出。但是由于受到最大允许温升的限制，我们通常通过改善霍尔器件的散热条件，使激励电流增加。

2. 乘积灵敏度 K_H

乘积灵敏度 K_H 表示霍尔电动势 V_H 与磁感应强度 B 和控制电流 I 乘积之间的比值，单位为 mV/（mA·0.1T）。因为霍尔器件的输出电动势要由两个输入量的乘积来确定，故称为乘积灵敏度。

3. 输入电阻和输出电阻

霍尔器件激励电极间的电阻称为输入电阻。霍尔器件输出电动势对电路外部来说相当于一个电压源，电压源内阻即为输出电阻。以上电阻是在磁感应强度为零，且环境温度在20℃±5℃时所确定的。

4. 不等位电动势和不等位电阻

当磁感应强度为零，霍尔器件的激励电流为额定值时，则其输出的霍尔电动势应该为零，但实际输出不为零，用直流电位差计可以测得空载霍尔电动势，这时测得的空载霍尔电动势称为不等位电动势。

产生不等位电动势的主要原因有：

1）霍尔电极安装位置不对称或不在同一等电位面上。

2）半导体材料不均匀造成了电阻率不均匀或是几何尺寸不均匀。

3）激励电极接触不良造成激励电流不均匀分布。

不等位电动势 U_0 也可用不等位电阻 r_0（零位电阻）表示，即 $U_0 = r_0 I$，式中 I 为激励电流。

5. 寄生直流电动势

在外加磁场为零、霍尔器件用交流激励电流时，霍尔电极输出除了交流不等位电动势外，还有一直流电动势，称为寄生直流电动势。

产生寄生直流电动势的原因有：① 激励电极与霍尔电极接触不良，形成非欧姆接触，造成整流效果；② 两个霍尔电极大小不对称，则两个电极点的热容不同、散热状态不同而形成极间温差电动势。

寄生直流电动势一般在1mV以下，它是影响霍尔片温漂的原因之一。

6. 最大输出功率

在霍尔电极间接入负载后，器件的输出功率与负载的大小有关，当霍尔电极间的内阻 R_2 等于霍尔负载电阻 R_3 时，霍尔输出功率为最大，霍尔输出功率为

$$P_{Omax} = V_H^2 / 4R_2 \tag{6-13}$$

7. 最大效率

霍尔器件的输出与输入功率之比称为效率，与最大输出对应的效率称为最大效率，即

$$\eta'_{max} = \frac{P_{Omax}}{P_{in}} = \frac{V_H^2 / 4R_2}{I^2 R_1} \tag{6-14}$$

8. 霍尔电动势温度系数

指霍尔电动势或灵敏度的温度特性，以及输入阻抗和输出阻抗的温度特性。它与霍尔器件的材料有关，一般约为 $0.1\%/℃$ 左右。

霍尔器件是采用半导体材料制成的，因此它们的许多参数都具有较大的温度系数。当温度变化时，霍尔器件的载流子浓度、迁移率、电阻率及霍尔系数都将发生化，从而使霍尔器件产生温度误差。

9. 负载特性

当霍尔电极间串接有负载时，因为流过霍尔电流，在其内阻上将产生压降，故实际霍尔电动势比理论值小。负载特性如图 6-7 所示。

10. 频率特性

1）当磁场恒定，而通过传感器的电流是交变的时，霍尔器件的频率特性很好，到 10kHz 时交流输出还与直流情况相同。因此，霍尔器件可用于微波范围，其输出不受频率影响。

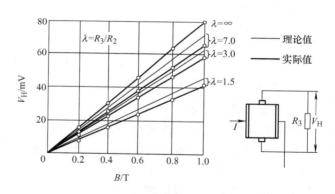

图 6-7　霍尔电动势的负载特性

2）当磁场交变时，霍尔器件输出电动势不仅与频率有关，还与霍尔器件的电导率、周围介质的磁导率及磁路参数（特别是气隙宽度）等有关。这是因为在交变磁场作用下，器件与导体一样会在其内部产生涡流。在交变磁场作用下，当频率为数万赫兹时，可以不考虑频率对霍尔器件输出的影响，即使在数兆赫兹时，如果能仔细设计气隙宽度，选用合适的元件和导磁材料，仍然可以保证霍尔器件有良好的频率特性的。

6.1.4　测量误差及补偿措施

1. 不等位电动势的补偿

不等位电动势与霍尔电动势具有相同的数量级，有时甚至超过霍尔电动势，而实际中要消除不等位电动势是极其困难的，因而必须采用补偿的方法。分析不等位电动势时，可以把霍尔器件等效为一个电桥，用电桥平衡的方法来补偿不等位电动势。

图 6-8 所示为霍尔器件的等效电路，其中 A、B 为霍尔电极，C、D 为激励电极，电极分布电阻分别用 r_1、r_2、r_3、r_4 表示，把它们看作电桥的 4 个桥臂。理想情况下，电极 A、B

处于同一等位面上，$r_1 = r_2 = r_3 = r_4$，电桥平衡，不等位电动势 U_0 为 0。实际上，由于 A、B 电极不在同一等位面上，且 4 个电阻阻值不相等，电桥不平衡，不等位电动势不等于零。此时可根据 A、B 两极电位的高低，判断应在某一桥臂上并联一定的电阻，使电桥达到平衡，从而使不等位电动势为零。几种补偿电路如图 6-9 所示。图 a、b 为常见的补偿电路，图 b、c 相当于在等效电桥的两个桥臂上同时并联电阻，图 d 为交流供电的情况下的补偿电路。

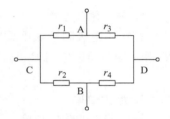

图 6-8　霍尔器件的等效电路

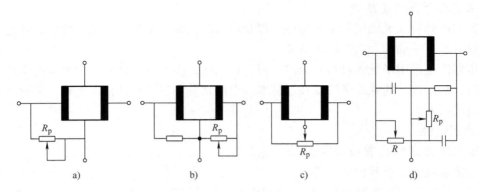

图 6-9　不等位电动势的补偿电路

a) 常见补偿电路 1　b) 常见补偿电路 2　c) 常见补偿电路 3　d) 交流供电情况下的补偿电路

2. 温度误差及其补偿

由于霍尔器件是由半导体材料制作的，当温度变化时，霍尔器件的灵敏系数将发生变化，从而引起温度误差。为了减小温度误差，除了选择温度系数小的霍尔器件（如砷化铟）或采取恒温措施外，还可采用适当的补偿电路进行补偿。

图 6-10 为一种桥路温度补偿电路。霍尔器件的不等位电动势可通过调节 R_w 来进行补偿。在霍尔输出电极上串入一个温度补偿电桥，电桥的 4 个臂均为等值的锰铜电阻，其中的一个臂并联热敏电阻 R_t。当温度改变时，R_t 的大小将发生改变，使补偿电桥的输出电压相应

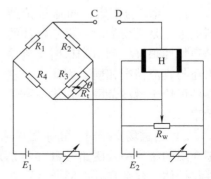

图 6-10　温度补偿电路

改变。只要仔细调整补偿电桥的温度系数，我们可达到在 $-40 \sim 40℃$ 温度范围内，C、D 两极输出的电动势与温度基本无关。

6.1.5　霍尔传感器的应用

1. 霍尔开关集成传感器

霍尔开关集成传感器是利用霍尔效应与集成电路技术结合而制成的一种磁敏传感器，它能感知一切与磁信息有关的物理量，并以开关信号形式输出。霍尔开关集成传感器具有使用寿命长、无触点磨损、无火花干扰、无转换抖动、工作频率高、温度特性好、能适应恶劣环

境等优点。

（1）结构及工作原理　霍尔开关集成传感器由稳压电路、霍尔器件、放大器、整形电路、开路输出 5 部分组成，其内部结构如图 6-11 所示。稳压电路可使传感器在较宽的电源电压范围内工作；开路输出可使传感器方便地与各种逻辑电路连接。其外形及应用电路如图 6-12 所示。

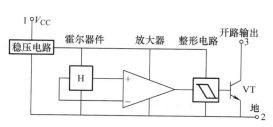

图 6-11　霍尔开关集成传感器的内部结构框图

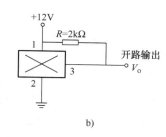

图 6-12　霍尔开关集成传感器的外形及应用电路
a）外形　b）应用电路

（2）工作特性曲线　图 6-13 为霍尔开关集成传感器的工作特性曲线。从图上可以看出，工作特性有一定的磁滞 B_H，这对开关动作的可靠性非常有利。图中的 B_{OP} 为工作点"开"的磁感应强度，B_{RP} 为释放点"关"的磁感应强度。该曲线反映了外加磁场与传感器输出电平的关系。当外加磁感应强度高于 B_{OP} 时，输出电平由高变低，传感器处于开状态。当外加磁感应强度低于 B_{RP} 时，输出电平由低变高，传感器处于关状态。

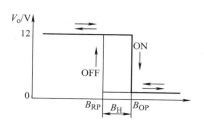

图 6-13　霍尔开关集成传感器的
工作特性曲线

霍尔开关集成传感器的技术参数包括工作电压、磁感应强度、输出截止电压、输出导通电流、工作温度、工作点等。

（3）霍尔开关集成传感器的应用　霍尔开关集成传感器的应用领域：点火系统、保安系统、转速、里程测定、机械设备的限位开关、按钮开关、电流的测定与控制、位置及角度的检测等。

1）霍尔开关集成传感器的接口电路如图 6-14 所示。霍尔开关多作为控制信号的开关，用来控制晶闸管、继电器、晶体管或 MOS 管的通断。

2）采用磁力集中器增加传感器的磁感应强度。在应用霍尔开关集成传感器时，提高传感器的磁感应强度是一个重要方面。除选用磁感应强度大的磁铁或减小磁铁与传感器的间隔距离外，还可采用图 6-15 所示的方法增强传感器的磁感应强度。

2. 霍尔线性集成传感器

（1）结构及工作原理　霍尔线性集成传感器的输出电压与外加磁场呈线性比例关系。这类传感器一般由霍尔器件和放大器组成，当外加磁场时，霍尔器件产生与磁场呈线性比例变化的霍尔输出电压，经放大器放大后输出。在实际电路设计中，为了提高传感器的性能，往往在电路中设置稳压、电流放大输出级、失调调整和线性度调整等电路。霍尔开关集成传感器的输出有低电平或高电平两种状态，而霍尔线性集成传感器的输出却是对外加磁场的线性响应。因此霍尔线性集成传感器被广泛用于位置、力、重量、厚度、速度、磁场、电流等的测量或控

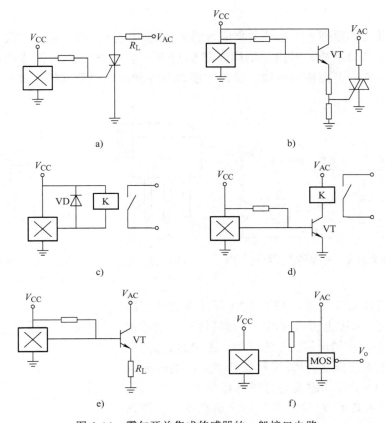

图 6-14　霍尔开关集成传感器的一般接口电路

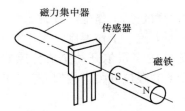

图 6-15　磁力集中器安装示意图

制。霍尔线性集成传感器有单端输出和双端输出两种，其电路的结构如图 6-16 所示。

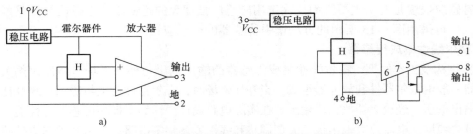

图 6-16　霍尔线性集成传感器电路的结构框图

a）单端输出　b）双端输出

单端输出的传感器是一个三端器件，它的输出电压对外加磁场的微小变化能做出线性响应，通常将输出电压用电容交连到外接放大器，将输出电压放大到较高的电平。其典型产品是 SL3501T。

双端输出的传感器是一个 8 脚双列直插封装的器件，它可提供差动射极跟随输出，还可提供输出失调调零。其典型产品是 SL3501M。

（2）输出特性　传感器 SL3501T 的输出特性曲线如图 6-17a 所示，在 ±0.2T 范围内，输出特性曲线接近线性。传感器 SL3501M 的输出特性曲线如图 6-17b 所示，由图可见不同负载下，传感器的输出特性发生变化。SL3501M 传感器在负载为 100Ω 时，线性区域最大；当负载为 0Ω 时，线性区域较小，而灵敏度较高。

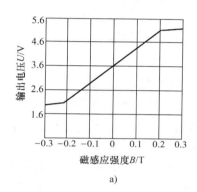
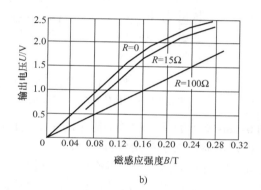

a)　　　　　　　　　　　　　　b)

图 6-17　霍尔线性集成传感器的输出特性曲线

a）SL3501T　b）SL3501M

3. 霍尔传感器的应用

霍尔器件在测量技术、无线电技术、计算机技术和自动化技术等领域中均得到了广泛应用。

利用霍尔电动势与外加磁感应强度成比例的特性，通过固定霍尔器件的控制电流，对磁通量以及其他可转换成磁通量的电量、机械量和非电量等进行测量和控制。应用这类特性制作的器具有磁通计、电流计、磁读头、位移计、速度计、振动计、罗盘、转速计、无触点开关等。

利用霍尔传感器制作的仪器具有如下优点：

1）体积小、结构简单、坚固耐用。

2）无可动部件，故无磨损、无摩擦热、噪声小。

3）装置性能稳定、寿命长、可靠性高。

4）频率范围宽，从直流到微波范围均可应用。

5）霍尔器件载流子惯性小，装置动态特性好。

霍尔器件也存在转换效率低和受温度影响大等明显缺点。但是由于新材料新工艺不断出现，这些缺点正逐步得到克服。

（1）霍尔式位移传感器　霍尔器件具有结构简单、体积小、动态特性好和寿命长等的优点，它不仅用于磁感应强度、有功功率及电能参数的测量，也在位移测量中得到广泛应用。

图 6-18 所示给出了一些霍尔式位移传感器的工作原理图。图 6-18a 是磁场强度相同的两块永久磁铁,同极性相对地放置,霍尔器件处在两块磁铁的中间。由于磁铁中间的磁感应强度 $B = 0$,因此霍尔器件输出的霍尔电动势 U_H 也等于零,此时位移为零。若霍尔器件在两磁铁中产生相对位移,霍尔器件感受到的磁感应强度也随之改变,这时 U_H 不为零,其量值大小反映出霍尔器件与磁铁之间相对位置的变化量。这种结构的传感器,其动态范围可达 5mm,分辨力为 0.001mm。

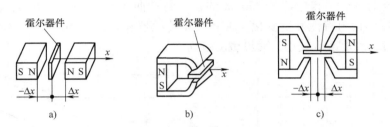

图 6-18　霍尔式位移传感器的工作原理图
a) 磁场强度相同的传感器　b) 简单的位移传感器　c) 结构相同的位移传感器

图 6-18b 所示的是一种结构简单的霍尔式位移传感器,是由一块永久磁铁组成磁路的传感器,在霍尔器件处于初始位置为 0 时,霍尔电动势 U_H 等于零。

图 6-18c 所示的是一个由两个结构相同的磁路组成的霍尔式位移传感器,为了获得较好的线性分布,在磁极端面装有极靴,霍尔器件调整好初始位置时,可以使霍尔电势 U_H 为零。这种传感器灵敏度很高,但它所能检测的位移量较小,适合于微位移量及振动的测量。

(2) 霍尔式转速传感器　图 6-19 所示的是几种不同结构的霍尔式转速传感器。转盘的输入轴与被测转轴相连,当被测转轴转动时,转盘随之转动,固定在转盘附近的霍尔传感器便可在每一个小磁铁通过时产生一个相应的脉冲,检测出单位时间的脉冲数,便可知被测转速。根据磁性转盘上小磁铁数目的多少就可确定传感器测量转速的分辨率。

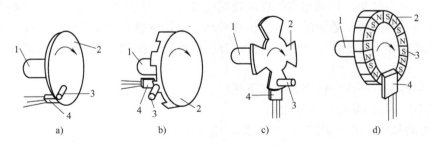

图 6-19　几种霍尔式转速传感器的结构
1—输入轴　2—转盘　3—小磁铁　4—霍尔传感器

(3) 霍尔计数装置　霍尔集成器件是将霍尔器件和放大器等集成在一块芯片,它的特点是输出电压在一定范围内与磁感应强度呈线性关系。霍尔开关集成传感器 SL3501 是具有较高灵敏度的集成霍尔器件,能感受到很小的磁场变化,因而可对黑色金属零件进行计数检测。图 6-20 所示的是对钢球进行计数的工作示意图和电路图。当钢球通过霍尔开关集成传感器时,传感器可输出峰值 20mV 的脉冲电压,该电压经运算放大器 (μA741) 放大后,驱动半导体晶体管 VT（2N5812）工作，VT 输出端便可接计数器进行计数，并由显示器显示检测数值。

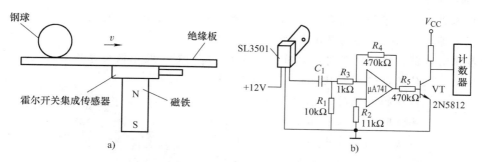

图 6-20　霍尔计数装置

a）工作示意图　b）电路图

【拓展应用系统实例1】汽车霍尔电子点火器

当隔磁罩缺口对准霍尔器件时，如图 6-21a 所示，磁通通过霍尔传感器形成闭合回路，电路导通，霍尔传感器输出低电平；当隔磁罩竖边的凸出部分挡在霍尔器件和磁钢之间时，如图 6-61b 所示，电路截止，霍尔传感器输出高电平。由图 6-22 可见，当霍尔传感器输出低电平时，VT_1 截止，VT_2、VT_3 导通，点火器的一次绕组有恒定的电流通过；当霍尔传感器输出高电平时，VT_1 导通，VT_2、VT_3 截止，点火器的一次绕组电流截止，此时存储在点火线圈中的能量由二次绕组以高压放电的形式输出，即放电点火。

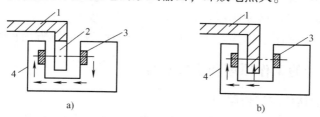

图 6-21　汽车霍尔电子点火器结构示意图

1—隔磁罩　2—隔磁罩缺口　3—霍尔器件　4—磁钢

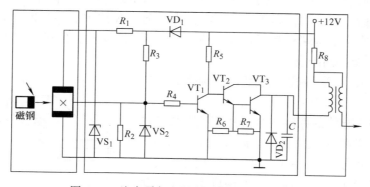

图 6-22　汽车霍尔电子点火器的电路原理图

微思考

技术男：嗨，芳芳，考考你，霍尔传感器能否用来测导线中的电流？

芳　芳：可以吧，因为霍尔电动势与电流成正比。

技术男：额，你的回答前半句对，但后半句有问题。霍尔输出电势是与流过霍尔器件的电流成正比，但实际中所测导线中的电流往往很大，也不可能将导线断开接入霍尔器件。霍尔传感器用来测导线中的电流是利用霍尔输出电动势与磁感应强度 B 成正比来实现测量的。我们在大学物理中学过，载流导线周围的磁感应强度 B 与电流成正比，导线中电流的变

图 6-23　钳形电流表

化引起磁感应强度 B 的变化，从而引起置于磁场中霍尔器件输出电动势的变化，实现电流的测量。如图 6-23 所示的钳形电流表。

6.2　磁敏二极管和磁敏晶体管

磁敏二极管、晶体管是继霍尔器件和磁敏电阻之后迅速发展起来的新型磁电转换元件。它们具有磁灵敏度高（磁灵敏度比霍尔器件高数百甚至数千倍）、能识别磁场的极性、体积小、电路简单等特点，因而正日益得到重视；并在检测、控制等方面得到普遍应用。

6.2.1　磁敏二极管的工作原理和主要特性

1. 磁敏二极管的结构与工作原理

（1）磁敏二极管的结构　磁敏二极管有硅磁敏二极管和锗磁敏二极管两种。与普通二极管的区别：普通二极管 PN 结的基区很短，以避免载流子在基区里复合，磁敏二极管的 PN 结却有很长的基区，大于载流子的扩散长度，但基区是由接近本征半导体的高阻材料构成的。一般锗磁敏二极管用 $\rho=40\Omega\cdot cm$ 左右的 P 型或 N 型单晶做基区（锗本征半导体的 $\rho=50\Omega\cdot cm$），在它的两端有 P 型和 N 型锗，并引出，若 γ 代表长基区，则其 PN 结实际上是由 $P\gamma$ 结和 $N\gamma$ 结共同组成。

以 2ACM-1A 为例，磁敏二极管的结构是 P^+-i-N^+ 型。

在高纯度锗半导体的两端用合金法制成高掺杂的 P^+ 型和 N^+ 型两个区域，并在本征区（i 区）的一个侧面上，设置高复合区（r 区），而与 r 区相对的另一侧面，保持为光滑无复合表面。这就构成了磁敏二极管的管芯，其结构和电路符合如图 6-24 所示。

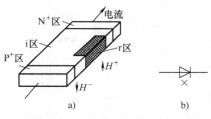

图 6-24　磁敏二极管的结构和电路符号
a）结构　b）电路符号

（2）磁敏二极管的工作原理　当磁敏二极管的 P^+
区接电源正极，N^+ 区接电源负极，即外加正向偏压时，
随着磁敏二极管所受磁场的变化，流过二极管的电流也
在变化，也就是说二极管等效电阻随着磁场的不同而不
同。磁敏二极管不受外界磁场作用时，外加正向偏压，
如图 6-25a 所示，则有大量空穴从 P^+ 区注入 N^+ 区，同时
有大量电子从 N^+ 区注入 P^+ 区。只有少量电子和空穴在 r
区复合掉，大部分的空穴和电子会分别到达 P^+ 区和 N^+
区，从而产生电流。

当磁敏二极管受磁场（正向磁场）作用时，如
图 6-25b 所示，电子和空穴受到洛仑兹力的作用向 r 区
偏移。由于 r 区内电子和空穴复合速度很快，进入 r 区的
电子和空穴很快就被复合掉，因此电流迅速减小。

当磁敏二极管受磁场（反向磁场）作用时，如
图 6-25c 所示，电子和空穴受到洛仑兹力的作用向 r 区
的相对侧偏移。于是电子和空穴复合速度明显变慢，电流
明显增大，这样就实现了磁电转换。

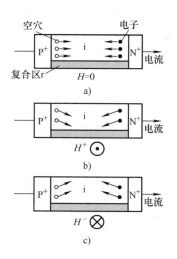

图 6-25　磁敏二极管的工作原理
a）无外界磁场作用　b）正向磁场作用
c）反向磁场作用

结论：磁场大小和方向的变化可产生正负输出电压的变化，特别是在较弱的磁场作用下，
可获得较大输出电压。r 区和 r 区之外的复合能力差越大，那么磁敏二极管的灵敏度就越高。

磁敏二极管反向偏置时，则在 r 区仅流过很微小的电流，显得几乎与磁场无关。因而，
二极管两端电压不会因受到磁场作用而有任何改变。

2. 磁敏二极管的主要特征

（1）伏安特性　在给定磁场的情况下，磁敏二极管两端正向偏压和通过它的电流的关
系曲线如图 6-26 所示。

由图 6-26b、c 可见硅磁敏二极管的伏安特性曲线有两种形式。一种如图 6-26b 所示，
在较大偏压 8～10V 范围内，电流变化比较平坦，随外加偏压的增加，电流逐渐增加；此
后，伏安特性曲线上升很快，这说明其动态电阻比较小。另一种如图 6-26c 所示，硅磁敏二
极管的伏安特性曲线上有负阻现象，即电流急增的同时，有偏压突然跌落的现象。

产生负阻现象的原因是高阻硅的热平衡载流子较少，且注入的载流子未填满复合中心之
前，不会产生较大的电流，当填满复合中心之后，电流才开始急增。

（2）磁电特性　在给定条件下，磁敏二极管的输出电压变化量随外加磁场的变化的关

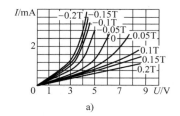

a)

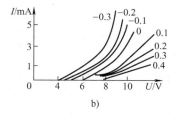

b)

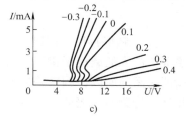

c)

图 6-26　磁敏二极管的伏安特性曲线
a）锗磁敏二极管　b）、c）硅磁敏二极管

系，叫作磁敏二极管的磁电特性。图 6-27 所示给出了磁敏二极管单个使用和互补使用时的磁电特性曲线。

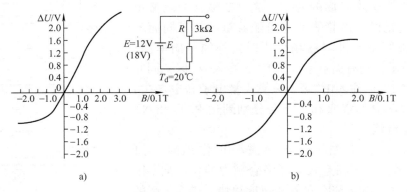

图 6-27　磁敏二极管的磁电特性曲线
a）单个使用情况　b）互补使用情况

（3）温度特性　磁敏二极管是由锗和硅材料制成，因而受温度的影响较大。温度特性是指在标准测试条件下，输出电压变化量（或无磁场作用时中点电压）随温度变化的规律，如图 6-28 所示。

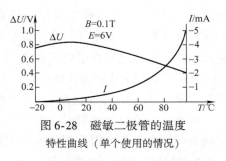

图 6-28　磁敏二极管的温度
特性曲线（单个使用的情况）

磁敏二极管的温度特性的好坏也可用温度系数来表示。硅磁敏二极管在标准测试条件下，U_0 的温度系数小于 $+20mV/℃$，ΔU 的温度系数小于 $0.6\%/℃$；锗磁敏二极管 U_0 的温度系数小于 $-60mV/℃$，ΔU 的温度系数小于 $1.5\%/℃$。所以规定硅磁敏二极管的使用温度为 $-40 \sim 85℃$，而锗磁敏二极管为 $-40 \sim 65℃$。

可见，磁敏二极管受温度的影响较大，在使用磁敏二极管时，必须进行温度补偿，常用的补偿电路如图 6-29 所示。

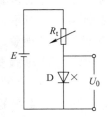 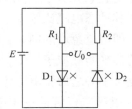 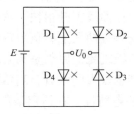

图 6-29　磁敏二极管的温度补偿电路

（4）频率特性　硅磁敏二极管的频率响应时间几乎等于注入的载流子漂移过程中被复合并达到动态平衡的时间。所以，频率响应时间与载流子的有效寿命相当。硅磁敏二极管的频率响应时间小于 $1\mu s$，即响应频率高达 $1MHz$。锗磁敏二极管的响应频率小于 $10kHz$，如图 6-30 所示。

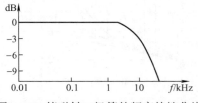

图 6-30　锗磁敏二极管的频率特性曲线

（5）磁灵敏度　磁敏二极管的磁灵敏度有 3 种定义方法：

1）在恒流条件下，偏压随磁场变化的电压相对磁灵敏度（h_u），即

$$h_u = \frac{u_B - u_0}{u_0} \times 100\% \tag{6-15}$$

式中　u_0——磁场强度为零时，二极管两端的电压；

　　　　u_B——磁场强度为 B 时，二极管两端的电压。

2）在恒压条件下，偏流随磁场变化的电流相对磁灵敏度（h_i），即

$$h_i = \frac{I_B - I_0}{I_0} \times 100\% \tag{6-16}$$

式中　I_0——磁场强度为零时，流过二极管的电流；

　　　　I_B——磁场强度为 B 时，流过二极管的电流。

3）在给定电压源 E 和负载电阻 R 的条件下，电压相对磁灵敏度和电流相对磁灵敏度定义如下

$$h_{Ru} = \frac{u_B - u_0}{u_0} \times 100\% \tag{6-17}$$

$$h_{RI} = \frac{I_B - I_0}{I_0} 100\% \tag{6-18}$$

应特别注意：如果使用磁敏二极管时的条件和元件出厂的测试条件不一致时，应重新测试二极管的灵敏度。

6.2.2　磁敏晶体管的工作原理和主要特性

1. 磁敏晶体管的结构与工作原理

NPN 型磁敏晶体管是在弱 P 型近本征半导体上，用合金法或扩散法形成 3 个结——即发射结、基极结、集电结所形成的半导体元件，如图 6-31 所示。在长基区的侧面，我们制成一个复合速率很高的高复合区 r 区。长基区分为输运基区和复合基区 2 部分。

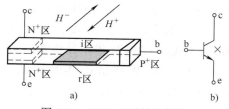

图 6-31　NPN 型磁敏晶体管

a）结构　b）符号

当不受磁场作用时，如图 6-32a（图中 1 为输运基区，2 为复合基区）所示，由于磁敏晶体管的基区宽度大于载流子有效扩散长度，因而注入的载流子除少部分输入到集电极 c 外，大部分通过 $e-i-b$ 而形成基极电流。显而易见，

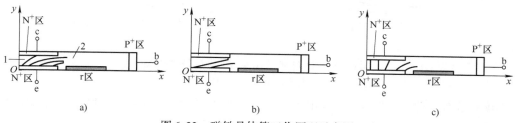

图 6-32　磁敏晶体管工作原理示意图

a）$H = 0$　b）$H = H^+$　c）$H = H^-$

基极电流大于集电极电流。所以，电流放大系数 $\beta = I_c/I_b < 1$。

当受到 H^+ 磁场作用时，如图6-32b所示，载流子在洛仑兹力的作用下，向发射结一侧偏转，从而使集电极电流明显下降。

当受到 H^- 磁场作用时，如图6-32c所示，载流子在洛仑兹力的作用下，向集电结一侧偏转，从而使集电极电流增大。

2. 磁敏晶体管的主要特性

（1）伏安特性　图6-33b给出了磁敏晶体管在基极恒流条件下（$I_b = 3\text{mA}$）、磁场为0和0.1T时的集电极电流的变化；图6-33a则为不受磁场作用时磁敏晶体管的伏安特性曲线。

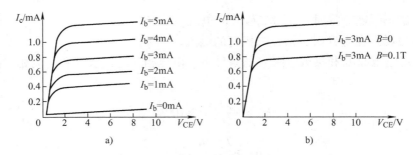

图6-33　磁敏晶体管的伏安特性曲线

a）无磁场作用时　b）有磁场作用时

（2）磁电特性　磁电特性是磁敏晶体管最重要的工作特性。3BCM（NPN型）锗磁敏晶体管的磁电特性曲线如图6-34所示。由图可见，在弱磁场作用时，曲线近似于一条直线。

（3）温度特性　磁敏晶体管对温度也是敏感的。3ACM、3BCM磁敏晶体管的温度系数为0.8%/℃；3CCM磁敏晶体管的温度系数为 $-0.6\%/℃$。3BCM的温度特性曲线如图6-35所示。

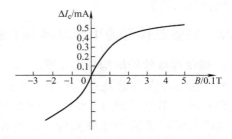

图6-34　3BCM磁敏晶体管的磁电特性曲线

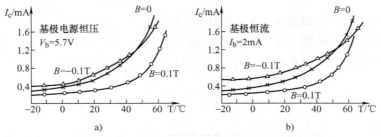

图6-35　3BCM磁敏晶体管的温度特性曲线

a）基极电源恒压　b）基极恒流

温度系数有两种：一种是静态集电极电流 I_{c0} 的温度系数；一种是磁灵敏度 $h_{\pm}$ 的温度系数。

在使用温度 $t_1 \sim t_2$ 范围内，I_{c0} 的相对改变量与常温（比如25℃）时的 I_{c0} 之比，即平均每度的相对变化量被定义为 I_{c0} 的温度系数 I_{c0CT}，即

$$I_{c0CT} = \frac{I_{c0}(t_2) - I_{c0}(t_1)}{I_{c0}(25℃) \cdot (t_2 - t_1)} \times 100\% \qquad (6-19)$$

同样，在使用温度 $t_1 \sim t_2$ 范围内，$h_{\pm}$ 的相对改变量与 25℃ 时的 $h_{\pm}$ 值之比，即平均每度的相对变化量被定义为 $h_{\pm}$ 的温度系数 $h_{\pm CT}$

$$h_{\pm CT} = \frac{h_{\pm}(t_2) - h_{\pm}(t_1)}{h_{\pm}(25℃) \cdot (t_2 - t_1)} \times 100\% \qquad (6-20)$$

对于 3BCM 磁敏晶体管，当采用补偿措施时，其正向灵敏度受温度影响不大，而负向灵敏度受温度影响比较大。主要表现为有相当大一部分器件存在着一个磁灵敏度的温度点，这个点的位置由所加基极电流（无磁场作用时）I_{b0} 的大小决定。当 $I_{b0} > 4mA$ 时，此磁灵敏度温度点处于 40℃ 左右。当温度超过此点时，负向灵敏度也变为正向灵敏度，即不论对正、负向磁场，集电极电流都发生同样性质的变化。

因此，减小基极电流，磁灵敏度的温度点将向较高温度方向移动。当 $I_{b0} = 2mA$ 时，此温度点可达 50℃ 左右。但另一方面，若 I_{b0} 过小，则会影响磁灵敏度。所以，当需要同时使用正负灵敏度时，温度要选在磁灵敏度温度点以下。

（4）频率特性 3BCM 锗磁敏晶体管对于交变磁场的频率响应特性的响应频率为 10kHz。

（5）磁灵敏度 磁敏晶体管的磁灵敏度有正向灵敏度 h_+ 和负向灵敏度 h_- 两种。其定义如下

$$h_{\pm} = \left| \frac{I_{cB\pm} - I_{c0}}{I_{c0}} \right| \times 100\% / 0.1T \qquad (6-21)$$

式中　I_{cB+}——受正向磁场 B_+ 作用时的集电极电流；

　　　I_{cB-}——受反向磁场 B_- 作用时的集电极电流；

　　　I_{c0}——不受磁场作用时，在给定基极电流情况下的集电极电流。

6.2.3　磁敏二极管和磁敏晶体管的应用

磁敏管有较高的磁灵敏度、体积和功耗都很小、能识别磁极性等优点，是一种新型半导体磁敏元件，它有着广泛的应用前景。

利用磁敏管可以做成磁场探测仪器，如高斯计、漏磁测量仪、地磁测量仪等。用磁敏管做成的磁场探测仪，可测量 $10^{-7}T$ 左右的弱磁场。

根据通电导线周围具有磁场，而磁场的强弱又取决于通电导线中电流大小的原理，可利用磁敏管采用非接触方法来测量导线中电流，既安全又省电，因此是一种备受欢迎的"电流表"。

此外，利用磁敏管还可制成转速传感器（能测高达每分钟数万转的转速）、无触点电位器和漏磁探伤仪等。

图 6-36 所示为漏磁探伤仪的工作原理：利用励磁源对被检工件进行局部磁化，若被测工件表面光滑，内部没有缺

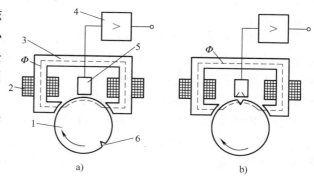

图 6-36　漏磁探伤仪的工作原理
1—被测棒材　2—激励线圈　3—铁心
4—放大器　5—磁敏探头　6—裂缝

陷，磁通将全部通过被测工件；若材料表面或近表面存在缺陷时，会导致缺陷处及其附近区域磁导率降低，磁阻增加，从而使缺陷附近的磁场发生畸变，有部分磁通离开工件的上、下表面经空气绕过缺陷，即为漏磁通，可通过磁敏二极管或磁敏晶体管等磁传感器检测到。对检测到的漏磁信号进行去噪、分析和显示，就可以建立漏磁场和缺陷的量化关系，达到无损检测和评价的目的。

6.3 磁敏电阻

磁敏电阻是一种电阻随磁场变化而变化的磁敏元件，也称 Magnetoresistance（MR）元件。它的理论基础为磁阻效应。

6.3.1 磁阻效应

若给通以电流的金属或半导体材料的薄片加以与电流垂直或平行的外磁场，则其电阻值就增加，此种现象称为磁致电阻变化效应，简称为磁阻效应。

在磁场中，电流的流动路径会因磁场的作用而加长，使得材料的电阻率增加。若某种金属或半导体材料的两种载流子（电子和空穴）的迁移率悬殊，则主要由迁移率较大的一种载流子引起电阻率变化，它可表示为

$$\frac{\rho - \rho_0}{\rho_0} = \frac{\Delta\rho}{\rho_0} = 0.275\mu^2 B^2 \tag{6-22}$$

式中　B——磁感应强度；

ρ——材料在磁感应强度为 B 时的电阻率；

ρ_0——材料在磁感应强度为 0 时的电阻率；

μ——载流子的迁移率。

当材料中仅存在一种载流子时磁阻效应几乎可以忽略，此时霍尔效应更为强烈。若在电子和空穴都存在的材料（如锑化铟）中，则磁阻效应很强。

磁阻效应还与器件的形状、尺寸密切相关。这种与器件形状、尺寸有关的磁阻效应称为磁阻效应的几何磁阻效应。长方形磁阻器件只有在 L（长度）$< W$（宽度）的条件下，才表现出较高的灵敏度。把 $L < W$ 的扁平器件串联起来，就会得到磁场电阻值较大、灵敏度较高的磁阻器件。

电流只在电极附近偏转，如图 6-37a 所示，此是没有栅格的情况，电阻增加很小。同时由于器件也产生霍尔效应，因此欲获得大的磁阻效应，需消除霍尔效应。常采用的方法是：在 $L > W$ 长方形磁阻器件上面制作许多平行等间距的金属条（即短路栅格），这种栅格磁阻器件如图 6-37b 所示。这个方法就相当于把许多扁条状磁阻串联，提高了磁阻器件的灵敏度，同时霍尔效应使载流子向两边偏转，削弱了磁阻效应。

常用的磁阻元件有半导体磁阻元件和强磁磁阻元件。其内部可制作成半桥或全桥等多种形式。

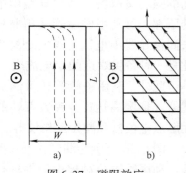

图 6-37　磁阻效应

a）无栅格　b）短路栅格

6.3.2　磁阻元件的主要特性

1. 灵敏度特性

磁阻元件的灵敏度特性用在一定磁场强度下的电阻变化率来表示，即磁场-电阻特性的斜率。常用 K 表示，单位为（mV/mA）·kg，即 $\Omega \cdot \mathrm{kg}$。

在运算时常用 R_B/R_0 求得，R_0 表示无磁场情况下磁阻元件的电阻值，R_B 为在施加 0.3T 磁感应强度时磁阻元件表现出来的电阻值，这种情况下，一般磁阻元件的灵敏度大于 2.7。

2. 磁场-电阻特性

磁阻元件的电阻值与磁场的极性无关，它只随磁场强度的增加而增加，磁阻元件的磁场-电阻特性曲线如图 6-38 所示。

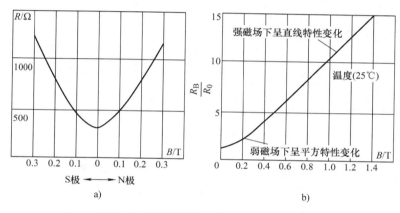

图 6-38　磁阻元件的磁场-电阻特性曲线
a）SN 极之间的电阻特性曲线　b）电阻变化率的特性曲线

3. 电阻-温度特性

图 6-39 所示是一般半导体磁阻元件的电阻-温度特性曲线，从图中可以看出，半导体磁阻元件的电阻-温度特性不好。图中的电阻值在 35℃ 的变化范围内减小了 1/2。因此，在应用时，一般都要设计温度补偿电路。

磁敏电阻可以用来作为电流传感器、磁敏接近开关、角速度/角位移传感器、磁场传感器等。可用于开关电源、变频器、伺服电动机驱动器、家庭网络智能化管理、电度表、智能机器人、电梯、机床、断路器、防爆电机保护器、医疗设备、远程抄表、地磁场的测量、探矿等各领域。

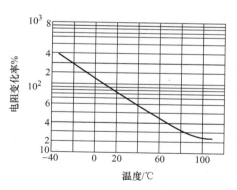

图 6-39　半导体元件电阻-温度特性曲线

【拓展应用系统实例 2】　磁图形识别电路

磁阻式传感器主要用于识别磁性墨水的图形和文字，在自动测量技术中检测微小磁信号，如录音机、录像机的磁带、磁盘；防伪纸币、票据、信用（磁）卡上用的磁性油墨等。

图 6-40 为磁图形识别传感器 S05A1HFAA 电路原理图，主要由磁敏器件和放大整形电路组成。图中磁敏器件采用 MS－F－06 型磁敏电阻式传感器，该传感器为日本产锑化铟（InSb）图形识别传感器，其等效电路与外部结构如图 6-41 所示。图 6-42 为 MS－F－06 型磁敏电阻式传感器的电阻值与磁感应强度的关系曲线，可见，当磁场 $B = 0$ 时，电阻 $R_0 = 0.8\text{k}\Omega$；当磁感应强度 B 为 0.3T 时，电阻 R_0 约为 $1.4\text{k}\Omega$，有较好的磁灵敏度。图 6-40 所示电路采用 7805 三端稳压器为磁敏电阻提高 5V 工作电压，采用 TL072 两级高增益放大器构成整形电路，该电路输出电压为 0.3 ~ 0.8V，与被检测物体的距离为 3mm。

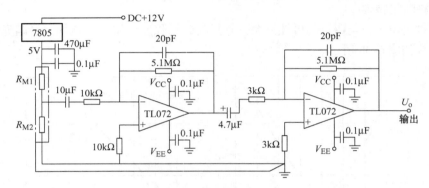

图 6-40　磁图形识别电路原理图

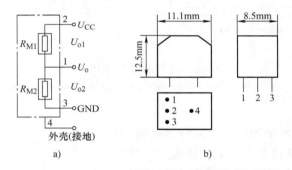

图 6-41　MS－F－06 型磁敏电阻式传感器

a) 等效电路（三端差分型电路）　b) 外部结构

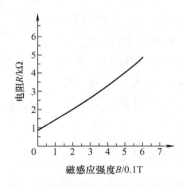

图 6-42　MS－F－06 型磁敏电阻式传感器的电阻值与磁感应强度的关系曲线

6.4　磁通门式磁敏传感器

磁通门式磁敏传感器又称为磁饱和式磁敏传感器，它是用某些高磁导率的软磁性材料（如坡莫合金）作磁心，利用其在交变磁场作用下的磁饱和特性及法拉第电磁感应原理制成的测磁装置。该传感器具有以下特点：适合对零磁场附近的弱磁场进行测量；体积小、重量轻、功耗低；可测纵向向量 T、垂直向量 Z，也可测 ΔT、ΔZ；不受磁场梯度影响，测量的灵敏度可达 $0.01\mathrm{nT}$；可和磁秤混合使用组成测磁仪器。该传感器已广泛应用于航空、地面、测井等方面的磁场勘探；在军事上，也可用于寻找地下武器如炮弹、地雷等；还可用于天然地震预报及空间测磁等。

6.4.1　磁通门式磁敏传感器的物理基础

1. 磁滞回线和磁饱和现象

磁饱和是铁磁材料的一种物理特性。当外界磁场强度慢慢增强时，铁磁材料内部的磁通密度（磁感应强度）也会慢慢增强。当外界磁场强度达到一定程度，再增强时，铁磁材料的磁感应强度增强的速度越来越慢，直到磁感应强度不再继续增加，我们把这种现象称为磁饱和。

磁性体的磁化存在着明显的不可逆性，当铁磁体被磁化到饱和状态后，若将磁场强度（H）由最大值逐渐减小，其磁感应强度（符号为 B）不是循原来的途径返回，而是沿着比原来的途径稍高的一段曲线而减小。当 $H = 0$ 时，B 并不等于零，即磁性体中 B 的变化滞后于 H 的变化，这种现象称为磁滞现象，如图 6-43 所示。饱和磁感应强度 B_s、饱和磁场强度 H_s、剩余磁感应强度 B_r 及矫顽力 H_c 是磁性材料的 4 个重要参数。

磁通门式磁敏传感器使用软磁性材料。其动态磁导率为

$$\mu_d = \frac{dB}{dH} \tag{6-23}$$

图 6-43　静态磁滞回线示意图

2. 磁致伸缩现象

磁体在磁场中被磁化后，在磁化方向上产生伸长或缩短现象称为磁致伸缩。几种磁性材料的伸缩系数如图 6-44 所示。其饱和磁致伸缩系数为

$$\lambda_s = \frac{\Delta l}{l} \tag{6-24}$$

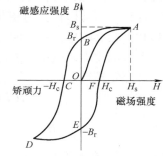

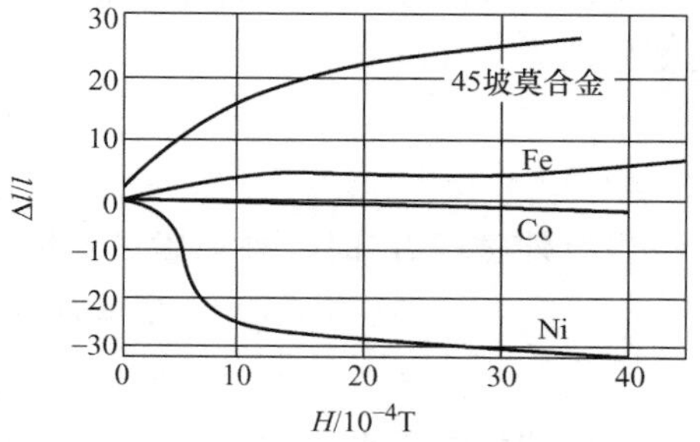

图 6-44　几种磁性材料的伸缩系数

3. 法拉第电磁感应定律

不论何种原因使一回路所包围面积内的磁通量 Φ 发生变化时，回路上产生的感应电动势 E 与磁通随时间 t 的变化率的负值成正比。

$$E = -k\frac{d\Phi}{dt} \tag{6-25}$$

式中　k——比例系数。

6.4.2 磁通门式磁敏传感器的二次谐波法测磁原理

磁通门式磁敏传感器是利用被测磁场中高磁导率磁心在交变磁场的饱和激励下其磁感应强度与磁场强度的非线性关系来测量弱磁场的。这种物理现象对被测磁场来说好像是一道"门"，通过这道"门"，相应的磁通量即可被调制，并产生感应电动势。利用这种现象来测量电流所产生的磁场，从而间接地达到测量电流的目的。

磁通门式磁敏传感器的高磁导率磁心有多种几何形状，常见的磁心形状有：

$$
磁心\begin{cases}
非闭合式磁心\begin{cases}长条形单磁心\\长条形双磁心\end{cases}\\[2ex]
闭合式磁心\begin{cases}长方形磁心\\跑道形磁心\\圆形磁心\end{cases}
\end{cases}
$$

从这几种磁心的性能来说，以圆形较好，跑道形次之。在磁场的分量测量中，用跑道形磁心较多。下面以长轴状跑道形磁心为例，介绍磁通门式磁敏传感器的工作原理。

跑道形磁心机构如图 6-45 所示，一般跑道形磁心沿长轴方向的尺寸远大于短轴方向的尺寸，故当沿长轴方向磁化时，要比沿短轴方向磁化时的退磁作用及退磁系数小得多。这样，就可以认为跑道形磁心仅被沿长轴方向的磁场所磁化。在实践中，也仅测量沿长轴方向的磁场分量。

若线圈中通以频率为 f 的正弦波信号 $I_1 = I_{\mathrm{m}}\sin\omega t$，根据安培环路定理得

$$H_1 l = n_1 I_1$$

$$H_1 = \frac{n_1 I_1}{l} = 2H_{\mathrm{m}}\sin\omega t \qquad (6\text{-}26)$$

式中　l——有效磁心长度；

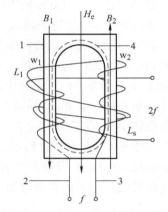

图 6-45　跑道形磁心机构示意图
1—灵敏元件架　2——次线圈
3—输出线圈　4—坡莫合金环

n_1——线圈匝数。

当没有外磁场时，线圈 w_1、w_2 所对应的磁心中的磁场强度分别为

$$\left.\begin{aligned}H_1 &= 2H_{\mathrm{m}}\sin\omega t\\H_2 &= -2H_{\mathrm{m}}\sin\omega t\end{aligned}\right\} \qquad (6\text{-}27)$$

当有外磁场 H_{e} 时，外加磁场破坏了平衡，对称轴移动，则磁心中的磁场为

$$\left.\begin{aligned}H_1 &= H_{\mathrm{e}} + H_{1\sim} = H_{\mathrm{e}} + 2H_{\mathrm{m}}\sin\omega t\\H_2 &= H_{\mathrm{e}} - H_{2\sim} = H_{\mathrm{e}} - 2H_{\mathrm{m}}\sin\omega t\end{aligned}\right\} \qquad (6\text{-}28)$$

传感器的铁心采用坡莫合金，其静态磁化曲线如图 6-46a 所示。由于铁心磁特性的非线性，为了便于分析，可对其磁化曲线进行分段拟合，如图 6-46b 所示。拟合后的磁导率为 μ'_{d}。

假定 $t = 0$ 时，正弦波处于上升段，铁心在负向饱和状态，在正弦波电流作用下，铁心内的磁场将沿着 $A{\rightarrow}P{\rightarrow}Q{\rightarrow}B{\rightarrow}Q{\rightarrow}P{\rightarrow}A$ 的路径周期性变化。

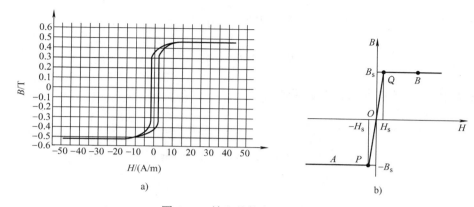

图 6-46　铁心的静态磁化曲线

a）铁心的静态磁化曲线　b）拟合后的磁化曲线

　　磁心的拟合后磁化曲线如图 6-47a 所示：当 $H > H_s$ 时，磁心进入饱和状态，此时磁感应强度为 B_S；同理，当 $H < -H_s$ 时，磁心反向磁饱和，磁感应强度为 $-B_S$；当 $-H_s < H < H_s$ 时，由磁感应强度和磁场强度的关系 $B = \mu'_d H$ 得

$$B_1 = \mu'_d H_e + 2\mu'_d H_m \sin\omega t \tag{6-29}$$

磁感应强度的变化如图 6-47c 所示。令 $\theta = \omega t$，且以 $H = H_e$ 时刻为 $t = 0$ 时刻，则

$$2H_m \sin(-\theta_2) = -H_s - H_e$$

$$2H_m \sin\theta_1 = H_s - H_e$$

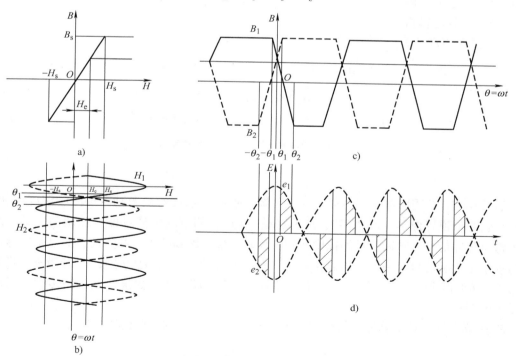

图 6-47　磁通门式磁敏传感器测磁原理示意图

所以

$$\theta_1 = \arcsin \frac{H_s - H_e}{2H_m} \tag{6-30}$$

$$\theta_2 = \arcsin \frac{H_s + H_e}{2H_m}$$

则在 $-\dfrac{\pi}{2} \leqslant \theta \leqslant \dfrac{\pi}{2}$ 半个周期内，磁感应强度为

$$B_1 = \begin{cases} -B_s & -\dfrac{\pi}{2} \leqslant \theta \leqslant -\theta_2 \\ \mu'_d H_e + 2\mu'_d H_m \sin\theta & -\theta_2 \leqslant \theta \leqslant \theta_1 \\ B_s & \theta_1 \leqslant \theta \leqslant \dfrac{\pi}{2} \end{cases} \tag{6-31}$$

同理，

$$B_2 = \begin{cases} B_s & -\dfrac{\pi}{2} \leqslant \theta \leqslant -\theta_1 \\ \mu'_d H_e - 2\mu'_d H_m \sin\theta & -\theta_1 \leqslant \theta \leqslant \theta_2 \\ -B_s & \theta_2 \leqslant \theta \leqslant \dfrac{\pi}{2} \end{cases} \tag{6-32}$$

由于感应线圈的感应电动势为

$$E = -N\frac{d\phi}{dt} = -N\frac{SdB}{dt} = -N\frac{Sd(B_1 + B_2)}{dt} \tag{6-33}$$

式中　N——感应线圈匝数；

　　　S——铁心横截面积。

因此，总感应电动势为

$$E_s = \begin{cases} 0 & -\dfrac{\pi}{2} \leqslant \theta \leqslant -\theta_2 \\ -2\mu'_d H_m NS\omega\cos\theta & -\theta_2 \leqslant \theta \leqslant -\theta_1 \\ 0 & -\theta_1 \leqslant \theta \leqslant \theta_1 \\ 2\mu'_d H_m NS\omega\cos\theta & \theta_1 \leqslant \theta \leqslant \theta_2 \\ 0 & \theta_2 \leqslant \theta \leqslant \dfrac{\pi}{2} \end{cases} \tag{6-34}$$

　　如图 6-47d 的阴影部分，由以上分析可知：铁心周期性的被激励磁场激励深度饱和后，对被测磁场来说好像是一道"门"，通过这道"门"，相应的磁通量即可被调制。感应线圈产生感应脉冲信号，脉冲信号的幅度和相位反映了外界磁场的大小和方向，而且感应脉冲信号的频率是激励信号频率的 2 倍。注意：只有当 H_e 比铁心饱和磁场强度 H_s 和激励磁场强度幅值 H_m 都小很多时，它对铁心磁导率的影响才可以忽略，因此磁通门式磁敏传感器适用于弱磁场的测量。

　　E_s 是周期性的重复脉冲，故可用傅里叶分解法计算 E_s 的二次谐波分量为

$$E_s = 16\mu'_d NfS\frac{H_s}{H_m}H_e \sin 2\omega t \tag{6-35}$$

　　由式(6-35) 可知，测量输出的二次谐波分量幅值与被测磁场近似成正比。

6.4.3　磁通门式传感器的应用

1. 磁通门式电流传感器测电流

当磁通门式电流传感器工作时，激励
线圈中加载一固定频率、固定波形的交变
电流进行激励，使磁心往复磁化达到饱和。
在不存在外在电流所产生的被测磁场时，
则检测线圈输出的感应电动势只含有激励
波形的奇次谐波，波形正负上下对称。当
存在外在直流被测磁场时，则磁心中同时
存在直流磁场和激励交变磁场，直流被测

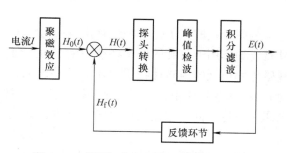

图 6-48　磁通门式电流传感器的系统框图

磁场在前半周期内促使激励场使磁心提前达到饱和，而在另外半个周期内使磁心延迟饱和。
因此，造成激励周期内正负半周不对称，从而使输出电压曲线中出现振幅差。该振幅差与被
测电流所产生的磁场成正比，因此可以利用振幅差来检测磁环中所通过的电流。磁通门式电
流传感器的系统框图 6-48 所示。电流所产生的磁场在磁通门探头内经激励信号调制后，通
过峰值检波和积分滤波电路产生有用的电压信号，然后经过反馈，使电流传感器工作在零磁
通状态。

2. 弱磁场检测

磁通门式传感器基于磁通门原理，采用低噪声相敏检波和零差跟踪反馈技术，用于矢量
磁场测量，具有分辨力高、线性度好、噪声小等优点。适用于弱磁场的矢量测量以及分辨力
高的磁场测量。如图 6-49 所示为 CCM－Ⅰ型磁通门磁场测量仪框图。

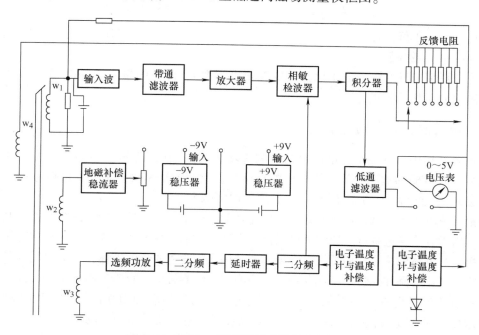

图 6-49　CCM－Ⅰ型磁通门磁场测量仪框图

6.5 质子旋进式磁敏传感器

氢原子核的质子是一种带有正电荷的粒子，其本身在不停地自旋，具有一定的磁性。在外磁场的作用下自旋的质子将按一定方向排列，称为核子顺磁性。但其磁性甚微，只是在一些磁化率很低的逆磁性物质中才能反映出来，如某些碳氢氧化合物液体（水、酒精、甘油等）。在这些物质中，质子受某强磁场激发而按一定方向排列，去掉外磁场，则质子在地磁场作用下将以同一相位绕地磁场 T 旋进，其旋进频率 f 与地磁场 T 有以下关系

$$T = 23.4872f \tag{6-36}$$

当测定出频率 f 以后即可计算出总磁场强度 T 的数值。利用这种原理制成的仪器称为质子旋进式磁力仪，或称核子旋进式磁力仪。

旋进现象是自旋的物体在外力矩的作用下沿着外力矩方向改变其角动量矢量的结果。质子旋进式磁敏传感器是利用质子在外磁场中的旋进现象，根据磁共振原理研制而成的。

6.5.1 质子旋进式磁敏传感器的测磁原理

物理学已证明物质是具有磁性的。对水分子（H_2O）而言，从其分子结构、原子排列和化学价的性质分析得知：水分子磁矩（即氢质子磁矩）在外磁场作用下绕外磁场旋进。图 6-50 为质子磁矩旋进示意图。

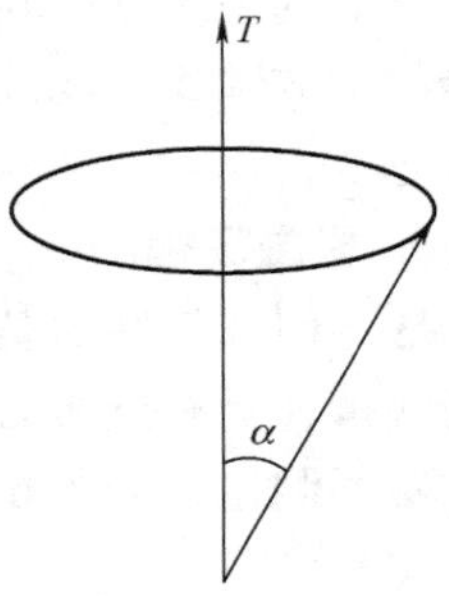

由经典力学和量子力学观点可以证明，质子磁矩旋进频率

$$f = \frac{\gamma_P}{2\pi}T \tag{6-37}$$

式中　γ_p——质子旋磁比；

T——外磁场强度。

图 6-50　质子磁矩旋进示意图

可见，频率 f 与磁场 T 成正比，只要能测出频率 f，即可间接求出外磁场 T 的大小，从而达到测量外磁场的目的。

6.5.2 磁场的测量与旋进信号

在核磁共振中，共振信号的幅度与被测磁场 $T^{3/2}$ 成正比。当被测磁场很弱时，信号幅度大大衰减。对微弱的被测磁场，用一般的核磁共振检测方法是接收不到旋进信号的。为了测得质子磁矩 M 绕外磁场的旋进频率 f，必须采取特殊方法。

使沿外磁场方向排列的质子磁矩，在极化场的激励下，建立质子宏观磁矩，并使其方向与外磁场方向垂直或接近垂直。通常采用预极化方法或辅助磁场方法来建立质子宏观磁矩，以增强信号幅度。具体做法是：用圆柱形玻璃容器装满水或含氢质子的液体，作为灵敏元件，在容器周围绕上极化线圈和测量线圈或共用一个线圈，使线圈轴向垂直于外磁场 T 的方向。

在垂直于外磁场方向加一极化场 H（该场强约为外磁场的 200 倍）。在极化场作用下，容器内水中质子磁矩沿极化场方向排列，形成宏观磁矩，如图 6-51 所示。

当去掉极化场 H，质子磁矩则以拉莫尔旋进频率绕外磁场旋进。

当质子磁矩在旋进过程中切割线圈，使线圈环绕面积中的磁通量发生变化，于是在线圈

中就产生感应电动势。

若测出感应电动势的频率，就可计算出外磁场的大小。因为极化场 H 大于外磁场，故此法可使信噪比增大 H/T 倍。设外磁场 T 的磁感应强度为 $0.5 \times 10^{-4}\,T$，极化场 H 的磁场强度为 $100 \times 10^{-4}\,T$，则可使信噪比增大 200 倍。

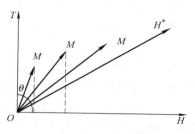

图 6-51　预极化法示意图

在自由旋进的过程中，质子磁矩 M 的横向分量以 t_2（横向弛豫时间）为时间常数并随时间增加逐渐趋近于零，图 6-52 所示为 M 衰减示意图；线圈中所产生的感应电动势信号，也是以 t_2 为时间常数按指数规律衰减的，感应电动势信号衰减示意图如图 6-53 所示。

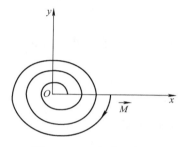

图 6-52　M 衰减示意图

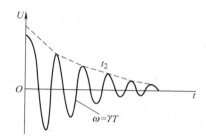

图 6-53　感应电动势信号衰减示意图

6.5.3　质子旋进式磁敏传感器的组成

质子旋进式磁敏传感器的核心是 500cm^3 左右的有机玻璃容器，在容器外面绕以数百匝的线圈，使线圈轴向与外磁场方向大致垂直，线圈中通以 $1 \sim 3A$ 的电流，形成约 $0.01T$ 的极化场，使水中质子磁矩指向极化场 H 的方向。其结构如图 6-54 所示。

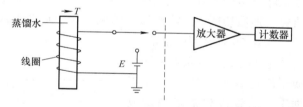

图 6-54　质子旋进式磁敏传感器的结构

若迅速撤去极化场，则 M 的数值与方向均来不及变化，弛豫过程来不及影响 M 的行为，此时，质子磁矩在自旋和外磁场 T 的作用下以角速度 ω 绕外磁场 T 旋进。在旋进的过程中，周期性切割测量线圈，产生感应电动势信号。由于弛豫过程的作用，其信号幅度 V_t 的大小随时间按指数规律衰减，其表示式为

$$V_t = V_0 e^{-t/t_2} \tag{6-38}$$

式中　　t_2——横向弛豫时间；

V_0——信号初始幅度。

如果接收线圈有 W 匝，所包围的面积为 S，充填因子为 α，则质子旋进信号强度为

$$V_0 = 10^{-8} 4\pi\alpha W\omega S M_0 \sin\omega t \tag{6-39}$$

式中　　M_0——磁化强度。

在实际工作时，线圈轴向与外磁场的夹角 θ 不正好保持 90°。由实测得知：总磁矩量值

与 $\sin^2\theta$ 成正比例，所以感应电动势信号的电压幅值和 $\sin^2\theta$ 成比例。又考虑到旋进信号按指数规律衰减的特点，其感应电动势信号完整表达式应为

$$V_t = 10^{-8} 4\pi\alpha W\omega SM_0 \sin^2\theta \sin\omega t e^{-t/t_2} \tag{6-40}$$

θ 角的大小只影响质子旋进信号的振幅大小，而并不影响质子旋进频率，故在实际测量中，探头无须严格定向。当 $\theta = 90°$ 时，信号最大。

由实验得知，对于几百 cm^3 的样品，线圈为数百匝的传感器，在较好的情况下，质子感应电动势信号仅为 0.5mV 左右。

感应电动势信号的衰减还和外磁场梯度的大小有关。

理论分析和实验表明：测量线圈中产生的感应电动势信号频率即为质子磁矩旋进频率，这和式（6-37）是一致的。

质子旋进式磁敏传感器主要优点如下：

1）精度高。一般在（0.1～10）nT 范围内。

2）稳定性好。因 γ_p 是一常数，其值只与质子本身有关，它的值与外界温度、压力、湿度等因素均无关。

3）工作速度快。可直读外磁场 nT 值。

4）绝对值测量。

缺点是极化功率大；只能进行快速点测；受磁场梯度影响较大。

6.5.4 质子旋进式磁敏传感器的应用

磁法勘探是各种物探方法中理论比较成熟、应用时间最早、应用范围最广的方法。磁法勘探除直接用于寻找磁性矿体外，还广泛用于固体矿产、石油天然气构造的普查、大地构造研究、地质填图、工程地质等领域。质子旋进式磁力仪是磁法勘探的基本设备。

图 6-55 所示为 CZM－2型质子磁力仪的系统框图。质子旋进式磁力仪是一种依据质子的旋进频率来测量地磁场强度的仪器。其测量地磁场强度的具体过程如下：在传感器探头中，装满了含有氢质子的液体，氢质子的初始状态为无规则排列，当

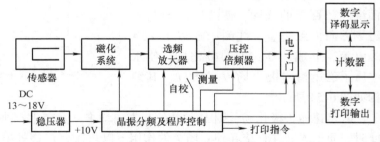

图 6-55　CZM－2型质子磁力仪的系统框图

极化系统施加极化磁场后，氢质子将沿极化磁场有规则地排列；极化磁场消失后，质子将受到地磁场的影响做旋进运动并在感应电路上产生类似正弦信号的、幅度随时间按指数衰减的感应电动势。旋进的频率与地磁场的大小成正比，通过测量感应电动势信号的频率值即可得到地磁场的大小。为了产生质子旋进信号，传感器探头中需要装有富含大量氢质子的液体，称作"样品"，如水、煤油、酒精、甘油等，它是传感器的核心。"样品"通常要选用稳定性好、绝缘、对漆包线和绝缘漆无腐蚀、无溶解作用、横向弛豫时间足够长的有机或无机物质，目前最常用的是航空煤油，为了取得更好的极化效果，也可以使用几种液体的混合体。传感器探头的形状一般为圆柱体，选用无磁性材料加工制作，探头外壳为全密封结构，同时

选用 2 个反向串联的多层空芯线圈作为极化线圈。由于质子在地磁场中旋进所产生的感应电动势较弱，通常为微伏级，且幅值随时间的推移呈指数衰减，所以对感应电动势信号必须进行放大、整形、锁相等处理，将其转换成可供数字系统测量的方波信号，再通过计数式频率测量方法，测量感应电动势信号的频率，从而测量出微弱的地磁场。

6.6 光泵式磁敏传感器

光泵式磁敏传感器是高灵敏度光泵磁力仪的核心部件。它是以某些元素的原子在外磁场中产生的塞曼分裂为基础，并采用光泵和磁共振技术研制而成的。

利用光泵式磁敏传感器做成的测磁仪器，是目前实际生产和科学技术应用中灵敏度较高的一种测磁仪器。它同质子旋进式磁力仪相比有以下特点：灵敏度高，一般为 0.01nT 量级，理论灵敏度高达 $10^{-2} \sim 10^{-4}$nT；响应频率高，可在快速变化中进行测量；可测量磁场的总向量 T 及其分量，并能进行连续测量。

磁力仪的种类可分为以下几种：氦（He）光泵磁力仪，其中又分 He^3、He^4 光泵磁力仪；碱金属光泵磁力仪，其共振元素有铷（Rb^{85}、Rb^{87}）、铯（Cs^{133}）、钾（K^{39}）、汞（Hg）等。

下面主要介绍 He^4 光泵式磁敏传感器。

6.6.1 氦（He^4）光泵式磁敏传感器的物理基础

1. 塞曼效应

塞曼效应（Zeeman effect）是指在外磁场中原子能级产生分裂的现象，如图 6-56 所示。1896 年荷兰物理学家塞曼发现原子光谱线在外磁场中发生了分裂。随后洛仑兹在理论上解释了光谱线分裂成 3 条的原因。人们把这种原子能级产生分裂的现象称为"塞曼效应"。进一步的研究发现，很多原子的光谱线在外磁场中的分裂情况非常复杂，称为"反常塞曼效应"。完整解释塞曼效应需要用到量子力学，电子的轨道磁矩和自旋磁矩耦合成总磁矩，并且空间取向是量子化的，外磁场作用下的附加能量不同，故引起能级分裂。在外磁场中，总自旋为零的原子表现出正常塞曼效应，总自旋不为零的原子表现出反常塞曼效应。塞曼效应是继 1845 年法拉第效应和 1875 年克尔效应之后发现的第 3 个磁场对光有影响的磁光效应。塞曼效应证实了原子磁矩的空间量子化，为研究原子结构提供了重要途径，被认为是 19 世纪末 20 世纪初物理学最重要的发现之一。

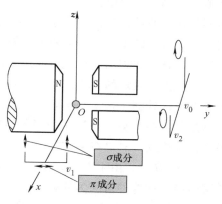

图 6-56 塞曼效应示意图

光泵式磁敏传感器，不管是碱金属 Cs^{133}、Rb^{87} 还是 He^4、He^3，电子自旋量子数均不为零（$S \neq 0$），并且均是在弱磁场中工作，故属反常塞曼效应。

2. 反常塞曼效应的能级分裂

当原子在弱磁场 H 中时，总的轨道动量矩 P_1 和总的自旋动量矩 P_s 之间的"耦合"没有被拆开，这时原子的壳层动量矩 P_j 将带着 P_1 和 P_s 一起绕磁场 H 旋进，如图 6-57 所示。由图 6-57 看出，磁场将使原子获得的附加能量为

$$\Delta E_H = -\mu_j H \cos(j \cdot H) \tag{6-41}$$

式中　$(j \cdot H)$——磁场 H 和壳层磁矩 μ_j 之间的夹角。

对外层电子只有一个在起作用时，只考虑单电子的内量子数，则可导出

$$\Delta E_H = -g_j m_j \mu_0 H = -g_j m_j f_0 h \tag{6-42}$$

式中　　g——E 能级的郎德因子；

　　　　f_0——拉莫尔旋进频率；

$$\mu_0 = \frac{eh}{4\pi nc}$$——波尔磁子；

　　　　h——普朗克常数；

　　　　m——电子质量；

　　　　c——光速。

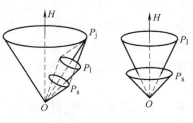

图 6-57　弱磁场中 P_j、P_1、P_s 的旋进

假设原子跃迁能级为 E_1、E_2。在外磁场作用下，这两个能级各自有附加能量 ΔE_1、ΔE_2。原子就在有附加能量的能级上产生跃迁，如图 6-58 所示。

3. 氦（He^4）原子能级的塞曼分裂

氦原子有 2 个电子、2 个质子和 2 个中子，核自旋互相抵消，核磁矩为零。在一般情况下，2 个电子都处在 1S 轨道，充满 $n = 1$ 轨道，$l = 0$，表现不出轨道磁矩；根据泡利不相容原理，2 个电子的自旋也必然相反，也显示不出电子的自旋磁矩；因而氦原子在外磁场中不会产生塞曼分裂，也就无法利用 He^4 进行光泵测磁。

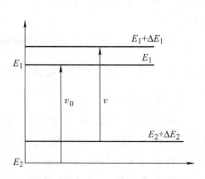

图 6-58　原子能级跃迁示意图

为使没有磁矩的 He^4 产生磁矩用来测量磁场，需要将一电子激发到较高能级的轨道上，另一电子仍处在 1S 态（基态）。处在激发态的高能级上的电子，其自旋状态有两种取向：一种是和处在基态（1S）的电子的自旋方向相同，所表现的总自旋量子数 $S = 1/2 + 1/2 = 1$；另一种是相反，$S = 1/2 - 1/2 = 0$。

当 $S = 0$ 时，由于 $l_1 = l_2 = 0$，所以 $J = 0$，即在外磁场作用下，能级不发生分裂，表现为单重能级，称这种情况为仲氦。

当 $S = 1$ 时，由于 $l_1 = l_2 = 0$，所以 $J = 1$，即在外磁场作用下，能级分裂为 $2J + 1 = 3$ 个能级，表现为 3 重态能级，称这种情况为正氦。

通过对塞曼效应的分析，可得到以下几点结论：

1）塞曼分裂后，相邻能级之间的能量差极小，要观察这样小的分裂情况，只有通过能级之间受激跃迁的方法，也就是用磁共振的方法进行检测。这里所指的受激跃迁，受激能量来自光，也就是通常所说的光泵（光抽运）方式。

2）磁共振的频率大小取决于相邻能级间的能量差（ΔE），$\Delta E = h\upsilon$。

3）由于塞曼分裂后，磁子能级之间能量差很小，信号只有微伏量级。要观察这样小的

信号，必须外加一射频场，并采用电子接收技术来完成。

4）在磁共振过程中，其他量子数不发生变化，而只有磁量子数在选择定则的范围内变化，光泵式磁敏传感器就是在这种情况下工作的。

6.6.2 氦（He⁴）光泵式磁敏传感器的测磁原理

He⁴ 原子在稳态下既不具有核磁矩，也不具有壳层磁矩，整个原子不显磁性，在外磁场中不产生塞曼能级分裂。

在亚稳态（2^3S_1）中，$J=1$，$m_j=0$，±1。$J=1$ 的亚稳态在外磁场中分裂为 3 个能级，两相邻磁子能级之间的能量差为

$$\Delta E_T = \gamma_s \frac{h}{2\pi} T \tag{6-43}$$

式中　γ_s——电子的总磁矩比。

跃迁过程中辐射的光子能量恰好等于两相邻能级之间的能量差，即

$$\Delta E_T = hf \tag{6-44}$$

可得，He⁴ 光泵式磁敏传感器测磁原理公式为

$$f = \gamma_s \frac{T}{2\pi} \tag{6-45}$$

可见，频率 f 与外磁场 T 成正比关系，只要测出频率 f 即可求得外磁场 T 的大小。

1. 光泵作用

光泵作用的实质是利用光使原子磁矩达到定向排列的过程，也称光学取向，如图 6-59 所示。

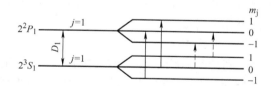

图 6-59　D1 线作用下 He⁴ 亚稳态原子的光泵作用示意图

2. 磁共振作用

用射频场打乱原子磁矩定向排列的过程就是磁共振的作用过程。在垂直于外磁场方向（即垂直于光轴）加一交变的磁场——射频场，使射频场的频率 f_0 等于相邻磁子能级之间的跃迁频率。根据受激跃迁原则，射频场将使在 $m_j = +1$ 磁子能级上的原子受激跃迁，首先向 $m_j = 0$ 磁子能级上跃迁，再逐渐向 $m_j = -1$ 的磁子能级跃迁，使原子的分布规律服从玻耳兹曼分布规律，于是原子磁矩的定向排列被打乱。这就是磁共振的整个过程。

6.6.3 光泵式磁敏传感器的组成及工作原理

He⁴ 光泵式磁敏传感器由吸收室、氦灯、2 个透镜、偏振片、λ/4、光敏元件等元器件组成，如图 6-60 所示。

首先将测磁传感器置于被测外磁场中，并使传感器的轴向与外磁场方向平行；其后将高频激发振荡器打开，激发氦灯使发出 D1 线；激发 He⁴ 吸收室使其处于亚稳状态。这时氦灯

发出的 D1 线经过透镜 1 将 D1 线变成平行光，再经偏振片和 $\lambda/4$ 变成圆周极化光，直射至吸收室中的亚稳态正氦上，正氦在外磁场作用下发生塞曼分裂，塞曼能级 2S 态原子吸收 D1 线，跃迁到 2P 态而产生光泵作用。

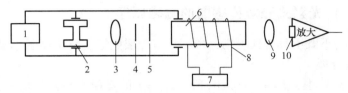

图 6-60 D1 线作用下 He^4 亚稳态原子的光泵作用示意图

1—高频激发振荡器 2—氦灯 3—透镜 1 4—偏振片 5—$\lambda/4$
6—吸收室 7—射频（RF）振荡器 8—射频线圈 9—透镜 2 10—光敏元件

光泵作用的结果是使原子磁矩取向于 2S 态某一磁子能级上。然后由射频（RF）振荡器提供给的射频能量，打乱亚稳态中某一磁子能级上原子磁矩的取向，产生磁共振作用。当测出磁共振时射频场的频率 f_0，即可求出被测外磁场 T 的大小。

由前所述，磁共振时射频场的频率 f_0 是由光敏元件通过光线的弱或强的变化来检测的，即由射频振荡器指示出的吸收室最暗时刻相对应的频率。这就是所要测量的磁共振频率 f_0。

6.6.4 磁共振检测方法

1. 大调频法

这是一种粗略地观察与测量磁共振信号的方法，信号源提供振荡频率接近于磁共振频率的电磁波，同时被一个锯齿波所调制。输给样品的电磁波振荡频率围绕着中心频率有一变化范围。调频幅度必须大于谱线宽度，使信号源频率变化范围覆盖样品共振区，故称大调频法。调制信号频率为几赫兹至几十赫兹。

2. 大调场法

在观察塞曼分裂后能级之间的受激跃迁时（磁共振），也可使用固定频率的信号源，通过改变恒磁场的方法使塞曼能级之间的能量差满足共振要求，即大调场法。当改变恒磁场时，塞曼能级的间距发生变化，当磁场变化到使两塞曼能级之间的能量差满足 $\Delta E = hf$ 时发生共振，使样品吸收电磁波功率。

3. 小调频法

该法用了两个调频信号：一个是调频幅度小于谱线线宽，称为小调频，它由正弦波发生器供给，其调制频率一般为几十赫兹至几百赫兹；另一个调频幅度大于谱线线宽，称为慢扫频，它由慢扫频发生器供给。慢扫频频率与小调频的调制频率相等。慢扫频使信号源的振荡频率缓慢通过共振区。

如图 6-61 所示是一种根据小调频法检测磁共振的磁力仪的系统框图。

6.7 SQUID 磁敏传感器

超导量子干涉器（Superconducting Quantum Interference Device，SQUID）磁敏传感器是一种新型的灵敏度极高的磁敏传感器，是以约瑟夫逊（JosePhson）效应为理论基础，用超

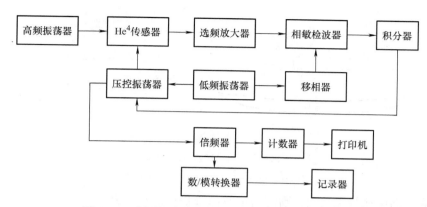

图 6-61　小调频法检测磁共振的磁力仪的系统框图

导材料制成的在超导状态下检测外磁场变化的一种新型测磁装置。其特点是灵敏度极高，可达 10^{-15}T，比灵敏度较高的光泵式磁敏传感器还要高出几个数量级；测量范围宽，可从零场测量到几千特斯拉；频带宽，响应频率可从零响应到几千赫兹。

　　SQUID 磁敏传感器可应用于以下领域：

　　1）在深部地球物理电磁测探中，用带有 SQUID 磁敏传感器的大地电磁测深仪进行大地电磁测深，效果甚好。

　　2）在考古、测井、重力勘探及天然地震预报中，SQUID 也具有重要作用。

　　3）在生物医学方面，应用 SQUID 测磁仪器可测量心磁图、脑磁图等，从而出现了神经磁学、脑磁学等新兴学科，为医学研究开辟了新的领域。

　　4）在固体物理、生物物理、宇宙空间的研究中，SQUID 可用来测量极微弱的磁场，如美国国家航空宇航局用 SQUID 测磁仪器测量了阿波罗飞行器带回的月球样品的磁矩。

　　SQUID 技术还可用于电流计、电压标准、计算机中的存储器、通信电缆等方面；在超导电动机、超导输电、超导磁流体发电、超导磁悬浮列车等方面，也得到了广泛应用。

6.7.1　SQUID 磁敏传感器的基本原理

1. 超导体的特性

　　（1）理想导电性——零电阻特性　若将一超导环置于外磁场中，然后使其降温至临界温度以下，再撤掉外加磁场，此时发现超导环内有一感应电流 I，由于超导环内无电阻消耗能量，此电流将永远维持下去。

　　（2）完全逆磁性，迈斯纳（Meissner）效应或排磁效应　超导体不管在有无外磁场存在的情况下，一旦进入超导状态，其内部磁场均为零，即磁场不能进入超导体内部，超导体具有排磁性，亦称之为迈斯纳效应。根据迈斯纳效应，把磁体放在超导盘上方，如图 6-62a 中所示超导盘和磁铁之间有排斥力，能把磁铁浮在超导盘的上面；或在超导环上方放一超导球，图 6-62b 中由于超导球有磁屏蔽作用，其结果可使超导球悬浮起来。这种现象称为磁悬浮现象。

　　（3）磁通量子化　假定有一中空圆筒形超导体如图 6-63 所示，并按下列步骤进行：

　　1）常态让磁场 H 穿过圆筒的中空部分。

　　2）超导圆筒的中空部分有磁场。

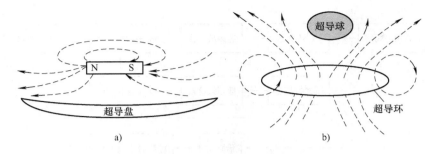

图 6-62　磁悬浮现象示意图

a）超导盘与磁铁　b）超导球与超导环

3）超导圆筒中撤掉磁场 H，圆筒的中空部分仍有磁场，并使磁场保持不变。称为冻结磁通现象。

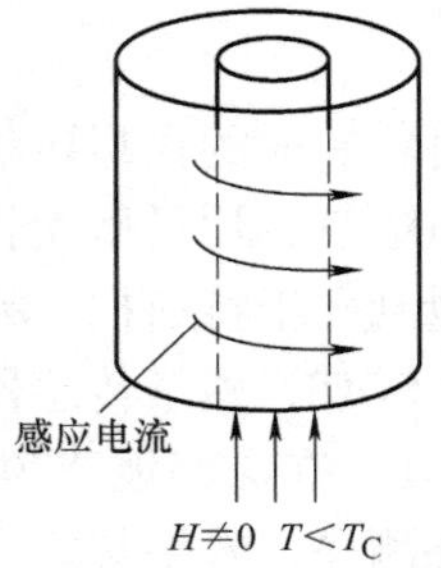

超导圆筒在超导态时，中空部分的磁通量是量子化的，并且只能取 ϕ_0 的整数倍，而不能取任何别的值。

$$\phi_0 = \frac{h}{2e} = 2.07 \times 10^{-15}\mathrm{Wb} \tag{6-46}$$

式中　h——普朗克常数；

　　　e——电子电量；

　　ϕ_0——磁通量量子，磁通量的自然单位。

即中空部分通过的总磁通量为

图 6-63　冻结磁通示意图

$$\phi = (n+1)\phi_0 \tag{6-47}$$

（4）约瑟夫逊效应　图 6-64 是两块超导体中间隔着一厚度仅（10～30）Å 的绝缘介质层而形成的"超导体-绝缘介质层-超导体"的结构，通常称这种结构为超导隧道结，也称约瑟夫逊结。中间的薄层区域称为结区。这种超导隧道结具有特殊而有用的性质。

绝缘介质层

超导体　　超导体

图 6-64　超导隧道结示意图

超导电子能通过绝缘介质层，表现为电流能够无阻挡地流过，表明夹在两超导体之间的绝缘介质层很薄且具有超导性。约瑟夫逊结能够通过很小超导电流的现象，称为超导隧道结的约瑟夫逊效应，也称直流约瑟夫逊效应。

直流约瑟夫逊效应表明，超导隧道结的绝缘介质层具有超导体的一些性质，但不能认为它是临界电流很小的超导体，它还有一般超导体所没有的性质。

实验证明，当结区两端加上直流电压时，结区会出现高频的正弦电流，其频率正比于所加的直流电压，即

$$f = KV \tag{6-48}$$

式中　$K = 2e/h = 483.610^{12}\mathrm{Hz/V}$。

根据电动力学理论，高频的正弦电流会从结区向外辐射电磁波。

可见，超导隧道结在直流电压作用下，产生交变电流，辐射和吸收电磁波，这种特性即为交流约瑟夫逊效应。

（5）I_C——H 特性　直流约瑟夫逊效应受磁场的影响。而临界电流 I_C 对磁场亦很敏感，即随着磁场的加大临界电流 I_C 逐渐变小，如图 6-65 所示。

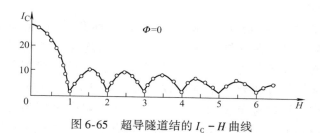

图 6-65 超导隧道结的 $I_C - H$ 曲线

根据量子力学理论,超导隧道结允许通过的最大超导电流,即临界电流 I_C 与 ϕ 的关系式

$$I_C(\phi) = I_C(0) \left| \frac{\sin \frac{\phi}{\phi_0}\pi}{\frac{\phi}{\phi_0}\pi} \right| \tag{6-49}$$

式中 ϕ——沿绝缘介质层及其两侧超导体边缘透入超导隧道结的磁通量;

  ϕ_0——磁通量子;

$I_C(0)$——没有外磁场作用时,超导隧道结的临界电流。

临界电流随外磁场周期起伏变化,这是由于在一定磁场作用下,超导隧道结各点的超导电流具有确定的相位。相位相反的电流互相抵消,相位相同的电流互相叠加。

2. 测磁原理

超导隧道结临界电流随外加磁场而周期起伏变化的原理,常用于磁场测量。如若在超导隧道结的两端接上电源,电压表无显示时,电流表所显示的电流就是超导电流;电压表开始有电压显示时,则电流表所显示的电流为临界电流 I_C,此时,加入外磁场,临界电流将有周期性的起伏,且其极大值逐渐衰减,其振荡的次数 n 乘以磁通量子 ϕ_0 可得到透入超导隧道结的磁通量 ϕ,即 $\phi = n\phi_0$。而磁通量 ϕ 和磁场 H 成正比关系,如果能求出 ϕ,磁场 H 即可求出。同理,若外磁场 H 有变化,则磁通量 ϕ 亦随变化,在此变化过程中,临界电流的振荡次数 n 乘以 ϕ_0 即得到磁通量 ϕ 的大小,亦反映了外磁场变化的大小。因而,可利用超导技术测定外磁场的大小及其变化。

测量外磁场的灵敏度与测定临界电流振荡的次数 n 的精度及 ϕ 的大小有关。设 n 可测准至一个周期的 1/100,则测得最小的变化量应为 $\phi_0/100 = 2 \times 10^{-17} \text{T} \cdot \text{m}^2$。若假设磁场在超导隧道结上的透入面积为 $L \cdot d$(L 是超导隧道结的宽度,一般为 0. lmm 左右;d 是磁场在绝缘介质层及其两侧超导体中透入的深度),则对 Sn – SnO – Sn 结来说,锡的穿透深度 $\lambda = 500\text{Å}$,亦即 $d = 2\lambda = 1000\text{Å}$,则 $L \cdot d = 1 \times 10^{-11} \text{m}^2$,这里临界电流的起伏周期是磁通量子 ϕ_0,其中 $\phi_0 = 2 \times 10^{-15} \text{T} \cdot \text{m}^2$。对于透入面积 $L \cdot d$ 为 $1 \times 10^{-11} \text{m}^2$ 的锡结而言,临界电流的起伏周期是

$$\frac{\phi_0}{L \cdot d} = \frac{2 \times 10^{-15} \text{T} \cdot \text{m}^2}{1 \times 10^{-11} \text{m}^2} = 2 \times 10^{-4} \text{T} \tag{6-50}$$

6.7.2 SQUID 磁敏传感器的构成类型

SQUID 是指由超导隧道结和超导体组成的闭合环路。其临界电流是环路中外磁通量的周期函数,其周期为磁通量子 ϕ_0,它具有宏观干涉现象。通常人们称这样的超导环路为超

导量子干涉仪，即 SQUID。

SQUID 分成两大类：一类为直流供电方式，称作直流超导量子干涉仪（DC SQUID），如图 6-66 所示。在双结 SQUID 中，两个弱连接未被超导路径短路，在工作情况下，器件被数值略大于临界电流 I_C 的电流偏置，并可测量器件两端电压。另一类是射频供电方式，称作射频超导量子干涉仪（RF SQUID），如图 6-67 所示。它是由一个单结超导环所构成，这时超导路径短路，因此电压响应是把超导环耦合到一射频偏置的储能电路上而得到的。其采用射频电流进行偏置，将一射频磁场耦合到超导环上，在外磁通作用下，超导隧道结产生电动势。偏置的目的是使超导隧道结周期地达到临界状态，使环外磁通以量子化的形式进入环内，从而使在超导环内的超导电流产生周期变化，这样在结上产生周期电动势，实现测磁。

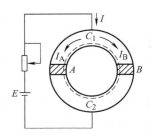

图 6-66　DC SQUID 构成示意图

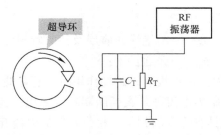

图 6-67　RF SQUID 构成示意图

按使用材料的不同，超导量子干涉仪分为低温超导量子干涉仪（采用 $Nb/AlO_x/Nb$ 超导隧道结工艺）和高温超导量子干涉仪（以 YBa_2Cu_3Ox 膜制作超导隧道结）两种。低温超导量子干涉仪由于其成熟的技术，目前应用中仍然占主导地位，而且有很大的市场。而高温超导量子干涉仪由于其费用低廉、使用方便，自高温超导体发现以来一直是研究的热点。

SQUID 可用作弱磁信号的测量。目前最好的高温 SQUID 磁场灵敏度优于 10fT/$Hz^{1/2}$，而低温 SQUID 磁场灵敏度一般可达 1fT/$Hz^{1/2}$。为了提高 SQUID 的磁场灵敏度，需要对器件结构进行优化设计，常采用较大磁聚焦面积的方垫圈结构，有的还用超导薄膜做出磁通变换器、大面积磁聚焦器、共面谐振器等与 SQUID 共同组成 SQUID 磁强计的探头。

SQUID 用作磁场梯度计。测量微弱磁场时，背景磁场往往比微弱磁信号大几个数量级，因此必须消除背景强磁场的干扰。SQUID 梯度计是以梯度线圈耦合于 SQUID，在均匀磁场下梯度线圈会感应出相抵消的反向磁通耦合于 SQUID。高温超导 SQUID 梯度计可以通过两种途径实现，一种是把分离的磁强计信号相减制成电子梯度计；另一种是平面式梯度计，其拾取线圈为高温超导薄膜式结构。在无屏蔽环境下要获得较高的信噪比需要对梯度计进行优化设计，以减小环境噪声的影响，提高器件的灵敏度。

6.7.3　超导量子干涉仪的应用

超导量子干涉仪（SQUID）主要用来测量磁场，其原理是利用测量最大超导电流的变化来测量外界磁通量的微小变化。原则上适用于能转化成磁信号的所有物理量的测量，包括电流、电压、电阻、电感、磁感应强度、磁场梯度、磁化率、温度、位移等。如 SQUID 可用作低温温度计，是利用核磁化率在 $10^{-5}K$ 的低温时与温度成正比设计而成，用 SQUID 测出核磁化率就可测定温度。目前，研制出的超导量子干涉仪已具有较高的灵敏度，在生物磁测量、地磁测量、超级计算机、磁通显微镜、无损检测等方面已获得应用。

1. 生物磁测量

与心、脑电图相比较，心、脑磁图使用不与人体接触的测量线圈（磁探头），既没有接触的影响，又可以离开人体进行 3 维空间的测量，可得到比 2 维空间测量更多的信息。并且，心、脑磁图具有比心、脑电图更高的分辨率。SQUID 心磁图仪在心脏疾病诊断的临床应用方面发挥了巨大作用。此外，最新的研究表明，基于 SQUID 的扫描仪可用来原位实时监测生物体内的磁性纳米粒子的分布。该项研究表明 SQUID 在未来的生物医学和临床应用中将发挥重大作用。已有研究表明，利用 SQUID 磁敏传感器做成的磁共振仪通过抗体的靶向作用探测包覆有超顺磁纳米粒子的癌症细胞，表现出较高的灵敏度，并有望在其他疾病的探测上发挥作用。

2. 大地电磁测量

SQUID 通过同时测量磁场涨落和电场涨落来探测石油、地热资源及地震活动。大地电磁测量所涉及的频率范围为 $10^{-4} \sim 10^4 Hz$，越低频率的信号反映了深度越深的信息。目前在地球上大多数地区，几公里以上的地表层信息大多已经查明，人们希望探测到更深的地层信息。深层信息对应于低频的电磁信号，传统的大地电磁低频段灵敏度很低，而 SQUID 在低频段有很高的灵敏度，因此对于深层的大地电磁测量具有明显的优越性和应用前景。

3. 超级计算机

SQUID 能作为开关逻辑元件，可用于逻辑电路及存储器上。超导计算机具有计算速度高、体积小、功耗低、使用方便等优点，其计算速度比目前最先进的半导体计算机快 10 ~ 100 倍。

4. 磁通显微镜

SQUID 可研制成磁通显微镜，该显微镜具有高的磁场灵敏度。其中用 SQUID 作为探头，用无磁材料做成步进电动机驱动的扫描平台，样品在扫描平台上以二维方式移动，对被测样品进行扫描，获得样品的磁场分布。然后通过数字图像处理技术，可以获得优于探测线圈尺寸的分辨率。磁通显微镜还可以用来检测电路芯片中的缺陷，如可用于太阳能电池面板的电学性能检测。

5. 无损检测

SQUID 可利用材料缺陷导致的磁异常分布来进行探伤。在检测缺陷深度、裂缝宽度等非破坏性检测（Nondestructive Evaluation，简称 NDE）方面较传统的电磁波检测有独特的优势，如空间分辨率更高，可以检测到距离材料表面更深处的缺陷；灵敏度更高，可以检测到更细小的缺陷。此外，高温 SQUID 在液氮下工作，整套装置可以做得更轻巧便携，因此可用于常规检测手段不易使用的场合，如多层结构中的剥落和裂纹、混凝土中的钢筋断裂、以及各种材料中的微小磁性颗粒等。用于无损检测时，为避免环境噪声的干扰，通常将 SQUID 做成梯度计来使用。目前，该领域已获得了广泛关注。研究人员将 SQUID 与自动控制装置结合，已用于三维可移动探测。

拓展训练项目

【项目1】 非接触电流的测量

根据本章磁敏传感器的知识，思考非接触电流测量可以用哪几种传感器，说明工作原理，选择一种传感器设计一个非接触电流测量装置，画出结构示意图和电路原理框图。

【项目2】 试利用霍尔传感器设计一个油气管道无损探伤系统

当油气管道在长期使用中产生较小的损伤或裂纹时，人们不容易觉察，但却会带来油气泄漏，造成浪费、污染、甚至危害等问题，因此有必要定期对油气管道进行无损检测。漏磁法探伤是一种常用的方法，其原理是利用能产生强磁场的"磁化器"磁化被测铁磁管道，磁场的大部分将进入管壁。如材料是连续均匀的，因磁阻较小，磁力线将被约束在材料内，磁通平行于管道轴线，几乎没有磁力线从表面穿出，在被查工件表面检测不到漏磁场。当试件表面或近表面存在切割磁力线的缺陷（如裂纹、凹坑等）时，材料的磁导率会发生变化。由于缺陷的磁导率很小，磁阻很大，磁路中的磁通将发生畸变。除了部分磁通直接穿过缺陷或通过材料内部而绕过缺陷外，还有部分磁通会泄漏到材料表面上方，通过空气绕过缺陷再度进入材料，从而在材料表面缺陷处形成漏磁场。利用磁敏传感器就可测得该缺陷信号，对此信号进行分析处理，即可得到缺陷的特征，如裂纹的大小、深度、宽度等信息。

试利用霍尔传感器设计一个油气管道无损探伤的方案，画出测量系统的原理框图，并说明其工作原理。

习　题

6.1　何为霍尔效应？制作霍尔器件应采用什么材料？为什么？

6.2　霍尔片不等位电动势是如何产生的？减小不等位电动势有哪些方法？为了减小霍尔器件温度误差应采取哪些补偿方法？

6.3　霍尔压力传感器是如何工作的？说明其转换原理。

6.4　已知霍尔器件尺寸为长 $L = 10mm$，宽 $b = 3.5mm$，厚 $d = 1mm$。沿 L 方向通以电流 $I = 1.0mA$，在垂直于 $b \times d$ 两个方向上加均匀磁场 $B = 0.3T$，输出霍尔电动势 $U_H = 6.55V$。求该霍尔器件的灵敏系数 K_H 和载流子浓度 n 是多少？

6.5　如图 6-68 所示，某霍尔压力机，霍尔器件管最大位移 $\pm 1.5mm$，控制电流 $I = 10mA$，要求变送器输出电动势 $\pm 20mV$，选用霍尔片灵敏系数 $K_H = 1.2mV/（mA \cdot T）$。求所要求线性磁场梯度是多少？

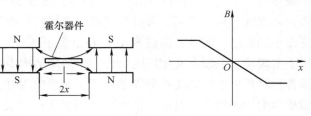

图 6-68　题 6.5 图

6.6　磁敏二极管的工作原理是什

么？如何进行温度补偿？

6.7　什么是磁阻效应？如何减小磁阻器件中霍尔效应的影响？

6.8　磁通门式传感器应用了哪些物理效应？其基本原理是什么？

6.9　画出质子旋进式磁敏传感器的原理框图并说明工作原理。

6.10　什么是塞曼效应？塞曼效应分为哪几类？光泵式磁敏传感器是利用了哪一个效应？

6.11　试说明光泵式磁敏传感器的工作原理。

6.12　超导体有哪些特性？

6.13　超导量子干涉仪（SQUID）有哪些应用？

第 7 章

压电式传感器

压电式传感器是以具有压电效应的压电器件为核心组成的传感器。它是一种能量转换型传感器，既可以将机械能转换为电能，又能将电能转化为机械能。基于这一特点，加上它具有响应频带宽、灵敏度高、信噪比大、结构简单、工作可靠、重量轻等优点，近几十年来压电式传感器的应用获得了快速发展。如压电电源、煤气炉和汽车发动机的自动点火装置等使用的多种电压发生器；在测试技术中用来测量各种动态力、机械冲击和振动等。压电式传感器在工程力学、生物医学、石油勘探、声波测井、电声学等许多技术领域中也获得了广泛的应用。但其主要缺点是无静态输出，且大多压电材料的工作温度只有250℃左右。

7.1 压电效应及压电材料

7.1.1 压电效应

压电效应是电介质材料中一种机械能与电能互换的现象。压电效应包含正压电效应和逆压电效应。

所谓正压电效应是指某些电介质，当沿着某方向对其施力而使它变形时，内部就产生极化现象，同时在它的某表面上产生电荷；当外力去掉后，又重新恢复不带电状态；当作用力的方向改变时，电荷极性也随着改变，这种现象称为正压电效应或顺压电效应。

所谓逆压电效应是指当在某些电介质的极化方向施加电场，这些电介质就在极化方向上产生机械变形或机械应力；当外加电场撤去时，这些变形或压力也随之消失，这种现象称为逆压电效应或电致伸缩效应。

压电效应的相互转换作用示意图如图 7-1 所示。既压电材料可以因机械变形产生电场，也可以因电场作用产生机械变形，这种固有的机-电耦合效应使得压电材料在工程中得到了广泛的应用。例如：压电材料已被用来制作智能结构，此类结构除具有自承载能力外，还具有自诊断性、自适应性和自修复性等功能，在未来的飞行器设计中占有重要的地位。

图 7-1　压电效应的相互转换作用示意图

7.1.2 压电效应机理

1. 石英晶体的压电效应机理

（1）石英晶体的坐标系　石英晶体分天然石英和人造石英两种，且有左旋和右旋之分。左旋石英晶体和右旋石英晶体的结构成镜像对称，压电效应极性相反。

石英晶体理想外形结构呈六角棱柱体，如图 7-2a 所示。由于石英晶体的物理特性与方向有关，因此需要在石英晶体内选定参考方向，这个参考方向也是晶体轴的方向。在晶体学中通常采用右手直角坐标系表示晶体轴的方向，如图 7-2b 所示。图中 x 轴的方向平行于相邻棱面内夹角的等分线，垂直于此轴的棱面上压电效应最强，故 x 轴称为电轴；y 轴的方向垂直于六边形对边的轴线，沿该轴方向的机械形变最明显，故 y 轴称为机械轴；z 轴（光轴）的方向为垂直于 x、y 轴的纵轴方向，沿此轴无压电效应，且光沿该轴通过石英晶体时，无折射，故 z 轴称为光轴或中性轴。

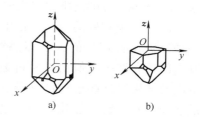

图 7-2　石英晶体
a）理想外形结构
b）右手直角坐标系表示晶体轴的方向

（2）石英晶体压电效应的机理　石英晶体的化学式为 SiO_2，一个石英晶体单元有 3 个硅离子和 6 个氧离子组成，在不受外力时，硅离子 Si^{4+} 和氧离子 O^{2-} 在垂直于 z 轴的 x、y 坐标平面投影为正六边形式排列，如图 7-3a 所示。图中" $+$ "代表 Si^{4+}，" $-$ "代表 $2O^{2-}$。

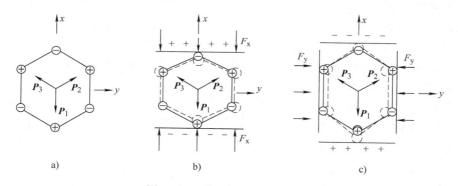

图 7-3　石英晶体压电效应机理
a）不受外力时　b）受到沿 x 轴方向的压力时　c）受到沿 y 轴方向的压力时

当不受外力时，正、负离子正好分布在正六边形顶角上，形成 3 个互成 120°夹角的电偶极矩 P_1、P_2、P_3，如图 7-3a 所示。此时正负电荷的中心重合，电偶极矩的矢量和等于零，即 $P_1 + P_2 + P_3 = 0$，因此石英晶体表面不带电，石英晶体呈中性。

当石英晶体受到沿 x 轴方向的压力作用时，正六边形的边长保持不变，而夹角改变。石英晶体沿 x 轴方向将产生收缩，正、负离子相对位置变化如图 7-3b 所示。此时合电偶极矩 $P_1 + P_2 + P_3 > 0$，方向为 x 轴的正方向，因此在与 x 轴正向垂直的石英晶体表面出现正电荷，反向垂直的石英晶体表面出现负电荷。由于电偶极矩在 y、z 轴方向的分量为零，因此在与 y、z 轴垂直的石英晶体表面不会出现电荷。

当石英晶体受到沿 y 轴方向的压力作用时，其变化情况如图 7-3c 所示。此时合电偶极矩 $P_1 + P_2 + P_3 < 0$，方向为 x 轴的负方向，因此在与 x 轴正向垂直的石英晶体表面出现负电荷，反向垂直的石英晶体表面出现正电荷，与 y、z 轴垂直的石英晶体表面不会出现电荷。

当石英晶体受到沿 z 轴方向的压力作用时，因为石英晶体中硅离子和氧离子是沿 z 轴平移的，电偶极矩矢量和仍等于零，因此在 z 轴方向受力时，无压电效应。

2. 压电陶瓷的压电效应机理

（1）压电陶瓷的极化　压电陶瓷是一种经极化处理后的人工多晶铁电体。其内部具有许多类似铁磁材料磁畴结构的电畴结构，这些电畴是分子自发形成的区域，有一定的极化方向。原始的压电陶瓷内部是无数电畴在晶体上无规则地排列，它们的极化效应被相互抵消，因而不出现压电效应，如图7-4a所示。要使其具有压电效应，必须做极化处理。

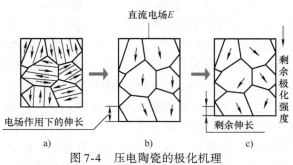

图7-4　压电陶瓷的极化机理
a）原始的压电陶瓷内部　b）人工极化过程　c）剩余极化

将压电陶瓷放置在 $20 \sim 30kV/cm$ 的强电场中 $2 \sim 3h$ 后，其内部电畴的极性将转到接近电场方向，如图7-4b所示，这一过程称为人工极化过程。极化电场撤去后，趋向电畴基本保持不变，形成很强的剩余极化，这时的压电陶瓷就具有了压电效应，如图7-4c所示。

（2）压电陶瓷的压电效应机理　极化后，压电陶瓷不受外力时，把电压表接到陶瓷片的两个电极上进行测量时，电压表显示为零。这是因为陶瓷片内的极化强度总是以电偶极矩的形式表现出来，即在陶瓷的一端出现正束缚电荷，另一端出现负束缚电荷。由于束缚电荷的作用，在陶瓷片的电极面上吸附了一层来自外界的自由电荷，如图7-5a所示。这些自由电荷与陶瓷片内的束缚电荷符号相反而数量相等，它起着屏蔽和抵消陶瓷片内极化强度的作用。

当在陶瓷片上加一个与极化方向平行的压力 F，如图7-5b所示，陶瓷片将产生压缩形变（图中虚线），片内的正、负束缚电荷之间的距离变小，极化强度也变小，因此，原来吸附在电极上的自由电荷，有一部分被释放，而出现放电现象。

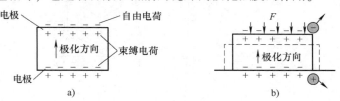

图7-5　压电陶瓷的压电效应机理
a）不受外力时　b）受到与极化方向平行的压力 F 时

当压力撤消后，陶瓷片恢复原状（这是一个膨胀过程），片内的正、负束缚电荷之间的距离变大，极化强度也变大，因此，电极上又吸附一部分自由电荷而出现充电现象。这种由机械效应转变为电效应，或者由机械能转变为电能的现象，就是正压电效应。

（3）压电陶瓷的坐标系　当极化后的铁电体在受到外力作用时，其剩余极化强度随之发生变化，从而使一定表面分别产生正、负电荷。压电陶瓷在极化方向上压电效应最明显，我们把极化方向定义为 z 轴，垂直于 z 轴的平面上任何直线作为 x 或 y 轴，如图7-6所示。

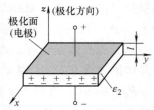

图7-6　压电陶瓷的坐标系

7.1.3　压电材料

1. 压电材料的类型
我们把明显呈现压电效应的敏感功能材料叫压电材料。根据压电材料的种类，压电材料可以分成压电单晶体、压电多晶体（压电陶瓷）、压电半导体和有机高分子压电材料 4 种。根据具体的压电材料的形态，则可以分为压电体材料和压电薄膜两大类。

（1）压电单晶体　具有压电效应的单晶体通称为压电单晶体。石英晶体是最典型而常用的压电单晶体。石英晶体又有天然和人工之分。此外，还有锂盐类压电和铁电单晶体，如铌酸锂（$LiNbO_3$）、钽酸锂（$LiTaO_3$）、锗酸锂（$LiGeO_3$）等材料，也在传感器技术中日益得到广泛应用。

（2）压电多晶体（压电陶瓷）　陶瓷的压电性质最早是在钛酸钡上发现的，但是由于纯的钛酸钡陶瓷烧结难度较大，且居里点（120℃左右）、室温附近（5℃左右）有相变发生，即使改变其掺杂特性，其压电效应仍然不高。经过几十年的快速发展，目前传感器技术中应用的压电陶瓷，按其组成的基本元素可分为以下几类：① 二元系压电陶瓷。主要包括钛酸钡（$BaTiO_3$），钛酸铅（$PbTiO_3$）、锆钛酸铅系列［$PbTiO_3 - PbZrO_3（PZT）$］和铌酸盐系列（$KNbO_3 - PbNb_2O_3$）；② 三元系压电陶瓷。目前应用的 PMN，它由铌镁酸铅 ［$Pb(Mg_{1/3}Nb_{2/3})O_3$］－钛酸铅（$PbTiO_3$）－锆钛酸铅（$PbZrO_3$）三成分配比而成；③ 四元系压电陶瓷。目前使用较多的压电陶瓷是锆钛酸铅（PZT 系列），它是钛酸钡（$BaTiO_3$）和锆钛酸铅（$PbZrO_3$）组成的。四元系压电陶瓷的综合性能更为优越，具有较高的压电常数和工作温度。

（3）压电半导体　目前已有硫化锌（ZnS）、碲化镉（CeTe）、氧化锌（ZnO）、硫化镉（CdS）等压电半导体，这些材料的显著特点是：既具有压电特性又具有半导体特性。

（4）有机高分子压电材料　高分子压电材料大致可分为两类：一类是某些合成高分子聚合物，经延展拉伸和电极化后具有压电特性，称为高分子压电薄膜，如聚氟乙烯（PVF）、聚氯乙烯（PVC）、聚碳酸酯（PC）、聚偏二氟乙烯（PVDF）等。其独特优点是质轻柔软、抗拉强度高、蠕变小、耐冲击、击穿强度为 150～200kV/mm，可以大量生产和制成较大面积。另一类是高分子化合物中掺杂压电陶瓷 PZT 或 $BaTiO_3$ 粉末制成的高分子压电薄膜，这种复合材料既保持了高分子压电薄膜的柔软性，又具有较高的压电常数和机电耦合系数。

2. 压电材料主要特性参数

压电材料的主要特性参数及要求如下：

（1）压电常数　要求具有较大压电常数，以获得较高灵敏度。

（2）弹性常数　压电元件作为受力元件，要求它的机械强度高、刚度大，以期获得宽的线性范围和高的固有振动频率。

（3）介电常数　要求具有高电阻率和大介电常数，以减弱外部分布电容的影响并获得良好的低频特性。

（4）机电耦合系数　在压电效应中，机电耦合系数是转换输出的能量与输入的能量之比的二次方根。机电耦合系数越高，压电材料机电能之间转换效率越高。

（5）居里点　压电材料开始丧失压电效应的温度。要求具有较高的居里点，获得较宽的工作温度范围。

（6）时间稳定性　要求压电性能不随时间变化。

7.2 压电方程及压电常数

7.2.1 石英晶片的切型及符号

由于具有压电特性的压电材料，通常都是各向异性的，故由压电材料取不同方法的切片（切型）做成的压电元件，其机电特性也各不相同。下面以石英晶体为例，讨论压电元件的切型及符号。

所谓切型就是在晶体坐标中取某种方位的切割。石英晶体的许多物理特性（如压电效应、温度特性、弹性等）取决于晶体的方向，按不同方向切割的晶片其物理特性相差很大。实际中，在设计石英传感器时，应根据不同的使用要求正确地选择石英晶片的切型。适用于各种不同应用的切割方法很多，最常用的就是 x 切和 y 切二大切族。

x 切族是指在直角坐标系中，切片的原始位置是厚度平行于 x 轴、长度平行于 y 轴、宽度平行于 z 轴。以此原始位置旋转出来的切型为 x 切族。旋转方向规定：逆时针旋转为正切型，顺时针旋转为负切型。图 7-7a 为 x 切片的原始位置。

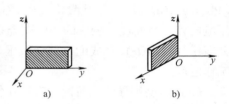

图 7-7 石英晶体的切型示意图
a) x 切片的原始位置　b) y 切片的原始位置

y 切族是指在直角坐标系中，切片的原始位置是厚度平行于 y 轴、长度平行于 x 轴、宽度平行于 z 轴。以此原始位置旋转出来的切型为 y 切族。图 7-7b 为 y 切片的原始位置。

由于不同方向的切片（切型）其物理性质各不相同，因此必须用符号来表明不同的切型。目前切型符号表示方法有两种，国际无线电工程师协会（IRE）标准规定的切型符号表示法和习惯符号表示法。这里主要介绍前一种。

IRE 切型符号表示法是一种以厚度取向为切型的表示法，它由一组字母（x、y、z、t、l、b）和旋转角度组成。其中晶体坐标 x、y、z 中任意两个字母的先后排列顺序，表示石英晶片厚度和长度的原始位置的方向。字母 t（厚度）、l（长度）、b（宽度）表示旋转轴的位置。旋转角度的规定是：当逆时针旋转时，角度为正；当顺时针旋转时，角度为负。

切型（$xylt$）40°/30°各字母和数字的含义：第一个字母 x 表示石英晶片在原始位置（即旋转前的位置）时的厚度沿 x 轴方向；第二个字母 y 表示石英晶片在原始位置时的长度沿 y 轴方向，如图 7-8a 所示；第三个字母 l 和 40°表示以原始位置的方向为基准，绕长度 l 逆时针旋转 40°，如图 7-8b 所示；第四个字母 t 和 30°表示石英晶片再绕厚度 t 逆时针旋转 30°，则得到图 7-8c 所示切片。

在压电式传感器中，以 $x0°$ 和 $y0°$ 切割石英晶片较为普遍。

7.2.2 压电方程及压电效应

压电方程是表达压电元件电位移、电场强度、应力和应变分量之间关系的方程，是对压电元件全压电效应的数学描述。压电方程是设计和应用压电式传感器的理论基础。

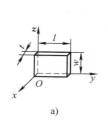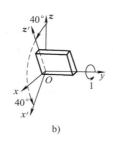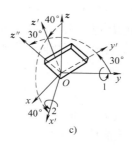

图 7-8   （xylt）40°/30°切型

a）原始位置   b）绕长度 l 逆时针旋转 40°   c）绕厚度 t 逆时针旋转 30°

1. 石英晶体的压电方程

对于各向同性的电介质材料，在这些电介质的一定方向上施加机械力而产生变形时，就会引起其内部正、负电荷中心相对转移而产生电的极化，从而导致其两个相对表面（极化面）上出现符号相反的束缚电荷 Q，且其电位移 D（或电荷密度 σ）与外应力分量 T 成正比

$$D = dT \text{ 或 } \sigma = dT \tag{7-1}$$

但实际中，具有压电特性的材料，通常都是各向异性的，为了能全面反映压电材料的机电转换规律，通常用压电方程和压电常数矩阵来描述双向压电效应。

设有一 $x0°$ 切型的正六面体左旋石英晶片，在直角坐标系内的力-电作用状况如图 7-9 所示。图中 T_1、T_2、T_3 分别为沿 x、y、z 轴方向的正应力分量（压应力为负），T_4、T_5、T_6 分别为绕轴的切应力分量（顺时针方向为负），σ_1、σ_2、σ_3 分别为在 x、y、z 面上的电荷密度（或电位移 D）。对各向异性的石英晶片，其单一压电效应可用式 (7-2) 表示

$$\sigma_{ij} = d_{ij} T_j \tag{7-2}$$

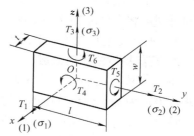

图 7-9 $x0°$ 切型石英晶片力-电作用状况

式中 i——电效应（场强、极化）方向的下标，$i = 1$, 2, 3;

　　　　j——力效应（应力、应变）方向的下标，$j = 1$, 2, …, 6;

　　　　T_j——j 方向的外施应力分量（Pa）;

　　　　σ_{ij}——j 方向的应力在 i 方向的极化强度（或 i 表面上的电荷密度）（C/m²）;

　　　　d_{ij}——j 方向的应力引起 i 面产生电荷时的压电常数（C/N）。当 $i = j$，为纵向压电效应；当 $i \neq j$ 为横向压电效应。

推广到全压电效应，石英晶片在任意方向的力同时作用下压电效应可由下列压电方程表示为

$$\sigma_i = \sum_{j=1}^{6} d_{ij} T_j \quad (i = 1, 2, 3) \tag{7-3}$$

可见，石英压电晶体压电特性可用压电常数矩阵表示为

$$\boldsymbol{d} = \begin{pmatrix} d_{11} & d_{12} & d_{13} & d_{14} & d_{15} & d_{16} \\ d_{21} & d_{22} & d_{23} & d_{24} & d_{25} & d_{26} \\ d_{31} & d_{32} & d_{33} & d_{34} & d_{35} & d_{36} \end{pmatrix} \tag{7-4}$$

该式反映了各向异性石英压电晶体各方向力-电之间的耦合特性。

对于不同的压电材料，由于各向异性的程度不同，上述压电矩阵的18个压电常数中，实际独立存在的个数也各不相同，可通过测试获得。如 $x\,0°$ 切型石英晶体的压电常数矩阵具体为

$$d = \begin{pmatrix} d_{11} & d_{12} & 0 & d_{14} & 0 & 0 \\ 0 & 0 & 0 & 0 & d_{25} & d_{26} \\ 0 & 0 & 0 & 0 & 0 & 0 \end{pmatrix} = \begin{pmatrix} d_{11} & -d_{11} & 0 & d_{14} & 0 & 0 \\ 0 & 0 & 0 & 0 & -d_{14} & 2d_{11} \\ 0 & 0 & 0 & 0 & 0 & 0 \end{pmatrix} \quad (7\text{-}5)$$

可见，石英晶体独立的压电常数只有两个，分别为

$$d_{11} = \pm 2.31 \times 10^{-12} (\text{C/N})$$

$$d_{14} = \pm 7.3 \times 10^{-13} (\text{C/N})$$

其中，按 IRE 规定，左旋石英晶体的 d_{11} 和 d_{14}，在受拉时取"＋"，受压时取"－"；右旋石英晶体的 d_{11} 和 d_{14}，在受拉时取"－"，受压时取"＋"。

综上所述，压电矩阵具有以下物理意义：

1）矩阵的每一行表示压电元件分别受到 x、y、z 轴方向的正向应力及 yz、zx、xy 平面内剪切应力的作用时，相应地在垂直于 x 轴、y 轴和 z 轴的表面产生电荷的可能性和大小。

2）若矩阵中某一 $d_{ij}=0$，则表示在该方向上没有压电效应，这说明压电元件不是任何方法都存在压电效应。

3）当石英晶体承受机械应力作用时，我们可通过 d_{ij} 将不同的机械应力转化为电效应，也可通过 d_{ij} 将电效应转化为不同模式的振动。

4）根据压电常数绝对值的大小，可判断在哪几个方向应力作用时压电效应显著。

2. 石英晶体的压电效应

下面以从石英晶体上沿 y 轴方向切下一块晶片（图7-10）为例，分析其压电效应情况。

图7-11a 为石英晶片受 x 轴方向压应力时的压电效应示意图。当石英晶片受到沿 x 轴方向压应力 T_x 作用时，在垂直于 x 轴的晶面上将产生电荷，其电荷面密度 σ_x 的大小为

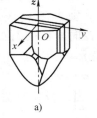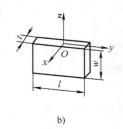

$$\sigma_x = d_{11} T_x \quad (7\text{-}6)$$

图7-10　石英晶体切片

式中　d_{11}——x 轴方向压应力引起垂直于 x 轴的晶面上产生电荷时的压电常数。

图7-11b 为石英晶片受 y 轴方向压应力时的压电效应示意图。当晶片受到沿 y 轴方向压应力 T_y 作用时，仍是在垂直于 x 轴的晶面上产生电荷，但极性与 x 轴方向压应力作用时相反，其电荷面密度 σ_x 的大小为

$$\sigma_x = d_{12} T_y \quad (7\text{-}7)$$

式中　d_{12}——y 轴方向压应力引起垂直于 x 轴的晶面上产生电荷时的压电常数。由于石英晶体的对称性，$d_{12} = -d_{11}$。

当晶片受到沿 z 轴方向压应力 T_z 作用时，不产生压电效应，即没有电荷产生。

此外，当晶面受到 x、y 或 z 轴方向的剪切应力时，在一定的表面也可能会产生压电效应，此处不进行讨论。实际中，我们可以在压电效应最大的主方向上，"一维"地进行压电式传感器的设计或选用。

当沿 x 轴施加正应力时，将在垂直于 x 轴的表面产生电荷，这种现象称为纵向压电效应；当沿 y 轴施加正应力时，电荷仍出现在垂直于 x 轴的表面上，这种现象称为横向压电效应；当沿 x 方向施加切应力时，将在垂直于 y 轴的表面产生电荷，这种现象称为切向压电效应。

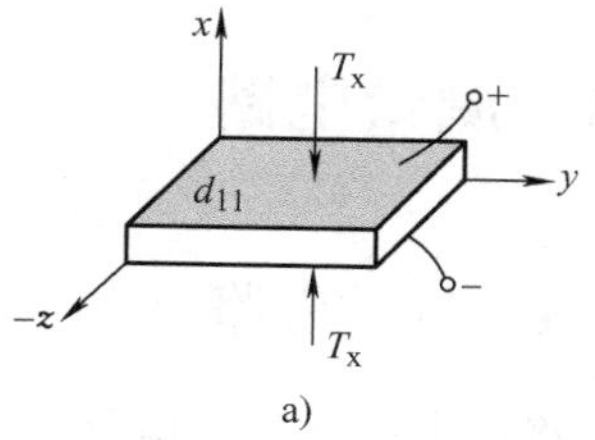

3. 压电陶瓷的压电方程

由前述可知，压电陶瓷经人工极化处理后，保持着很强的剩余极化。当这种极化铁电陶瓷受到外力（或电场）的作用时，原来趋向极化方向的电畴发生偏转，致使剩余极化强度随之变化，从而呈现出压电效应。以钛酸钡（$BaTiO_3$）压电陶瓷为例，由实验测试所得的压电方程为

$$\begin{pmatrix} \sigma_1 \\ \sigma_2 \\ \sigma_3 \end{pmatrix} = \begin{pmatrix} 0 & 0 & 0 & 0 & d_{15} & 0 \\ 0 & 0 & 0 & d_{24} & 0 & 0 \\ d_{31} & d_{32} & d_{33} & 0 & 0 & 0 \end{pmatrix} \begin{pmatrix} T_1 \\ T_2 \\ \vdots \\ T_6 \end{pmatrix} \quad (7\text{-}8)$$

图 7-11 右旋石英晶体的压电效应

a) 受 x 轴方向压应力时

b) 受 y 轴方向压应力时

式中，压电常数矩阵为

$$\boldsymbol{d} = \begin{pmatrix} 0 & 0 & 0 & 0 & d_{15} & 0 \\ 0 & 0 & 0 & d_{24} & 0 & 0 \\ d_{31} & d_{32} & d_{33} & 0 & 0 & 0 \end{pmatrix} = \begin{pmatrix} 0 & 0 & 0 & 0 & d_{15} & 0 \\ 0 & 0 & 0 & d_{15} & 0 & 0 \\ d_{31} & d_{31} & d_{33} & 0 & 0 & 0 \end{pmatrix} \quad (7\text{-}9)$$

式中，

$$d_{33} = 1.9 \times 10^{-10} \, (\mathrm{C/N})$$
$$d_{31} = d_{32} = -0.41 d_{33} = -7.8 \times 10^{-11} \, (\mathrm{C/N})$$
$$d_{15} = d_{24} = 2.5 \times 10^{-10} \, (\mathrm{C/N})$$

4. 压电陶瓷的压电效应

由式（7-8）可见，$BaTiO_3$ 压电陶瓷也不是在任何方向上都有压电效应。在 x 和 y 轴方向上分别只有 d_{15} 和 d_{24} 的厚度剪切压电效应，如图 7-12c 所示；在 z 轴方向存在 d_{33} 的纵向压电效应，如图 7-12a 所示；以及 d_{31} 和 d_{32} 的横向压电效应，如图 7-12b 所示；在 z 轴方向还可得到 T_1、T_2、T_3 同时作用下，产生体积变形压电效应，如图 7-12d 所示。当外加的三向应力相等（如液体压力）时，由压电方程式可得

$$\sigma_3 = (d_{31} + d_{32} + d_{33})T = (2d_{31} + d_{33})T = d_3 T \quad (7\text{-}10)$$

式中　d_3——体积压缩压电常数，$d_3 = 2d_{31} + d_{33}$。

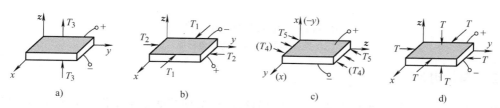

图 7-12　$BaTiO_3$ 压电陶瓷的几种压电效应

7.3 测量电路

7.3.1 等效电路

将压电晶片产生电荷的两个晶面封装上金属电极后，就构成了压电元件。压电元件在受到被测机械应力的作用时，在它的两个极面上会出现等量的异号电荷，因此可把压电式传感器看成一个自源电容器，其电容 C_a 为

$$C_a = \frac{\varepsilon A}{t} \tag{7-11}$$

式中　A——压电晶片的面积（m^2）；

　　　t——压电晶片的厚度（m）；

　　　ε——压电材料的介电常数（F/m）。

当需要压电元件输出电压时，可将压电元件等效为一个电压源 U_a 和一个电容器 C_a 的串联电路，如图 7-13a 所示。其开路电压为

$$U_a = \frac{Q}{C_a} \tag{7-12}$$

当需要压电元件输出电荷时，可将压电元件等效为一个电荷源 Q 和一个电容器 C_a 的并联电路，如图 7-13b 所示。其输出端开路电荷为

$$Q = C_a U_a \tag{7-13}$$

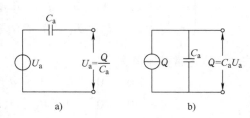

图 7-13　压电元件的理想等效电路

a）等效串联电路　b）等效并联电路

图 7-13 所示的等效电路是在理想情况下的等效电路，它是在假定压电元件本身理想绝缘、无泄漏、输出端开路的条件下才成立。但在实际使用中，压电式传感器本身都有一个泄漏电阻 R_a，且压电式传感器必须经配套的二次仪表进行信号放大与阻抗变换。所以实际等效电路应考虑主要因素如电缆等效电容 C_c、接入电路的输入电容 C_i、放大器输入电阻 R_i 和传感器泄漏电阻 R_a。因此，压电式传感器在测量系统中的实际等效电路如图 7-14 所示。

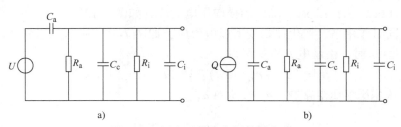

图 7-14　压电元件的实际等效电路

a）等效电压源　b）等效电荷源

7.3.2 测量电路

由于压电式传感器输出信号很弱，且内阻很高，为使其能正常工作，要求它的测量电路需要接入一个高输入阻抗的前置放大器。其作用应该有两个：一是阻抗匹配，把压电式传感

器的高输出阻抗变换成低输出阻抗；二是信号放大，放大压电式传感器输出的弱信号。根据压电式传感器可以电压和电荷两种输出信号方式可知，前置放大器也有两种形式：一是电压放大器，其输出电压与输入电压（传感器的输出电压）成正比；二是电荷放大器，其输出电压与输入电荷成正比。

1. 电压放大器

压电式传感器与电压放大器连接的等效电路及简化等效电路如图 7-15 所示。图 7-15b 中等效电阻为

$$R = \frac{R_a \cdot R_i}{R_a + R_i}$$

等效电容为

输出电压为

$$C = C_c + C_i$$

$$\dot{U}_i = \frac{\dot{U}_a C_a j\omega R}{1 + j\omega R(C + C_a)} \tag{7-14}$$

式中　ω——压电转换角频率（rad/s）。

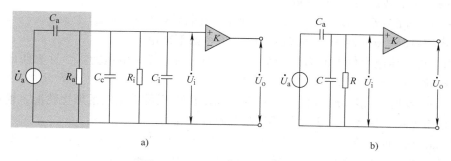

图 7-15　电压放大器的等效电路

a）等效电路　b）简化等效电路

若压电元件材料是压电陶瓷，设有一个正弦力 $F = F_m \sin\omega t$ 作用在压电元件的极化方向上，其压电常数为 d_{33}，则在外力作用下，压电元件产生的电压为

$$\dot{U}_a = \frac{Q}{C_a} = \frac{d_{33} \dot{F}}{C_a} \tag{7-15}$$

将式(7-15) 代入式(7-14)，可得电压放大器压电回路输出特性的复数形式为

$$\dot{U}_i = d_{33} \dot{F} \frac{j\omega R}{1 + j\omega R(C + C_a)} \tag{7-16}$$

实际电压灵敏度的复数形式为

$$K_{u(j\omega)} = \frac{\dot{U}_i}{\dot{F}} = d_{33} \frac{j\omega R}{1 + j\omega R(C + C_a)} \tag{7-17}$$

其幅值和相位分别为

$$K_{um} = \left| \frac{\dot{U}_i}{\dot{F}} \right| = \frac{d_{33} \omega R}{\sqrt{1 + \omega^2 R^2 (C + C_a)^2}} \tag{7-18}$$

$$\varphi = \frac{\pi}{2} - \arctan\omega R(C + C_a) \qquad (7\text{-}19)$$

当 $R \rightarrow \infty$，即无电荷泄漏时，由式(7-18)得理想情况下的电压灵敏度为

$$K_{um}^* = \frac{d_{33}}{C + C_a} = \frac{d_{33}}{C_a + C_c + C_i} \qquad (7\text{-}20)$$

可见，理想情况下的电压灵敏度只与回路总等效电容有关，而与被测频率无关。总等效电容越大，电压灵敏度越低，即电压灵敏度受导线分布电容的影响。当改变连接传感器与前置放大器的电缆长度时，C_c 将改变，必须重新校正灵敏度值。

对动态条件下压电回路实际输出电压灵敏度相对理想情况下的输出电压灵敏度的偏离程度即幅频特性进行如下讨论：

由式(7-18)与式(7-20)可得相对输出电压灵敏度为

$$K = \frac{K_{um}}{K_{um}^*} = \frac{\omega R(C_a + C_c + C_i)}{\sqrt{1 + \omega^2 R^2 (C_a + C_c + C_i)^2}} = \frac{\omega/\omega_1}{\sqrt{1 + (\omega/\omega_1)^2}} = \frac{\omega\tau}{\sqrt{1 + (\omega\tau)^2}} \qquad (7\text{-}21)$$

式中　ω_1——测量回路角频率（rad/s）；

ω——压电转换角频率（rad/s）；

τ——$\tau = R(C_a + C_c + C_i)$，即测量回路时间常数（s）。

根据式(7-16)、式(7-19)和式(7-21)，可得如下结论：

1）当作用在压电元件上的力是静态力（$\omega = 0$）时，输出电压为零，这表明压电式传感器不能测量静态量。

2）当 $\omega\tau \gg 1$，一般 $\omega\tau \geqslant 3$ 时，可认为回路输出电压灵敏度接近理想情况，输出电压与作用力的频率无关，这表明压电式传感器高频响应非常好。

3）当 $\omega\tau \ll 1$ 时，在 τ 一定的情况下，被测量的频率越低，电压灵敏度越偏离理想情况，动态误差越大，相位角的误差也越大。因此，为保证低频工作时满足一定的精度，必须提高测量回路的时间常数 τ。

提高测量回路时间常数 τ 的途径如下：

1）增大测量回路等效电容。但是通过增大测量回路的等效电容来提高时间常数，会影响传感器的灵敏度，所以不能仅靠增加输入电容来提高测量回路的时间常数 τ。

2）增大测量回路等效电阻。常将很大值的 R_i 前置放大器接入回路，以改善测量电路的低频特性。理论上，前置放大器 R_i 的值应越大越好，但要把该值提高到 $10^9\Omega$ 以上是很困难的，因此，在设计和应用压电式传感器时，可根据给定的精度合理地选择电压前置放大器 R_i 的值。

电压放大器具有电路简单、价格便宜、工作稳定可靠等优点，但由于输出电压灵敏度受电缆分布电容的影响，电缆的增长或变动，将使已标定的灵敏度改变，从而导致测量误差。随着固体电子器件和集成电路的迅速发展，微型电压放大器可以与传感器做成一体，这样电路的缺点也得到了克服。

例7.1　已知压电前置放大器输入阻抗及总电容分别为 $R_i = 1\text{M}\Omega$，$C_i = 100\text{pF}$，求与压电加速度计相配测量 1Hz 的振动时幅值误差为多大？

解：根据式(7-21)实际输出电压灵敏度相对理想情况下的输出电压灵敏度的相对幅频特性，当被测信号的频率 $f = 1\text{Hz}$ 时，有

$$K = \frac{\omega\tau}{\sqrt{1+(\omega\tau)^2}} = \frac{2\pi f R_i C_i}{\sqrt{1+(2\pi f R_i C_i)^2}} = \frac{2\pi \times 1 \times 10^6 \times 100 \times 10^{-12}}{\sqrt{1+(2\pi \times 1 \times 10^6 \times 100 \times 10^{-12})^2}} = 6.3 \times 10^{-4}$$

所以幅值误差为

$$\delta = 6.3 \times 10^{-4} - 1 = -0.9994 = -99.94\%$$

由此可见，测量误差太大了，原因是输入阻抗太小。

例 7.2 一只压电式加速度计，供它专用的电缆长度为 1.2m，电缆电容为 100pF。出厂时标定的电压灵敏度为 $100V/g$（$g = 9.8m/s^2$ 为重力加速度），若使用中改用另一根长为 2.9m 的电缆，其电容为 300pF，问电压灵敏度如何改变？

解： 将压电式加速度计用等效电压源来等效，不考虑其泄漏电阻，等效电路如图 7-16 所示，输出电压为

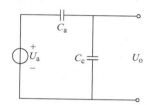

$$U'_o = \frac{C_a}{C_a + C_c} U_a$$

式中 C_a——压电晶片本身的电容；

C_c——电缆电容。

当电缆电容变为 C'_c 时，输出电压将变为

图 7-16 压电加速度计等效电路

$$U'_o = \frac{C_a}{C_a + C'_c} U_a$$

在线性范围内，压电式加速度计的灵敏度与输出电压成正比，所以更换电缆后灵敏度变为

$$K' = \frac{U'_o}{U_o} K = \frac{C_a + C_c}{C_a + C'_c} K = \frac{1000 + 100}{1000 + 300} \times 100V/g = 84.6V/g$$

2. 电荷放大器

电荷放大器是一种输出电压与输入电荷量成正比的前置放大器。这种放大器是采用具有深度负反馈的高增益运算放大器，压电式传感器与该放大器连接的等效电路及简化等效电路如图 7-17 所示。

由于运算放大器输入端 R_i 及压电材料 R_a 阻抗很高，可等效为开路；压电式传感器的等效电容 C_a、电缆等效电容 C_c、运算放大器的输入电容 C_i 合并为电容 C。则其简化等效电路如图 7-17b 所示。

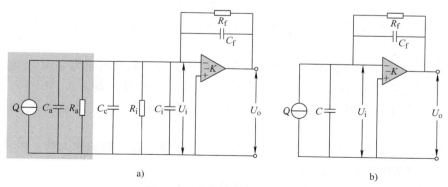

图 7-17 电荷放大器等效电路

a）等效电路 b）简化等效电路

由于负反馈电容工作于直流时相当于开路,对电缆噪声敏感,电荷放大器的零点漂移也较大,因此需在负反馈电容的两端并联一个反馈电阻 R_f。将 R_f 等效到运算放大器的输入端时,$G' = (1 + K) G_f$,通常 R_f 取值范围为 $10^{10} \sim 10^{14} \Omega$。当工作频率足够高时,$G_f \ll \omega C_f$,因而反馈电阻 R_f 折合到运算放大器输入端的等效电阻可忽略;将 C_f 等效到运算放大器的输入端时,$C' = (1 + K) C_f$,该电容与电容 C 并联,可得电荷放大器输出电压为

$$U_o = -KU_i = \frac{-KQ}{(1 + K) C_f + C_a + C_c + C_i} \tag{7-22}$$

通常电荷放大器增益 $K = 10^4 \sim 10^6$,满足 $(1 + K) C_f > 10 (C_a + C_c + C_i)$,因此可认为电荷放大器输出电压近似为负反馈电容上的电压,即

$$U_o = -\frac{Q}{C_f} \tag{7-23}$$

可见,只要 C_f 恒定,输出电压正比于输入电荷,且输出与输入反相。

输出灵敏度为

$$K_u = -\frac{1}{C_f} \tag{7-24}$$

可见,输出灵敏度不受电缆分布电容的影响,可用于远距离测量;灵敏度的调节可采用切换 C_f 的办法,通常 $C_f = 10^2 \sim 10^4 \mathrm{pF}$。

下面讨论电荷放大器的高低频限。

电荷放大器的高频频限主要取决于压电元件的 C_a 和电缆的等效电容 C_c 及 R_c,其表达式为

$$f_H = \frac{1}{2\pi R_c(C_a + C_c)} \tag{7-25}$$

由于 C_a、C_c 及 R_c 通常都很小,因此高频上限可高达 $180\mathrm{kHz}$。

对于电荷放大器,当工作频率 ω 很低,K 足够大时,$(1 + K) C_f \gg C_a + C_c + C_i$,$R_f/(1 + K) \ll R_a$,因此低频频限主要取决于反馈回路参数 C_f 和 R_f,即

$$f_L = \frac{1}{2\pi R_f C_f} \tag{7-26}$$

可见,低频频限与电缆电容无关。由于 C_f、R_f 可做得很大,因此,电荷放大测量电路的低频下限可达到 $10^{-1} \sim 10^{-4} \mathrm{Hz}$,可用来测量准静态量,这是电荷放大器的突出优点。

对于电荷放大器,由于 R_i 和 K 均很大,故其对内外噪声干扰很敏感,实用电路中需采取措施予以拟制干扰。故缺点是电路复杂、价格昂贵。一般用于电缆较长或精度要求较高的场合。

例7.3 在某电荷放大器的说明书中有如下技术指标:输出电压为 $\pm 10\mathrm{V}$,输入电阻大于 $10^{14} \Omega$,输出电阻为 $0.1\mathrm{k\Omega}$,频率响应为 $0 \sim 150\mathrm{kHz}$,非线性误差为 0.1%。

(1) 如果用内阻为 $10\mathrm{k\Omega}$ 的电压表测量电荷放大器的输出电压,试求由于负载效应而减少的电压值。

(2) 假设用一个输入电阻为 $2\mathrm{M\Omega}$ 的示波器并联在电荷放大器的输入端,以便观察输入信号波形,此时对电荷放大器有何影响?

(3) 当输入信号频率为 $180\mathrm{kHz}$ 时,该电荷放大器是否适用?

解: (1) 假设不接电压表时的输出电压为 U,则加接电压表后的输出电压为

$$U' = \frac{R_L}{R_L + R_o} U$$

式中，R_L 为负载电阻，即电压表内阻。所以减小的电压值为

$$\Delta U = U - U' = U - \frac{R_L}{R_L + R_o} U = U - \frac{10}{10 + 0.1} U = 0.01 U$$

即误差为

$$\delta = \frac{\Delta U}{U} = 1\%$$

（2）示波器输入电阻与电荷放大器输入电阻可以视为并联关系，前者为 $2M\Omega$，后者大于 $10^{14}\Omega$，所以电荷放大器总的输入电阻将小于 $2M\Omega$，这样一来，回路的时间常数将大大减小，测量频率下限将大大提高，严重影响测量电路的频率特性。

（3）由于电荷放大器的频率响应为 $0 \sim 150kHz$，所以对于频率为 $180kHz$ 的输入信号是不适合的。若使用的话，电荷放大器的增益会下降，需要重新进行标定并引入修正系数，否则误差可能太大。

7.4 压电式传感器及其应用

7.4.1 压电元件的结构

根据应用的需要和设计的要求，以某种切型从压电材料切得的晶片，其极化面经过镀覆金属（银）层或加金属片后形成电极，这样就构成了可供选用的压电元件。如压电陶瓷的电极最常见的是一层银，它是通过煅烧与陶瓷表面牢固地结合在一起的。电极的附着力非常重要，如果结合不好便会降低有效电容量和阻碍极化过程。

压电元件的结构形式很多，按结构形状可分为圆形、长方形、环形、柱状和球壳状等。由于单片压电元件产生的电荷量很小，在实际使用中，为提高压电式传感器的输出灵敏度，常把两片（或两片以上）同规格的压电元件组合在一起使用。由于压电元件的电荷有极性区分，故有串、并联两种组合形式。

下面以图 7-18 所示两片粘结在一起的组合进行讨论。图 7-18a 所示为并联连接，即将两个压电元件的负极粘结在一起，中间插入金属电极作为压电元件连接件的负极，将两边连接起来作为连接件的正极。若单片压电元件在外力作用下，其电容、电荷和电压分别用 C、Q、U 来表示，则并联连接方式的电容、电荷、电压可分别表示为 $C' = 2C$，$Q' = 2Q$，$U' = U$。

可见并联连接时压电元件具有输出电荷灵敏度增大（输出电荷为单片时的两倍）、时间常数增大（电容为单片时的两倍）的特点。适宜用在测量缓变信号并以电荷量为输出的场合。

图 7-18b 所示为串联连接，即将两个压电元件的不同极性粘结在一起。在外力作用

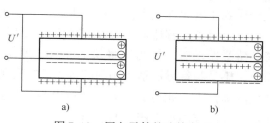

a)   b)

图 7-18 压电元件的连接方式

a）并联连接 b）串联连接

下，串联连接方式的电容、电荷、电压可分别表示为 $C' = C/2$，$Q' = Q$，$U' = 2U$。

可见串联连接时压电元件具有输出电压灵敏度增大（输出电压为单片时的两倍）的特点。适宜用在以电压量为输出，测量电路输入阻抗很高的场合。

7.4.2 压电式传感器的应用

广义地讲，凡是利用压电材料各种物理效应构成的各种传感器，都可称为压电式传感器，它们已被广泛地应用在工业、军事和民用等领域。其主要应用类型见表7-1。在这些应用类型中力敏类型应用最多，可直接利用压电式传感器测量力、压力、加速度、位移等物理量。

1. 压电式加速度传感器

由于压电式加速度传感器具有良好的频率特性、量程大、结构简单、工作可靠、安装方便等优点，目前已成为振动与冲击测试技术中使用最广的一种传感器。在各种冲击、振动测试中，它占总数的80%以上。目前压电式加速度传感器广泛地应用于航空、航天、兵器、机械、电气等各个系统的振动、冲击测试、信号分析、故障诊断、优化设计等方面。例如一架航天飞机中就有五百多个压电式加速度传感器用于冲击、振动的监测。

表7-1 压电式传感器的主要应用类型

传感器的类型	转换方式	压电材料	用 途
力敏	力→电	石英晶体、ZnO、BaTiO$_3$、PZT、PMS、电致伸缩材料	微拾音器、声呐、应变仪、气体点火器、血压计、压电陀螺、压力式加速度传感器
声敏	声→电	石英晶体、压电陶瓷	振动器、微音器、超声波探测器、助听器
	声→压		
	声→光	PbMoO$_4$、PbTiO$_3$、LiNbO$_3$	声光效应器件
光敏	光→电	LiTaO$_3$、PbTiO$_3$	热电红外线探测器
热敏	热→电	BaTiO$_3$、LiTaO$_3$、PbTiO$_3$、TGS、PZO	温度计

压电式加速度传感器的结构一般有纵向效应型、横向效应型和剪切效应型3种。图7-19所示为最常见的纵向效应型的结构示意图。图中压电陶瓷4和质量块2为环形；压电元件一般由两片压电晶片组成，通过螺母3对质量块2预先加载，使之压紧在压电陶瓷上，输出信号由电极1引出；基座5一般要用加厚或选用刚度较大的材料来制造，以便隔离试件的任何应变传递到压电元件上去，避免产生假信号输出。

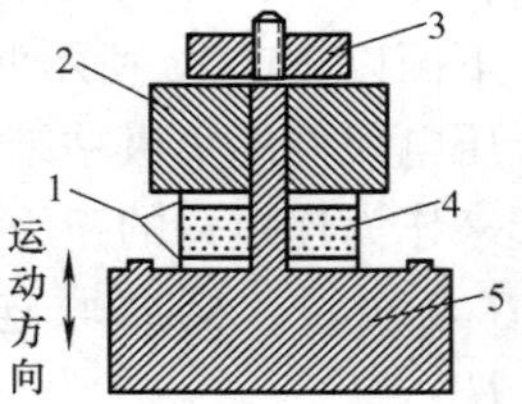

图7-19 压电式加速度传感器结构
1—电极 2—质量块 3—螺母
4—压电陶瓷 5—基座

测量时将传感器基座与被测对象牢牢地紧固在一起。当传感器感受振动时，因为质量块 m 相对被测体质量较小，因此质量块感受与传感器基座相同的振动，并受到与加速度 a 方向相反的惯性力，此力 $F = ma$。若压电晶片选用压电陶瓷片（压电常数为 d_{33}），则惯性力作用在压电陶瓷晶片上产生的电荷 q 为

$$q = d_{33}F = d_{33}ma$$

(7-27)

可见，输出电荷 q 可直接反映加速度大小，其灵敏度可通过选用较大的质量块 m 和压电常数 d 来提高。实际中，通常选择较大压电常数的材料或采用多晶片组合的方法来提高灵敏度，而不采用增加质量块的质量的方法。因增加质量块的质量会引起传感器固有频率的下降，使频宽减小，而且其体积和重量的增加会影响被测体的振动。

2. 压电式压力传感器

压电式压力传感器的结构类型很多，其基本原理、结构与压电式加速度传感器大致相同。主要的不同点是它必须通过弹性膜、盒等把压力收集、转换成力，再传递给压电元件。为保证静态特性及其稳定性，通常多采用石英晶体作压电元件。图 7-20 为压电式压力传感器的结构简图，它由引线 1、壳体 2、蕊体 3、压电晶片 4、受压膜片 5 及导电片 6 组成。当受压膜片 5 受到压强 p 作用后，则在压电晶片上产生电荷。若只用一个压电晶片，则产生的电荷 q 为

$$q = d_{11}F = d_{11}Sp \tag{7-28}$$

式中 d_{11}——压电晶片的压电常数（C/N）；

      F——作用于压电晶片上的力（N）；

      S——膜片的面积（m^2）。

图 7-21 所示为一款压电式血压传感器的结构示意图。该传感器采用了悬梁结构的双晶片 $PZT-5H$ 压电陶瓷作为压电元件，双晶片极化方向相反，采用并联连接方式。在敏感振膜中央上下两侧各胶粘有半圆形塑料块。被测动脉血压通过上塑料块、敏感振膜、下塑料块传递到悬梁的自由端。压电晶片随悬梁弯曲变形而产生的电荷经前置电荷放大器输出。

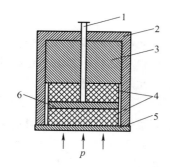

图 7-20   压电式压力传感器的
结构简图

1—引线   2—壳体   3—蕊体
4—压电晶片   5—受压膜片   6—导电片

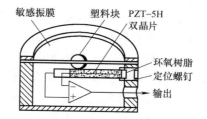

图 7-21   压电式血压传感器的
结构示意图

3. 压电引信

引信的任务：一是保证安全性，即弹药飞到目标区之前不引爆；二是可靠性，即根据需要选择最有利时机把弹药引爆，达到最佳毁伤效果。

按作用方式和原理，引信大致可分成 3 大类：触发引信、时间引信和近炸引信。

压电引信是 20 世纪 50 年代问世的，适用于破甲弹。主要由引信头部（包括引信头、压电陶瓷盒、压电陶瓷、电极板、绝缘垫、插销匣等零部件）和引信尾部（包括传爆药、起爆药、电雷管、保险机构、隔离机构等零部件）组成，所以又称这种引信为弹头压电弹底

起爆引信。其中的压电元件为压电陶瓷。它因弹头碰击目标受压力而变形时，上下表面能产生电荷和电压。其产生的电量虽有限，但电压非常高（达几千伏），足以能使电雷管起爆，从而引爆弹丸，产生聚能金属射流，穿透装甲。图 7-22a 所示为破甲弹上的压电引信结构示意图。

其工作原理如图 7-22b 所示。平时 E（电雷管）处于短路保险安全状态，压电元件即使受压，产生的电荷会通过电阻释放掉，不会触发电雷管。而弹丸一旦发射起爆装置解除保险状态，开关 S 从 b 处断开与 a 接通，处于待发状态。当弹丸与装甲目标相遇时，碰撞力使压电元件产生电荷，通过导线将电信号传给电雷管使其引爆，并引起弹丸爆炸，爆炸的能量使药型罩融化形成高温高速的金属流将钢甲穿透。

压电引信的特点主要有触发度高、安全可靠、不需要安装电源系统，常用于破甲弹上，对弹丸的破甲能力起着极重要的作用。

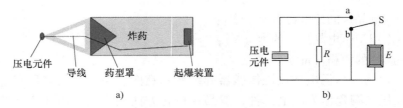

图 7-22　破甲弹上的压电引信结构

a）结构示意图　b）工作原理

微思考

技术男：嗨，小雅，考考你，你知道原始压电陶瓷材料有压电效应吗？

小　雅：没有，原始压电陶瓷材料需要在强电场中极化后才具有压电效应。

技术男：非常正确。那你知道用压电陶瓷能否产生超声波呀？

小　雅：额，这个我就不知道了。

技术男：可以的，我们利用压电材料的逆压电效应。在压电陶瓷材料的两个电极面上加上交流电压，则压电晶片在极化方向上有伸缩的现象，即产生机械振动。当电源频率适当时，就可产生超声波。

小　雅：哇，技术男，你知道的真多☺。

【拓展应用系统实例 1】　微振动检测电路系统

图 7-23 所示为微振动检测电路的原理图。图中采用 PV-96 压电式加速度传感器来检测微振动，采用电荷放大器作为测量电路，第二级运算放大器为输出调整放大器。

电荷放大器的低频响应由反馈电容 C_1 和反馈电阻 R_1 决定，R_F 是过载保护电阻。输出调整放大电路中的调整电位器 W_1 可调整其输出电压。低频检测时，频率越低，闪变效应的噪声越大，该电路的噪声主要由电荷放大器的噪声决定。为了降低噪声，最有效的方法是减小电荷放大器的反馈电容。但当时间常数一定时，由于 C_1 和 R_1 成反比关系，考虑到稳定

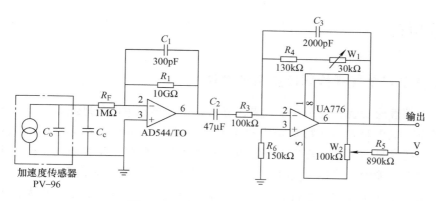

图 7-23　微振动检测电路的原理图

性，则反馈电容 C_1 的减小应适当。

【拓展应用系统实例 2】汽车超速、超重检测系统实施方案

在交通运输中，超载、超速等现象时有发生，给人们的安全带来了极大的隐患。为实现汽车车速和载重的测量，以检测汽车是否超速和超载行驶，可采用如下的实施方案：

将两根相距 L（2m）的高分子压电电缆平行埋设于公路路面下约 5cm 处，当一辆肇事车辆以较快的车速冲过测速传感器时，两根聚偏氟乙烯（PVDF）压电电缆测量出的输出波形如图 7-24 所示。

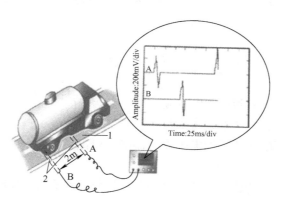

图 7-24　压电电缆测速原理图
1—公路　2—A、B 压电电缆

1）根据波形图中对应 A、B 压电电缆的输出信号波形和脉冲的时间间隔，若测出同一车轮通过 A、B 电缆所需的时间为 t_1，则可估算出车速 $v = L/t_1$；若测出汽车前后轮通过同一根电缆所需的时间间隔为 t_2，则可估算出前后轮间距 $d = vt_2$。根据汽车前后轮间距及存储在计算机中的档案数据可判断车型，由此判断汽车是否超速行驶。

2）根据波形图中对应 A、B 压电电缆的输出信号波形的幅值与时间间隔，可判断汽车是否超重。载重量越大，A、B 压电电缆的输出信号波形的幅值就越大；车速越大，A、B 压电电缆输出信号的时间间隔就越小。

拓展训练项目

【项目1】 汽车安全气囊检测控制系统设计

在汽车中都普遍安装和使用安全气囊,它可以在汽车发生严重碰撞时迅速充气以保护乘车人员的安全,减少对人体(特别是头和颈部)的伤害。汽车安全气囊有机械式和电子式两大类。项目要求是通过查阅资料,了解电子式汽车安全气囊的工作原理,试用压电式传感器作为检测汽车碰撞的传感器,设计一个电子式安全气囊检测控制系统。

提示:当汽车在正常的高速行驶中发生撞车事故时,其加速度的变化很大,可根据负向加速度的变化判断是否需要对乘车人员进行保护。

【项目2】 压电式玻璃破碎报警系统设计

为防止放在玻璃橱窗内的贵重物品失窃,需要监测是否有人破坏玻璃。试采用压电式传感器设计一个防盗报警系统装置。

提示:选用专用的 BS - D2 压电式玻璃破碎传感器。它是利用压电元件对振动敏感的特性来感知玻璃受撞击和破碎时产生的振动波,使用时将传感器粘贴在玻璃上。由于玻璃振动的波长在音频和超声波的范围内,为提高报警器的灵敏度,传感器的输出信号经信号放大后,需再采用带通滤波器进行滤波,并要求滤波器对选定的频带的衰减要小,对频带外衰减要尽量大。

习　　题

7.1　什么是正压电效应和逆压电效应?

7.2　压电材料的主要特性参数有哪些?

7.3　试通过分析压电式传感器电压放大器测量电路的输出特性,说明能否用压电式传感器测量静态压力。

7.4　电压放大器和电荷放大器各有何特点?它们分别适用于何种场合?

7.5　压电元件的连接形式有哪些?各有何特点?

7.6　有一压电晶体,其面积 $S = 3\text{cm}^2$,厚度 $t = 0.3\text{mm}$,在零度,x 切型纵向石英晶体压电常数 $d_{11} = 2.31 \times 10^{-12}\text{C/N}$,求受到压力 $p = 10\text{MPa}$ 作用时产生的电荷 q 及输出电压 U_a 为多少?

7.7　一只压电式压力传感器灵敏度为 9pC/bar,将它接入增益调到 0.005V/pC 的电荷放大器,电荷放大器的输出又接到灵敏度为 20mm/V 的紫外线记录纸式记录仪上。(1)试画出系统方框图;(2)计算系统总的灵敏度;(3)当压力变化 35bar 时,试计算记录纸上的偏移量。

7.8　石英晶体 d_{11} 为 $2.3 \times 10^{-12}\text{C/N}$,石英晶片的长度是宽度的 2 倍,是厚度的 3 倍。(1)当沿电轴施加 $3 \times 10^6\text{N}$ 的力时,用反馈电容 $C_f = 0.01\mu\text{F}$ 的电荷放大器测出输出电压为

多少?（2）当沿机械轴施加力F_y时，用同样的电荷放大器测出输出电压为 3V，求F_y的数值为多少?

7.9 用一压电式力传感器测一正弦变化的作用力，采用电荷放大器，压电元件用两片压电陶瓷并联，压电常数$d_{33} = 1.9 \times 10^{-10}$ C/N，电荷放大器中的运算放大器为理想运放，反馈电容$C_f = 3800$pF，实际测得放大器输出电压为$U_o = 10\sin\omega t$，试求此时的作用力F的值。

第8章

热电式传感器

温度这个物理量与人类生活息息相关。早在 2000 多年前，人类就开始为检测温度进行了各种努力，并开始使用温度传感器检测温度。现代人类社会中，无论在工业、农业、商业、科研、国防、医学及环保等哪个领域，温度的检测都具有极其重要的物理意义。

热电式传感器是一种将温度变化转化为电量变化的装置。温度的测量方法通常分为两大类，即接触式和非接触式。接触式温度传感器是基于热平衡原理，测温时传感器直接与被测物体接触，当达到热平衡时，获得被测物体的温度。在这种测温方法中，由于被测物体的热量传递给了传感器，被测物体的温度降低了，特别是当被测物体热容量较小时，测量精度较低。因此采用这种方法要测得物体的真实温度的前提条件是被测物体的热容量要足够大。非接触式温度传感器是利用被测物体热辐射原理或电磁原理，测温时感温元件不直接与被测物体接触，通过辐射进行热交换，从而可进行遥测。这种测温方法不从被测物体上吸收热量，不会干扰被测物体的温度场，连续测量也不会产生消耗，且反应快。但其制造成本较高，测量精度却较低。本章主要介绍常用的接触式温度传感器的测温原理及应用。

8.1 热电阻传感器

热电阻传感器可分为金属材料制成的热电阻传感器（简称热电阻）和半导体材料制成的热电阻传感器（简称热敏电阻）。

8.1.1 常用的热电阻传感器

1. 热电阻材料的特点

热电阻主要是利用金属材料的阻值随温度升高而增大的特性来测量温度的。作为测温用的热电阻材料，必须具有以下特点：

1）化学、物理性能稳定，以保证在使用温度范围内热电阻的测量准确性。

2）电阻率高、温度系数高，这样在同样条件下可提高响应速度，增大灵敏度。

3）输出-输入特性具有良好的线性关系。

4）良好的工艺性，以便批量生产、降低成本。

2. 常用热电阻的温度特性

（1）铂热电阻的温度特性　铂是一种贵金属，其物理化学性能极为稳定，输出-输入特性接近线性，测量精度高。它的缺点是电阻温度系数较小。由铂做成的热电阻主要用于高精度的温度测量和标准测温装置。

铂热电阻阻值与温度之间的关系可近似用下面的式子表示：

在 $-190 \sim 0℃$ 温度范围内

$$R_t = R_0 [1 + At + Bt^2 + C(t-100) t^3] \qquad (8-1)$$

在 $0 \sim 660℃$ 温度范围内

$$R_t = R_0 (1 + At + Bt^2) \qquad (8-2)$$

式中 R_0、R_t——分别为 $0℃$ 和 $t℃$ 的电阻值；

  A、B、C——常量，分别为：$A = 3.96874 \times 10^{-3}/℃$、$B = -5.847 \times 10^{-7}/℃^2$、$C = -4.22 \times 10^{-12}/℃^4$。

  目前我国规定工业用铂热电阻有两种公称值：$R_0 = 10\Omega$ 和 $R_0 = 100\Omega$，其中 R_0 代表在水冰点（$0℃$）时的电阻值，其分度号分别为：Pt_{10}、Pt_{100}。

  （2）铜热电阻的温度特性 铜热电阻阻值与温度之间的关系可近似用下面的式子表示：

在 $-50 \sim 150℃$ 温度范围内

$$R_t = R_0 (1 + At + Bt^2 + Ct^3) \qquad (8-3)$$

式中 A、B、C——常量，分别为：$A = 4.28899 \times 10^{-3}/℃$、$B = -2.133 \times 10^{-7}/℃^2$、$C = 1.233 \times 10^{-9}/℃^3$。

  当测量精度要求不是太高，测量温度范围小于 $150℃$ 时，可选用铜热电阻。

  在 $-50 \sim 150℃$ 温度范围内，铜热电阻的主要特性有：电阻值与温度的关系是线性的；铜热电阻温度系数比铂热电阻高；电阻率低；当温度高于 $100℃$ 时易被氧化。因此仅适用于温度较低和没有腐蚀性的介质中测温。

3. 热电阻的测量电路

  用热电阻传感器进行测温时，测量电路经常采用电桥电路。热电阻与检测仪表相隔一段距离，因此热电阻的引线对测量结果有较大的影响。

  热电阻内部引线方式有二线制、三线制和四线制。

  （1）二线制 热电阻二线制电桥测量电路如图 8-1 所示，这种引线方式简单、费用低，但是引线电阻以及引线电阻的变化会带来附加误差。由电桥的平衡条件

$$R_1 R_3 = R_2 (R_t + 2r)$$

可得

$$R_t = \frac{R_1 R_3}{R_2} - 2r \qquad (8-4)$$

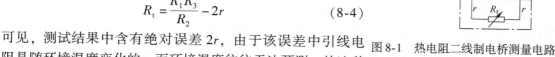

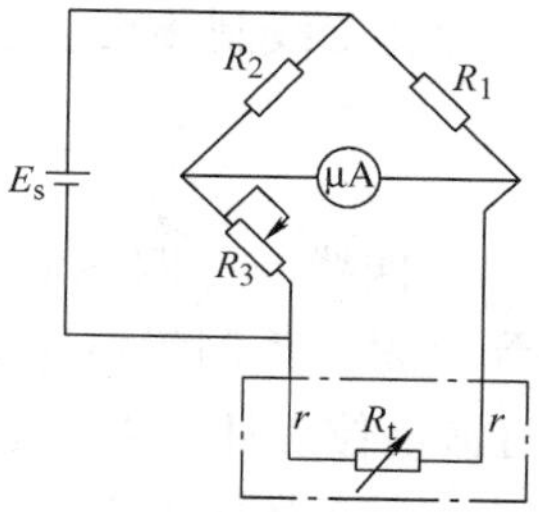

可见，测试结果中含有绝对误差 $2r$，由于该误差中引线电阻是随环境温度变化的，而环境温度往往无法预测，故这种
图 8-1 热电阻二线制电桥测量电路
误差很难修正，因而热电阻二线制电桥测量电路仅适宜在引线不长、测温精度要求较低的场合。

  （2）三线制 为避免或减小引线电阻对测温的影响，工业上大多采用三线制接线法，即热电阻的一端连接一根引线，而另一端同时连接两根引线。热电阻三线制电桥测量电路如图 8-2 所示，图中连接热电阻 R_t 的 3 根连接引线阻值均为 r。当电桥平衡时，有

$$(R_t + r) R_2 = (R_3 + r) R_1$$

可得

$$R_t = \frac{(R_3 + r)R_1 - rR_2}{R_2} \tag{8-5}$$

当电桥满足条件 $R_1 = R_2$ 时，由式（8-5）可得

$$R_t = \frac{R_3 R_1}{R_2} \tag{8-6}$$

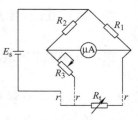

图 8-2　热电阻三线制
电桥测量电路

可见，连接引线的电阻 r 对电桥平衡没有影响，即可以消除测量结果中电阻 r 的影响。该测量电路可满足一般精度要求的工业测量。

例 8.1　对于标号为 Pt_{100} 的铂热电阻，如果采用二线制接法测温，设电桥电源为 10V，$R_1 = R_2 = 1000\Omega$，$R_3 = 100\Omega$，引线电阻 $r = 5\Omega$，如果被测温度为 300℃，试求二线制接法引起的相对测量误差。

解： 当 $t = 300℃$ 时，铂热电阻的阻值为

$$R_t = R_0(1 + At + Bt^2)$$
$$= 100 \times (1 + 3.97 \times 10^{-3} \times 300 - 5.85 \times 10^{-7} \times 300^2)\Omega$$
$$= 213.8\Omega$$

按三线制接法，引线电阻不会引起误差，其输出电压为

$$U_{o1} = \left(\frac{R_t + r}{R_1 + R_t + r} - \frac{R_3 + r}{R_2 + R_3 + r} \right) \cdot E_s$$
$$= \left(\frac{213.8 + 5}{1000 + 213.8 + 5} - \frac{100 + 5}{1000 + 100 + 5} \right) \times 10V$$
$$= 845mV$$

按二线制接法，输出电压为

$$U_{o2} = \left(\frac{R_t + 2r}{R_1 + R_t + 2r} - \frac{R_3}{R_2 + R_3} \right) \cdot E_s = \left(\frac{213.8 + 2 \times 5}{1000 + 213.8 + 2 \times 5} - \frac{100}{1000 + 100} \right) \times 10V = 920mV$$

因此，二线制接法引起的测量相对误差为

$$\gamma = \frac{U_{o2} - U_{o1}}{U_{o1}} = \frac{920 - 845}{845} = 8.88\%$$

（3）四线制　四线制接法中热电阻两端各用两根引线连接到仪表，其测量电路如图 8-3 所示，图中 I 为恒流源，V 为直流电位差计，引线电阻 r_2、r_3 支路无电流流过，引线电阻 r_1、r_4 支路虽有电流流过，但其不在电位差计的测量范围内。当恒流源电流 I 流过热电阻 R_t，使其产生压降 U，则有

$$R_t = \frac{U}{I} \tag{8-7}$$

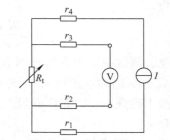

图 8-3　热电阻四线制测量电路

可见，测量结果不受引线电阻 r 的影响。四线制接法和电位差计配合测量热电阻是比较完善的方法，它不受任何条件的约束，只要恒流源电流 I 稳定不变，就能消除连接引线电阻对测量结果的影响。这种测量电路一般用于实验室或测量精度要求较高的场合。

8.1.2 热敏电阻

1. 热敏电阻的特点

热敏电阻是利用半导体材料阻值随温度变化而变化的特性实现温度测量的。相对于热电阻有以下特点：

1）热敏电阻温度系数大，灵敏度高，比一般金属材料电阻大 10～100 倍。

2）电阻率高，热惯性小，适宜动态测量。

3）结构简单，体积小，最小的珠状热敏电阻其直径仅为 0.2mm，适合测量点温度。

4）热敏电阻阻值与温度变化呈非线性关系。

5）稳定性和互换性较差（同一型号的产品特性参数有较大差别）。

2. 分类及温度特性

热敏电阻的种类很多，分类方法也不相同。按热敏电阻的阻值与温度之间的关系这一重要特性可分为：

（1）正温度系数热敏电阻（PTC）　电阻值随温度升高而增大。其用途主要是彩电消磁、各种电器设备的过热保护等。

（2）负温度系数热敏电阻（NTC）　电阻值随温度升高而下降。特别适用于 –100～300℃之间测温。

（3）突变型负温度系数热敏电阻（CTR）　该类热敏电阻的电阻值在某特定温度范围内随温度升高而降低 3～4 个数量级，即具有很大负温度系数。它们的温度特性曲线如图 8-4 所示。由图 8-4 所示特性可见，使用 CTR 组成热控制开关是非常理想的；但在温度测量中，则主要采用 NTC，其电阻-温度关系可用如下经验公式表示。

$$R_T = A\exp\frac{B}{T} \tag{8-8}$$

式中　R_T——温度为 T 时热敏电阻的电阻值；

　　　A——与热敏电阻的材料和几何尺寸有关的常数；

　　　B——NTC 的热敏电阻常数。

若已知 T_1 和 T_2 时的热敏电阻的电阻值分别为 R_{T1} 和 R_{T2}，则可通过式（8-8）求取 A、B 值。

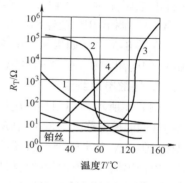

图 8-4　热敏电阻温度特性曲线
1—NTC　2—CTR　3—PTC　4—铂丝

微思考

小　　敏：技术男，请问热敏电阻需要采用三线制或四线制测量电路吗？

技术男：不需要，由于热敏电阻的阻值在常温下很大（数千欧以上），而连接引线的电阻相对热敏电阻的阻值很小（一般不超过 10Ω），故不必采用三线制或四线制接法。

小　　雅：哦，明白了，谢谢☺！

8.1.3 热电阻的应用

1. 铂热电阻测温

图 8-5 所示为采用 EL - 700 铂电阻（100Ω，Pt_{100}）按三线制接法的测温电路。A_1 用于进行信号放大，然后经 R、C 组成的低通滤波器滤去无用杂波，再经 A_2 进行信号放大。电路输出电压（0 ~ 2V）可直接输入单片机供显示和控制用。该测温电路测温范围为 20 ~ 120℃。

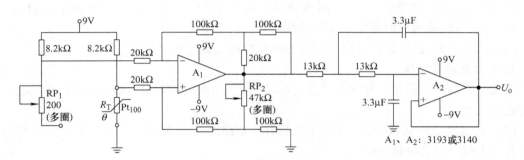

图 8-5 铂热电阻测温电路

EL - 700 是一种新型的厚膜铂电阻，为高精度温度传感器。该电路测量前的电路调节采用标准电阻箱来代替温度传感器。在 $T = 20℃$ 时，调节 RP_1 使输出电压 $U_o = 0V$；在 $T = 120℃$ 时，调节 RP_2 使输出电压 $U_o = 2.0V$。

在图 8-5 中，如果采用的 EL - 700 为 Pt_{1000}，则需要将 8.2kΩ 的电阻换成 18kΩ 的电阻，20kΩ 的电阻换成 68kΩ 的电阻，RP_1 改用 2kΩ 的电位器即可。

2. 热敏电阻测温

图 8-6 所示为利用热敏电阻实现的具有滞回特性的温控电路。图 8-6a 中 R_T 为负温度系数热敏电阻，A 为比较器。当环境温度达到 $T℃$ 时，由输出信号触发温控执行机构实现自动调温控制。图中比较器同相端 U_b 作为基准电压，由 RP_1、R_2、R_3（或稳压管）实现分压，RP_1 可调节比较器的比较电平，从而调节所需控制温度。输入端由 R_T、R_1 分压。图 8-6b 为电路滞回特性曲线，U_{b1}、U_{b2} 为限电压，滞回特性通过 R_4 正反馈使转换部分变陡。当 $U_a > U_{b1}$，U_o 由正翻转为负；当 $U_a < U_{b2}$，U_o 由负翻转为正。

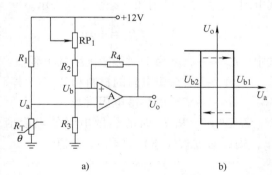

图 8-6 热敏电阻温控电路及特性曲线
a) 温控电路 b) 滞回特性

3. 热电阻式流量计

如图 8-7 所示为采用铂热电阻测量气体或液体流量的测量电路。图中 R_{T1} 和 R_{T2} 是热敏电阻，R_1 是普通电阻，R_2 是电位器，4 个电阻组成测量电桥。当流体静止时，电桥处于平衡状态。R_{T1} 放在被测流体管道中，当流体流动时，热量会被带走，温度的变化会使 R_{T1} 的阻值发生变化，而 R_{T2} 由于被放置在不受流体干扰的容器内，其阻值不受流体流动的影响，因而电桥失去平衡，产生一个与介质流量变化对应的电流，实现介质流量的测量。

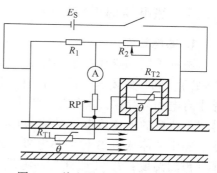

图 8-7　热电阻式流量计测量电路

【拓展应用系统实例 1】热电阻式真空度测量系统

热电阻测量真空度原理如图 8-8 所示，铂电阻丝装在盛有被测介质的玻璃管内。测量时，用较大的恒定电流 I 对铂电阻丝加热，当环境温度与玻璃管内的被测介质导热而散失的热量相平衡时，铂电阻丝就有一定的平衡温度，对应这个确定的温度有一定的阻值 R_T。当被测介质真空度升高时，玻璃管内气体变得稀少，导热能力下降，铂电阻丝的平衡温度升高和电阻值增大。因此，电阻值的大小反映了被测介质真空度的高低。为了避免环境温度的影响，通常测量在恒温容器中进行。该装置一般可测到 10^{-3} Pa。

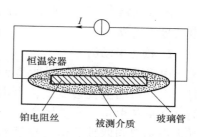

图 8-8　热电阻测量真空度原理图

图 8-9 所示为用 BA - 2 铂热电阻作为温度传感器测量真空度的电路原理图。当真空度升高时，温度升高，直流电桥处于不平衡状态，在 a、b 两端产生与温度相对应的电位差，电桥有直流输出，其输出电压灵敏度为 0.73mV/℃，经放大器进行信号放大后，变为 A/D 转换器所需的 0～5V 直流电压。VD_3、VD_4 是直流放大器的输入保护二极管，R_{12} 用于调节放大倍数。放大后的信号经 A/D 转换器转换为相应的数字信号，以便于与微机接口连接。

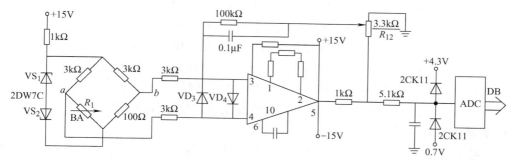

图 8-9　铂热电阻测量真空度的电路原理图

8.2　热电偶温度传感器

热电偶温度传感器是目前工业温度测量领域中应用最广的传感器之一，具有结构简单、测量范围宽、准确度高、热惯性小、输出信号为电信号、便于远传或信号转换等优点。此外热电偶温度传感器还能用来测量流体、固体以及固体壁面的温度。微型热电偶还可用于快速及动态温度的测量。

8.2.1 热电偶的工作原理

1. 热电效应

两种不同的导体或半导体 A 和 B 组合成闭合回路，若 A 和 B 的连接处温度不同（设 $T > T_0$），则在此闭合回路中就有电流产生，也就是说闭合回路中有电动势存在，这种现象叫作热电效应。由两种不同的导体材料构成的上述热电元件称为热电偶，其结构如图 8-10 所示。图中导体 A 和 B 称为热电极；T 结点称为热端或工作端，感受被测温度；T_0 结点称为参考端、冷端或自由端，感受某一恒定基准温度。

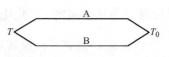

图 8-10 热电偶的结构示意图

闭合回路中所产生的电动势，叫作热电动势，由两导体的接触电动势和单一导体的温差电动势所组成。

2. 接触电动势

由于不同的金属材料所具有的自由电子密度不同，当两种不同材料的金属导体接触时，在接触面上就会发生自由电子扩散，失去自由电子的金属呈正电位，得到自由电子的金属呈负电位，当扩散达到平衡时，在接触处形成一个稳定的电位差，即接触电动势。其大小不仅与两种导体的性质有关，还与接触点的温度有关。两接触点的电动势分别可表示为

$$e_{AB}(T) = \frac{kT}{e}\ln\frac{N_{AT}}{N_{BT}} \tag{8-9}$$

$$e_{AB}(T_0) = \frac{kT_0}{e}\ln\frac{N_{AT_0}}{N_{BT_0}} \tag{8-10}$$

式中 $e_{AB}(T)$、$e_{AB}(T_0)$ ——导体 A、B 在温度 T、T_0 时形成的接触电动势；

e——一个电子的电荷量，$e = 1.6 \times 10^{-19}\text{C}$；

k——玻耳兹曼常数，$k = 1.38 \times 10^{-23}\text{J/K}$；

N_{AT}、N_{BT}——导体 A、B 在温度为 T 时的电子密度；

N_{AT_0}、N_{BT_0}——导体 A、B 在温度为 T_0 时的电子密度；

T、T_0——导体 A、B 在两接触点的绝对温度。

3. 温差电动势

温差电动势是在同一导体的两端因其温度不同，高温端的自由电子将向低温端迁移扩散，使高温端失去自由电子带正电，低温端得到自由电子带负电，形成温差电动势。A、B 两电极的温差电动势的大小不仅与两种导体的性质有关，还与 A、B 两电极两端的温差有关，分别可表示为

$$e_A(T, T_0) = \int_{T_0}^{T}\sigma_A\,\mathrm{d}T \tag{8-11}$$

$$e_B(T, T_0) = \int_{T_0}^{T}\sigma_B\,\mathrm{d}T \tag{8-12}$$

式中 $e_A(T, T_0)$、$e_B(T, T_0)$ ——导体 A、B 两端的温度为 T、T_0 时形成的温差电动势；

T，T_0——高、低温端的绝对温度；

σ_A、σ_B——汤姆逊系数，表示导体 A、B 两端的温度差为 1℃时所产生的温差电动势。例如：在 0℃ 时，铜的 $\sigma = 2\mu V/℃$。

4. 回路总电动势

根据以上讨论，显然热电偶回路总电动势由两个接触电动势和两个温差电动势组成，可表示为

$$E_{AB}(T, T_0) = e_{AB}(T) - e_{AB}(T_0) + e_A(T, T_0) - e_B(T, T_0)$$

$$= \frac{kT}{e}\ln\frac{N_A}{N_B} - \frac{kT_0}{e}\ln\frac{N_A}{N_B} + \int_{T_0}^{T}(\sigma_A - \sigma_B)\mathrm{d}T \tag{8-13}$$

由此式可得以下结论：

1）若热电偶两电极材料相同（$N_A = N_B$、$\sigma_A = \sigma_B$），无论两端点温度如何，回路总热电动势 E_{AB} 为零。因此，热电偶必须用不同材料做电极。

2）当热电偶两接触点温度相同（$T = T_0$）时，即使 A、B 电极材料不同，回路总热电动势 E_{AB} 为零。因此，热电偶测温时，在 T、T_0 两端必须有温差梯度。

3）当两电极材料不同，且确定材料后，总热电动势的大小只与热电偶两端的温度有关。如果使 $T_0 = $ 常数，则回路总热电动势 $E_{AB}(T, T_0)$ 就只与温度 T 有关，而且是 T 的单值函数，这就是利用热电偶测温的原理。

8.2.2　热电偶的基本工作定律

1. 中间导体定律

如图 8-11 所示，在 T_0 处接入第 3 种导体 C，若 A、B 结点处温度为 T，其余结点温度为 T_0，且 $T > T_0$，则 3 种材料组成的闭合回路总热电动势为

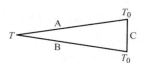

图 8-11　中间导体回路

$$E_{ABC}(T, T_0) = E_{AB}(T) + E_{BC}(T_0) + E_{CA}(T_0) + \int_{T_0}^{T}(\sigma_A - \sigma_B)\mathrm{d}T \tag{8-14}$$

由于 $T = T_0$ 时，

$$E_{ABC}(T_0) = E_{AB}(T_0) + E_{BC}(T_0) + E_{CA}(T_0) = 0 \tag{8-15}$$

由式(8-14) 和式(8-15) 可得

$$E_{ABC}(T, T_0) = E_{AB}(T) - E_{AB}(T_0) + \int_{T_0}^{T}(\sigma_A - \sigma_B)\mathrm{d}T = E_{AB}(T, T_0) \tag{8-16}$$

此式为中间导体定律表达式。中间导体定律表明：当热电偶引入第三导体 C 时，只要 C 导体两端温度相同，回路总热电动势不变。第三种导体可断开冷端接入，也可断开任何一根热电极接入。利用这个定律，可以在热电偶回路中接入电位计 E，只要保证电位计与连接热电偶处的接点温度相等，就不会影响回路中原来的总热电动势。

2. 中间温度定律

如图 8-12 所示，不同的两种导体材料 A、B 组成热电偶回路，其接点温度分别为 T_1、T_2 时，则其热电动势为 $E_{AB}(T_1, T_2)$；当接点温度分别为 T_2、T_3 时，其热电动势为 $E_{AB}(T_2, T_3)$；当接点温度分别为 T_1、T_3 时，其热电动势为 $E_{AB}(T_1, T_3)$，则

$$E_{AB}(T_1, T_3) = E_{AB}(T_1, T_2) + E_{AB}(T_2, T_3) \tag{8-17}$$

此式为中间温度定律表达式。中间温度定律为热电偶分度表的制定提供了依据，只要求得参考端温度为 0℃ 时的热电动势与温度关系，就可求出参考端温度不等于 0℃ 时的热电动势，反之亦然。如当 $T_3 = 0℃$ 时，则可求出参考端温度不为零时的热电动势为

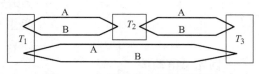

图 8-12　中间温度定律导体回路

$$E_{AB}(T_1, 0) = E_{AB}(T_1, T_2) + E_{AB}(T_2, 0)$$

当在原来热电偶回路中分别引入与导体材料 A、B 同样热电特性的材料 A′、B′，即引入所谓补偿导线时，如图 8-13 所示，当 $E_{AA'}(T_2) = E_{BB'}(T_2)$，则回路总热电动势为

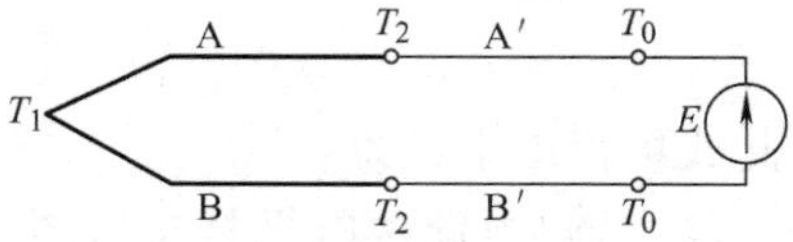

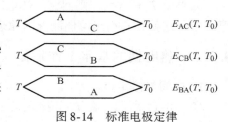

图 8-13　连接导体定律导体回路

$$E_{ABB'A'}(T_1, T_2, T_0) = E_{AB}(T_1, T_2) + E_{A'B'}(T_2, T_0)$$

(8-18)

只要 T_1、T_0 不变，接入 A′B′ 后不管接点温度 T_2 如何变化，都不影响总热电动势，这称为连接导体定律。连接导体定律是工业上运用补偿导线进行温度测量的理论基础。

3. 标准电极定律

如果任意两种导体材料 A、B 分别与第三种导体材料 C 组成热电偶的热电动势是已知的，它们的冷端和热端的温度又分别相等，如图 8-14 所示，则由这两种导体材料 A、B 组成热电偶的热电动势可由式(8-19)来确定，即

$$E_{AB}(T, T_0) = E_{AC}(T, T_0) + E_{CB}(T, T_0) \quad (8-19)$$

图 8-14　标准电极定律

导体材料种类很多，要得出这些导体间组成的热电偶的热电动势工作量非常大，但由于标准电极定律的存在，在实际中，只要知道有关导体与标准电极配对的热电动势，即可求出任何两种导体材料配对的热电动势而不需重新标定，大大简化了热电偶的选配工作。

8.2.3　热电偶的种类与结构

1. 热电偶材料的选取

从理论上讲，任何两种不同材料的导体都可以组成热电偶，但为了确保准确可靠地测量温度，组成热电偶的材料应该满足以下基本条件：

1）物理性能稳定，以保证热电特性不随时间改变。

2）化学性能稳定，以保证在不同介质中测量时不被腐蚀。

3）热电动势高，且温度与热电动势的关系是单值函数关系。

4）导电率高，且电阻温度系数小。

5）材料的机械强度高。

6）复现性好，便于制造，便于成批生产。

2. 热电偶的种类

热电偶种类很多，标准化热电偶类型主要按制作热电偶的材料划分，有贵金属热电偶和普通金属热电偶两大类。目前，工业上常用的标准化热电偶有：铂铑-铂铑、铂铑-铂、镍铬-镍

硅、镍铬-康铜、铜-康铜，前两种属贵金属热电偶，后3种属普通金属热电偶，其测温范围、特点及用途见表8-1。

表8-1 常用热电偶的特性

名称	分度号	测温范围/℃	特点及用途
铂铑$_{30}$-铂铑$_6$	B	0～1700	适用于氧化性或中性介质中测温，稳定性好，精度高，但热电势小，价格高。广泛应用于冶金、钢水等高温测量领域
铂铑$_{10}$-铂	S	0～1600	适用于氧化性或惰性介质中测温，物理化学性能稳定，抗氧化性强，精度高，但热电势小，价格高。常用作标准热电偶或高温测量
镍铬-镍硅	K	−200～1200	适用于氧化性或中性介质中测温，重复性好，热电势大，线性好，价格便宜，但稳定性不如B、S型热电偶
镍铬-康铜	E	−200～900	适用于还原性或惰性介质中测温，热电势较大，稳定性好，灵敏度高，价格低，但测温范围较低
铜-康铜	T	−200～350	适用于还原性介质中测温，精度高，价格低，但极易氧化

3. 热电偶的结构

常见热电偶的结构形式主要有工业用普通热电偶、铠装式热电偶和薄膜热电偶，使用时应根据测温条件和应用场合进行选用。

（1）普通热电偶 工业用普通热电偶结构如图8-15所示，主要由接线盒、保险套管、绝缘套管、热电偶丝等几个部分组成，为棒形结构，主要用于测量气体、蒸汽、液体等。实验室用时，也可不装保护套管，以减小热惯性。

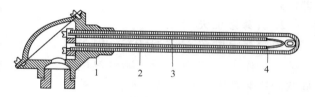

图8-15 普通热电偶的结构示意图
1—接线盒 2—保护套管 3—绝缘套管 4—热电偶丝

（2）铠装式热电偶（又称套管式热电偶） 铠装式热电偶结构如图8-16所示，它是由热电极、绝缘材料、金属套管一起拉制加工而成的坚实缆状态组合体。具有结构细长、可任意弯曲；热惯性小、动态响应快；机械强度高、挠性好、结构小型化等优点。特别适用于测量高温炉温度分布，可反复弯曲，耐温可达1250℃，也可用于狭小对象和结构复杂的装置上测温。

（3）薄膜热电偶 薄膜热电偶是用真空蒸镀、化学涂层等方法使两种热电极材料蒸镀到绝

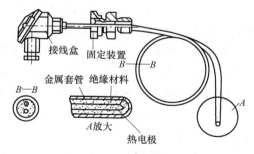

图8-16 铠装式热电偶的结构

缘基板上而形成薄膜热电偶，如图8-17所示。薄膜热电偶的热接点可做得极薄（0.01～0.1μm），因而具有热容量小、反应速度快（μs）等特点。适用于微小面积上的表面温度以及快速变化的动态温度测量，测温范围在300℃以下。使用时将薄膜热电偶用黏结剂黏结在被测物体壁面上。

8.2.4 热电偶的温度补偿

根据热电偶的工作原理可知，热电偶热电动势是热端和冷端的温度函数，为保证输出热电动势是被测温度的单值函数，必须使冷端温度保持恒定。通常冷端温度 T_0 要求为 0℃，这主要是由于热电偶分度表给出的热电动势是在冷端温度为 0℃ 的情况下得到的，与它配套使用的仪表又是根据分度表进行标定的。当实际使用时，若 T_0 不为 0℃，则会引起测量误差，因而必须采取措施对热电偶冷端进行温度补偿，否则会产生测量误差。

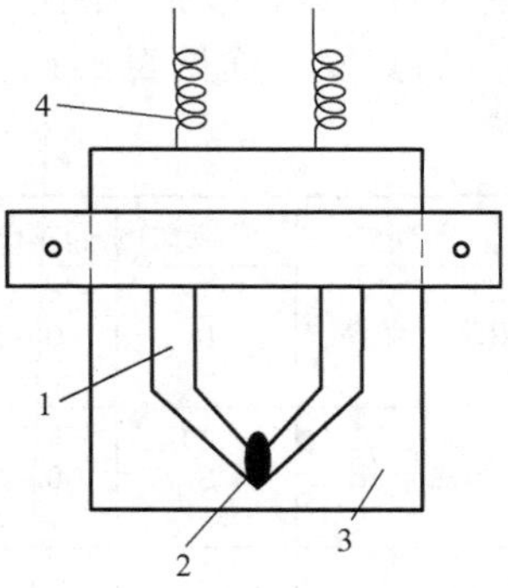

1. 0℃恒温法

把热电偶的冷端置于冰水混合物容器里，使 $T_0 = 0℃$，如图 8-18 所示，这种办法仅限于科学实验中使用。为了避免冰水导电引起两个连接点短路，必须把连接点分别置于两个玻璃试管里，浸入同一冰点槽，使其相互绝缘。近年来已研制出能使温度恒定在 0℃ 的半导体致冷器件。

2. 计算修正法

当冷端温度 T_0 不等于 0℃，但为恒定值，工作端温度为 T 时，测量热电偶回路的热电动势为 $E_{AB}(T, T_0)$，该热电

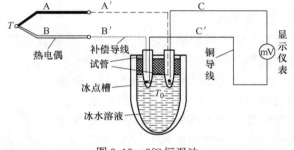

图 8-17　薄膜热电偶的结构
1—热电极　2—热接点
3—绝缘基板　4—引线

图 8-18　0℃恒温法

动势需要修正后查分度表获得实际被测温度。通过分度表可得 $E_{AB}(T_0, 0)$，根据中间温度定律得

$$E_{AB}(T,0) = E_{AB}(T,T_0) + E_{AB}(T_0,0)$$

可计算得出 $E_{AB}(T, 0)$，再通过查分度表获得 $E_{AB}(T, 0)$ 所对应的温度值 T，即为实际被测温度值。

例8.2　用镍铬-镍硅热电偶测量加热炉温度。已知冷端温度 $T_0 = 30℃$，热电动势 $E_{AB}(T, T_0)$ 为 33.29mV，求加热炉温度。

解：查镍铬-镍硅热电偶分度表得 $E_{AB}(30, 0) = 1.203mV$。则

$$E_{AB}(T,0) = E_{AB}(T,T_0) + E_{AB}(T_0,0) = 33.29mV + 1.203mV = 34.493mV$$

由镍铬-镍硅热电偶分度表得 $T = 829.8℃$。

计算修正法所得测量结果较精确，但比较烦琐，工程上常利用补正系数法实现补偿。

3. 补正系数法

把冷端实际温度 T_H 乘上系数 k，加到查分度表获得 $E_{AB}(T, T_H)$ 所对应的温度 T' 上，则为被测温度 T。用公式表达即

$$T = T' + kT_H \tag{8-20}$$

热电偶的补正系数可通过查表 8-2 获得。

表 8-2 热电偶的补正系数

工作温度/℃	热电偶的种类				
	铂铑$_{10}$-铂	镍铬-镍硅	铁-考铜	镍铬-考铜	铜-考铜
0	1.00	1.00	1.00	1.00	1.00
20	1.00	1.00	1.00	1.00	1.00
100	0.82	1.00	1.00	0.90	0.86
200	0.72	1.00	0.99	0.83	0.77
300	0.69	0.98	0.99	0.81	0.70
400	0.66	0.98	0.98	0.83	0.68
500	0.63	1.00	1.02	0.79	0.65
600	0.62	0.96	1.00	0.78	0.65
700	0.60	1.00	0.91	0.80	—
800	0.59	1.00	0.82	0.80	—
900	0.56	1.00	0.84	—	—
1000	0.55	1.07	—	—	—
1100	0.53	1.11	—	—	—
1200	0.53	—	—	—	—
1300	0.52	—	—	—	—
1400	0.52	—	—	—	—
1500	0.52	—	—	—	—
1600	0.52	—	—	—	—

与计算修正法相比，这种温度补偿方法简单，但误差稍大一点。

例 8.3 用铂铑$_{10}$-铂热电偶测温，已知冷端实际温度 $T_H = 35℃$，这时热电动势为 11.348mV。求测量端的实际温度。

解：查热电偶的分度表，得出与此热电动势相对应的温度 $T' = 1150℃$。再在表 8-2 中查出，对应于 1150℃ 的补正系数 $k = 0.53$。于是，被测温度为

$$T = 1150℃ + 0.53 \times 35℃ = 1168.3℃$$

4. 补偿导线法

在工业应用中，被测端与指示仪表之间往往有很长的距离，而热电偶的长度一般只有 1m 左右，冷端温度往往直接受到被测介质和周围环境的影响，不仅很难维持在 0℃，且是波动的。为解决这一问题，通常用补偿导线将热电偶的冷端延伸出来与显示或控制仪表连接，补偿导线是一对与热电极材料不同，但与配接的热电偶热电特性相同的导线。其作用是将热电偶冷端移至离热源较远，并且温度稳定的地方。根据连接导体定律可实现温度补偿。

5. 电桥补偿法

该法利用不平衡电桥产生的电压来补偿热电偶因冷端温度变化而引起热电动势的变化值。如图 8-19 所示为电桥补偿法原理图，不平衡电桥 4 个桥臂与冷端温度相同。图中桥臂

电阻 R_1、R_2 和 R_3 为锰铜丝绕制的电阻，R_{Cu} 为铜丝绕制的电阻，R 为限流电阻。通常在 20℃ 下使电桥平衡（$R_1 = R_2 = R_3 = R_{Cu}$）时，$U_{ab} = 0$。当冷端温度升高时，R_{Cu} 阻值随之增大，电桥失去平衡，U_{ab} 相应增大，此时热电动势 E_{AB}（T，T_0）由于冷端温度升高而下降，适当选择

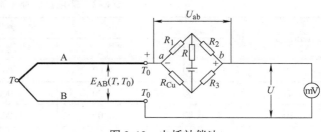

图 8-19　电桥补偿法

桥臂电阻和限流电阻，可使 U_{ab} 的增大等于热电动势 E_{AB}（T，T_0）的减小，使输出电压 U 不随冷端温度的变化而变化，达到温度补偿的目的。

微思考

技术男：嗨，亮仔，考考你。如果热电偶已选择了配套的补偿导线，但连接时正负极接错了，会造成什么测量结果呀？

亮　仔：额，不知道。

技术男：热电偶和热电偶补偿导线都有正负极之分，补偿导线极性反接时仪表显示值变化很大，具体有以下几种情况：① 补偿导线极性反接后，当热电偶与补偿导线连接处温度高于控制室温度时，仪表显示温度低于实际测量温度；② 补偿导线极性反接后，当热电偶与补偿导线连接处温度低于控制室温度时，仪表显示温度高于实际测量温度；③ 补偿导线极性反接后，当热电偶与补偿导线连接处温度与控制室温度相同时，仪表显示温度与实际温度相同。

亮　仔：哇，技术男，你好棒哟！

8.2.5　热电偶的测量电路

在使用热电偶进行测温时，根据不同的测量任务主要有以下几种测量电路。

1. 测量单点的温度

在单点测温时，可采用如图 8-20 所示测量电路，将热电偶两电极通过补偿导线直接和显示仪表连接组成测量电路，也可与温度补偿器连接，转换成标准电流信号输出。

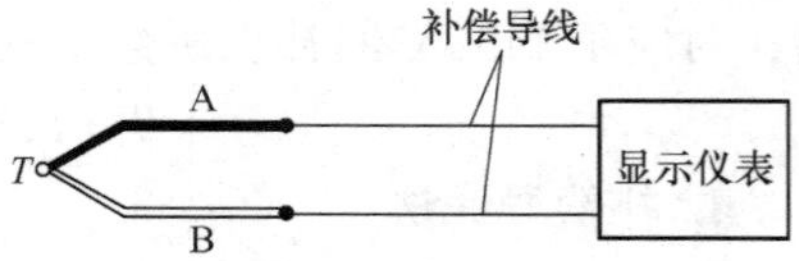

图 8-20 所示电路中，显示仪表所测量的电压可表示为

图 8-20　热电偶单点测温电路

$$U = \frac{E_{AB(T,T_n)}}{R_D + R_T + R_M} \cdot R_M \tag{8-21}$$

式中　R_D——导线电阻；

R_T——热电偶内阻；

R_M——仪表内阻。

可见，只有 R_M 满足 $R_D + R_T \ll R_M$ 时，显示仪表所测量的电压值 U 才能准确地反映热电动势 E_{AB}（T，T_n）的值。

2. 热电偶串、并联

为了满足实际测量需要，常可将热电偶串联或并联使用，但只能是同一分度号的热电偶，且冷端应在同一温度下。如热电偶正向串联，可获得较大的热电动势输出和较高的灵敏度；在测量两点的温差时，可采用热电偶反向串联；利用热电偶并联可以测量平均温度。

（1）测量两点的温差　图 8-21 所示是将两个同型号的热电偶配用相同的补偿导线反向串联组成的测量两点温差的电路，该测量电路由于两热电偶产生的热电动势方向相反，故输入仪表的是其差值，正好反映了两热电偶热端的温差。为保证测量精度，两热电偶冷端温度必须相同。

（2）并联线路　将多只同型号热电偶的正极和负极分别连接在一起构成热电偶并联测量电路。图 8-22 所示为 3 只热电偶组成的并联测温电路，图中每一热电偶支路中分别串联了一个均衡电阻 R，其阻值应远远大于热电偶内阻。当仪表的输入电阻很大时，回路的总热电动势为

$$E_T = \frac{E_1 + E_2 + E_3}{3} \tag{8-22}$$

式中　E_1、E_2、E_3——分别为 3 只热电偶的热电动势。

可见，热电偶并联测量电路可实现多点平均温度测量。该测量电路的特点是当有一只热电偶烧断时，不会中断整个测温系统的工作，但也难以觉察出来。

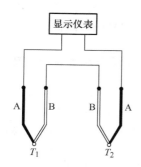

图 8-21　热电偶测两点温差

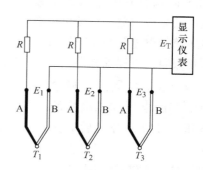

图 8-22　热电偶并联测量电路

（3）串联线路　将多只同型号热电偶的正极和负极依次连接构成热电偶串联测量电路。图 8-23 所示为 3 只热电偶组成的串联测温电路，此时回路总热电动势为

$$E_T = E_1 + E_2 + E_3 \tag{8-23}$$

可见热电偶串联测量电路热电动势大，使仪表的灵敏度大大增加，且避免了热电偶并联线路存在的缺点，即可立即可以发现热电偶断路。缺点是只要有一只热电偶断路，整个测温系统将停止工作。

3. 智能化接口电路

K 型热电偶由于其结构简单、制作容易、使用方便、测温

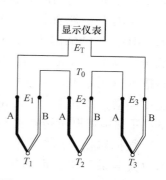

图 8-23　热电偶串联测量电路

范围宽、测温精度高，且价格便宜，是目前用量最大的热电偶。为对此类热电偶进行非线性及冷端温度补偿，可将其与现代芯片相结合，直接输出数字信号，与微处理器直接接口，实现智能化测温。

目前常用的 K 型热电偶信号数字化芯片为美信半导体（MAXIM）公司推出的 MAX6675 芯片和 MAX7705 芯片，此类芯片把信号放大和 A/D 转换两大功能集成到一个芯片中，即是一个集成了热电偶放大、冷端温度补偿、A/D 转换及其 SPI 串口的热电偶放大器与数字转换器。

（1）MAX6675 测温电路　MAX6675 器件采用 8 引脚 SOP 封装。其主要特性有：① 简单的 SPI 串行口温度值输出；② 输出 12 位分辨率；③ 转换精度为 0.25℃；④ 测量范围为 0~1024℃；⑤ 片内冷端温度补偿；⑥ 高阻抗差动输入；⑦ 热电偶断线检测；⑧ 5V 电源电压供电；⑨ 工作温度范围为 −20~85℃。

MAX6675 的测温电路如图 8-24 所示，图中 MAX6675 的 T_- 引脚接热电偶负极，T_+ 引脚接热电偶正极，SCK 为串行时钟输入，$\overline{CS}$ 为片选信号（$\overline{CS}$ 为低电平时，启动串口），SO 为串行数据输出，V_{CC} 为电源端，MAX6675 还有一个 CN 引脚悬空。MAX6675 内部具有一个放大倍数可调的电压信号放大器，可使热电偶输出的电压信号调整到与 12 位 ADC 输

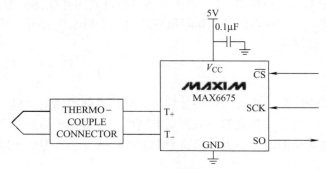

图 8-24　MAX6675 测温电路

入电压相兼容，以保证检测信号的高精度，同时 MAX6675 还带有温度检测二极管，它将环境温度转换成电压量，IC 通过处理热电偶的电压和二极管的检测电压，计算出补偿后的热端温度。

（2）MAX7705 测温电路 MAX7705 是更高精度的测量芯片，其测温电路如图 8-25 所示。图中 MAX6610 是精密的、低功耗模拟温度传感器，带有高精度电压基准，用于热电偶温度补偿。16 位 $\Sigma-\Delta$ ADC 将低电平热电偶电压转换成 16 位串行数据输出。热电偶信号调节放大器采用集成可编程增益放大器（PGA），这对于处理热电偶小信号输出非常必要。

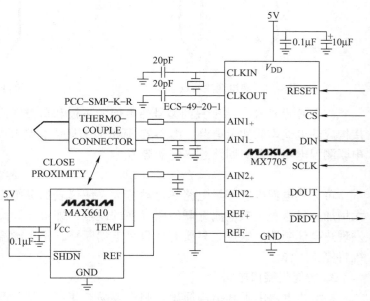

图 8-25　MAX7705 测温电路

MAX6610 靠近热电偶安装，用于测量冷端附近的温度。冷端温度传感器输出由 ADC 的通道 2 进行数字转换。为了确定热电偶热端的测量温度，需首先确定冷端温度，然后通过查热电偶分度表将冷端温度转换成对应的热电电压。将此热电压与经过 PGA 增益校准的热电偶读数相加，再通过查热电偶分度表将求和结果转换成温度，所得结果即为热端温度。

8.2.6 热电偶的选择、安装使用和校验

1. 热电偶的选择、安装使用

应该根据被测介质的温度、压力、介质性质、测温时间长短来选择热电偶和保护套管。热电偶的安装地点要有代表性，安装方法要正确。如图 8-26 所示是安装在管道上常用的两种方法。在工业生产中，热电偶常与毫伏计或电子电位差计联用，后者精度较高，且能自动记

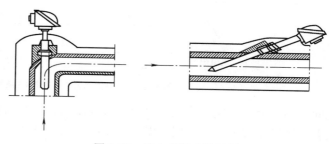

图 8-26 热电偶的安装示例

录。另外，也可通过与温度变送器联用经放大后再接指示仪表，或作为控制用的信号。

2. 热电偶的定期校验

热电偶在长期的使用过程中必须对其定期校验。校验的方法是用标准热电偶与被校验热电偶装在同一校验炉中进行对比，误差超过规定允许值为不合格。图 8-27 所示为热电偶校验装置示意图，最佳校验方法可通过查阅有关标准获得。

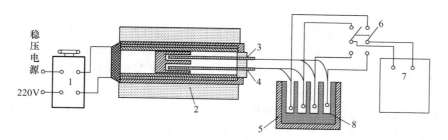

图 8-27 热电偶校验装置示意图

1—调压变压器 2—管式电炉 3—标准热电偶 4—被校热电偶 5—冰瓶 6—切换开关 7—测试仪表 8—试管

【拓展应用系统实例 2】热电偶炉温控制系统

热电偶炉温测量控制系统原理框图如图 8-28 所示。图中 mV 定值器给出给定温度的相应毫伏值，热电偶的热电动势与定值器的毫伏值相比较，若有偏差则表示炉温偏离给定值，此偏差经 μV 放大器送入 PIO 调节器，再经过晶闸管触发器推动晶闸管执行器来调整电炉丝的加热功率，直到偏差被消除，从而实现控制温度。

8.3 集成温度传感器

所谓集成温度传感器就是把热敏晶体管和外围电路、放大器、偏置电路及线性电路制作

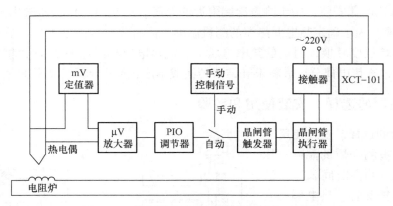

图 8-28　热电偶炉温测量控制系统原理框图

在同一芯片上，构成一体化的可以完成温度测量的专用集成器件。集成温度传感器是近年来随着大规模集成电路的发展而发展起来的，它是利用晶体管 PN 结的电流、电压特性与温度的关系实现温度测量的，一般温度测量范围小于 150℃。集成温度传感器具有输出线性好、测量精度高、体积小、使用方便、价格便宜等优点，已在测温技术中获得广泛的应用。它的缺点是灵敏度较低。目前常用的集成温度传感器有 AD590、AD592、TMP17、LM135、AN6701S 等。

8.3.1　集成温度传感器的分类

按输出信号的类型不同，集成温度传感器主要分为电压型、电流型和数字输出型 3 种类型。

电压型集成温度传感器是将温度传感器基准电压、缓冲放大器集成在同一芯片上制成的一个 4 端器件。因器件有放大器，故输出电压灵敏度高，线性输出为 10mV/℃；另外，由于其具有输出阻抗低的特性，故不适合长线传输。这类集成温度传感器特别适合于工业现场测量。

电流型集成温度传感器是把线性集成电路和与之相容的薄膜工艺元件集成在一块芯片上，再通过激光修版微加工技术，制造出性能优良的测温传感器。这种传感器的输出电流正比于热力学温度，其输出电流灵敏度为 1μA/K；其次，因电流型输出恒流，所以传感器具有高输出阻抗，其值可达 10MΩ，这为远距离传输深井测温提供了一种新型器件。

数字输出型集成温度传感器是将测温 PN 结传感器、高精度放大器、多位 A/D 转换器、逻辑控制电路、总线接口等集成在一块芯片上，通过总线接口，将温度数据传送给如单片机、PC、PLC 等上位机。由于采用数字信号传输，所以不会产生模拟信号传输时因为电压衰减造成的误差，抗电磁干扰能力也比模拟传输强得多。常见的数字输出型集成温度传感器有单总线数字温度传感器 DS18B20、双总线数字温度传感器 MAX6635、三总线数字温度传感器 DS1722 等。

8.3.2　几种典型集成温度传感器的主要特性

1. AN6701S 电压输出型集成温度传感器

AN6701S 是日本松下公司生产的电压输出型集成温度传感器，它有 4 个引脚，3 种连线方式,如图 8-29 所示。图 a 为正电源供电,图 b 为负电源供电,图 c 输出极性颠倒。电阻 R_C 用来调整 25℃ 下的输出电压,使其等于 5V。若 R_C 的阻值在 3～30kΩ 范围内,这时灵敏度可达 109～110mV/℃,在 -10～80℃ 范围内基本误差不超过 ±1℃。

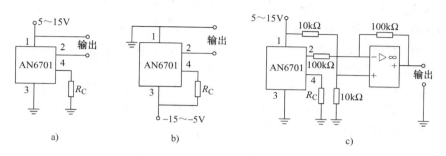

图 8-29 AN6701S 的 3 种电路方式

a)正电源供电 b)负电源供电 c)输出极性颠倒

在 -20～80℃ 范围内,R_C 的值与输出特性的关系如图 8-30 所示。AN6701S 电压输出型集成温度传感器具有如下特点:很好的线性,非线性误差不超过 0.5%;在静止空气中的时间常数为 24s,在流动空气中为 11s;电源电压在 5～15V 间变化,所引起的测温误差一般不超过 ±2℃;整个集成电路的电流值一般为 0.4mA,最大不超过 0.8mA($R_L = \infty$ 时);其灵敏度比一般集成温度传感器高 10 倍。

2. AD590 电流型集成温度传感器

典型的电流型集成温度传感器有美国亚德诺半导体(AD)公司生产的 AD590,我国的 SG590 也属于同类产品。AD590 温度测量范围为 -50～150℃;要求电源电压为 4～30V,小于 3V 时灵敏度随外加电压增加而增加,所以电源电压必须大于 4V。其伏安特性曲线如图 8-31 所示。图中 I 为一恒流值输出,$I \propto T_k$,即

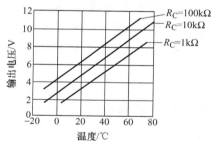

图 8-30 AN6701S 的温度特性曲线

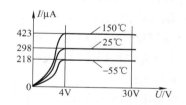

图 8-31 AD590 的伏安特性曲线

$$I = K_T \cdot T_K \tag{8-24}$$

式中 K_T——标定因子,AD590 的标定因子为 1μA/℃。

AD590 的温度特性曲线如图 8-32 所示,其温度特性曲线函数是以 T_C 为变量的 n 阶多项式之和,省略非线性项后则有

$$I = K_T \cdot T_C + 273.2 \tag{8-25}$$

式中 T_C——摄氏温度,I 的单位为 μA。

可见,当温度为 0℃ 时,输出电流为 273.2μA。显然,实际输出与理想输出存在误差

（0℃时，理想输出应为 273.15μA），因而在实际使用时需对 AD590 进行标定使输出满足 1mV/K（1μA/K）的关系。AD590 的标定方法有以下两种：

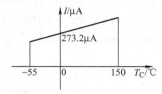

图 8-32　AD590 温度特性曲线

（1）一点校正法　如图 8-33 所示为一点校正法的基本电路，基本电路仅对某点温度进行校准。如 AD590 在 25℃时，输出电流并非 298.15μA，而是 298.2μA，通过调节 R 电阻，使输出电流为 298.15μA，即可获得输出电压温度系数为 1mV/℃。

（2）两点校正法　如图 8-34 所示为两点校正法的基本电路，首先将 AD590 置于 0℃温度中，调节 R_1，使输出 $V_{OUT}=0V$；再将 AD590 置于 100℃温度中，调节 R_2，使 $V_{OUT}=10V$，即可获得输出电压温度系数为 100mV/℃。

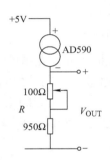

图 8-33　一点校正法的基本电路

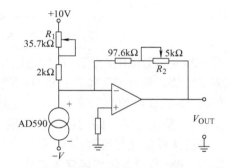

图 8-34　两点校正法的基本电路

3. DS18B20 数字输出型集成温度传感器

DS18B20 是美国达拉斯半导体（DALLAS）公司生产的单总线数字温度传感器，可把温度信号直接转换成串行数字信号供微机处理。由于每片 DS18B20 含有唯一的串行序列号，所以在一条总线上可挂接多个 DS18B20 芯片。从 DS18B20 读出的信息或向 DS18B20 写入信息仅需要一根接口线（单总线接口）。读写及温度变换的功率均来源于数据总线，数据总线本身也可以向所挂接的 DS18B20 供电而无需额外电源。DS18B20 提供 9～12 位的温度读数，构成多点温度检测系统而无需任何外围硬件。

与其他温度传感器相比，DS18B20 有以下主要特性：

1）接口方式特别，只需要一个接口就可以和单片机进行双向通信。

2）测量范围为 -55～125℃，在 -10～85℃时精度为 ±0.5℃。

3）电源电压范围为 3.0～5.5V。

4）可通过编程实现 9～12 位数字读出方式。

5）多个 DS18B20 可并联在唯一的数据总线上实现多点测温。

6）每片 DS18B20 上有全球唯一的 64 位序列号编码，可灵活组建测温网络。

DS18B20 电路原理框图如图 8-35 所示。计数器 1 需要一个固定频率的脉冲信号输入，由于普通晶振的振荡频率会受温度影响，所以这里用了一个低温度系数的晶振，可在温度变化较大的环境下提供稳定的固定频率的脉冲信号。计数器 2 的脉冲输入由高温度系数的晶振提供，其振荡频率随温度变化而发生显著变化。初始状态下，将计数器 1 和温度寄存器预置一个基数值，这个值对应 DS18B20 检测的最低温度值 -55℃。计数器 1 接收来自低温度系数晶振产生的脉冲信号，并根据该脉冲信号进行减法运算，计数器 1 预置的基数值将不断减少，直至减到 0，这时温度寄存器的值就加 1，此时计数器 1 会回到预置值，并重新开始计数来自低温度系数晶振产生的脉冲信号。温度寄存器在这样的循环下累加，累加的过程中计数器 2 一直计数，当计数到 0 的时候，循环停止，温度寄存器也停止累加，这时温度寄存器里的数值就是传感器测到的温度。在测量温度的过程中，会存在非线性关系，所以还需要一个斜率累加器，对这些非线性进行有效的补偿和修正，计数器 1 的预置值将被修正。图 8-36 所示为 DS18B20 的两种封装形式，图中引脚 I/O 为数字信号输出输入端，V_{DD} 为外部电源端，GND 为接地端，NC 为空引脚。

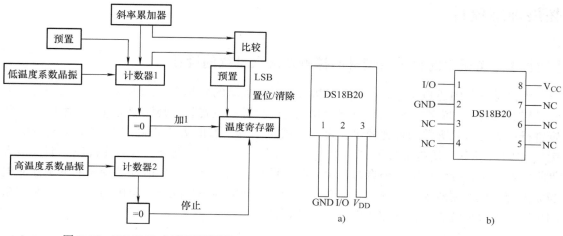

图 8-35　DS18B20 电路原理框图

图 8-36　DS18B20 的两种封装形式
a）PR - 35 封装　b）SOSI 封装

　　图 8-37 所示为采用寄生电容供电的温度检测系统原理框图。为保证在有效的 DS18B20 时钟周期内，提供足够的电流，系统采用一个 JFET 管和 89C51 的一个 I/O 口（P1.0）来完成对 DS18B20 总线的上拉。当 DS18B20 处于写存储器操作和温度 A/D 转换操作时，总线上必须有强的上拉，上拉开启时间最大为 10μs。采用寄

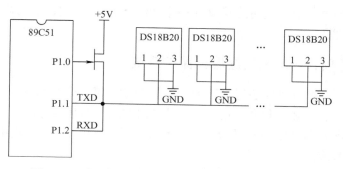

图 8-37　采用寄生电容供电的温度检测系统原理框图

生电容供电方式时 V_{DD} 必须接地。由于单总线制只有一根总线，因此发送接收口必须是三态的。为了操作方便，系统采用 89C51 的 P1.1 口作为发送口 T_x，P1.2 口作为接收口 R_x。由于单总线数字温度传感器 DS18B20 具有在一条总线上可同时挂接多芯片的显著特点，可同时测量多点的温度。而且 DS18B20 的连接线可以很长，抗干扰能力强，便于远距离测量，因而得到了广泛应用。

　　DS18B20 使用时应注意以下几点：① 当单总线上所挂 DS18B20 超过 8 个时，需要解决微处理器的总线驱动问题；② 连接 DS18B20 的总线电缆是有长度限制的。当采用普通信号

电缆传输长度超过 50m 时，读取的测温数据将发生错误。当采用双绞线带屏蔽电缆时，通信距离可达 150m。这种情况主要是由于总线分布电容使信号波形产生畸变造成的。因此，在用 DS18B20 进行长距离测温系统设计时，要充分考虑总线分布电容和阻抗匹配等问题；③ 在对 DS18B20 进行读、写编程时，必须严格保证读、写时序，否则将无法读取测温结果；④ 在 DS18B20 测温系统程序设计中，向 DS18B20 发出温度转换命令后，程序总要等待 DS18B20 的返回信号，一旦某个 DS18B20 接触不好或断线，当程序读该 DS18B20 时，将没有该 DS18B20 的返回信号，程序进入死循环，我们应给予重视。

拓展训练项目

【项目1】 飞机中的火警或烟雾的探测及灭火系统的设计

无论是飞行中还是在地面，火对飞机来说是最危险的威胁之一，所以火警的探测与灭火都是极其重要的。应在飞机的动力装置和机体的关键部位安装火警探测装置，再配以灭火装置进行灭火。但是火警的种类较多，表现形式不一样。有时温度很高（如发动机周围的温度），但不是火警；有时温度不高（如明火出现的早期）却是火警；有时飞机没有明火但有烟雾，这也可以导致火灾；还有时灰尘或粉末散落在空中，也会影响烟雾探测的准确性而误当成火警。试运用所了解的热电式传感器的知识，研究某一情况下飞机中的火警或烟雾的探测报警及灭火系统方案，并完成电路原理图设计。

【项目2】 用 DS18B20 数字输出型集成温度传感器设计一个单片机温度控制系统

DS18B20 现在已广泛用于智能温控系统。根据所学单片机知识，试用 DS18B20 数字输出型集成温度传感器设计一个 $25 \pm 5℃$ 的温度控制系统方案，并画出温度控制系统电路原理图。

【项目3】 燃气灶熄火保护系统设计

燃气灶安装熄火保护装置是国家标准强制性规定的。目前常用的熄火保护方式有热电式、热敏式和光电式 3 种，其中用的最广的是热电式的。热电式的熄火保护装置通常采用热电偶和电磁阀两部分组成。试根据所学知识，采用热电偶设计一个燃气灶熄火保护电路系统。

习　题

8.1　热敏电阻与热电阻相比较有何优缺点？

8.2　简述热电偶传感器结构和测温原理，热电偶产生热电动势的必要条件是什么？

8.3　什么是中间导体定律、中间温度定律、标准导体定律？它们各有什么实际意义？

8.4　试设计实现某 3 点的平均温度测量电路。

8.5　按输出信号的类型不同，集成温度传感器主要分为哪几类？AD590 是哪一种形式输出的温度传感器，可测量的温度范围是多少？

8.6 铂电阻温度计在 100℃ 时的电阻值为 139Ω，当它与热的气体接触时，电阻值增至 281Ω，试确定该气体的温度（设 0℃ 时的电阻值为 100Ω）是多少？

8.7 将一支灵敏度为 0.08mV/℃ 的热电偶与电压表相连，电压表接线端处温度为 50℃，电压表上读数为 60mV。求热电偶热端温度是多少？

8.8 用镍铬-镍硅热电偶测得介质温度为 800℃，若参考端温度为 25℃，问介质的实际温度为多少？

8.9 某热电偶在 600.0℃ 时输出热电动势 $E = 5.257mV$，若冷端温度为 0℃ 时，测某炉温输出热电动势 $E = 5.267mV$。试求该加热炉实际温度是多少？

第 9 章

光电式传感器

光电式传感器是将光变化的信号转换为电信号的一种传感器，其物理基础是光电效应。光电式传感器包括光源、光通路和光电器件 3 部分。被测量作用于光源或者光通路，将被测信息调制到光波上，使光波的强度、相位、空间分布、频谱分布等发生变化，然后光电器件将光信号转换为电信号，电信号再经后续电路解调分离出被测量的信息，从而实现对被测量的测量。光电式传感器具有非接触、无损害、不受电磁干扰、响应快、性能可靠、分辨力高、可远距离传送信息与远距离操纵控制等优点，在航空、航天、石油、化工、国防、安全、旅游、交通、城市建设和农业生产等领域获得了广泛的应用。

9.1 光电效应

光与物质作用产生的光电效应分为内光电效应和外光电效应两类。

1. 内光电效应

受光照的物体电导率发生变化，或产生光生电动势的效应叫内光电效应。内光电效应又可分为以下两类：

（1）光电导效应 光电导效应是指在光的照射下材料的电阻率发生改变的现象。基于这种效应的光电器件有光敏电阻等。

光电导效应的物理过程是光照射到半导体材料时，价带中的电子受到能量大于或等于禁带宽度的光子轰击，并使其由价带越过禁带跃迁至导带，使半导体材料中导带内的电子和价带内的空穴密度增大，从而使电导率增大。

要产生光电导效应，光子能量 hv 必须大于半导体材料的禁带宽度 E_g（eV），由此可得光电导效应的临界波长 λ_0（nm）为

$$\lambda_0 \approx \frac{1239}{E_g} \tag{9-1}$$

（2）光生伏特效应 光生伏特效应是基于半导体 PN 结的一种光转换为电的效应。当光辐射到半导体 PN 结上时，若能量达到禁带宽度，则价带中的电子吸收光子跃迁至导带，并在价带上留下一个空穴，形成电子-空穴对。光生电子在势垒附近电场梯度的作用下向 N 侧迁移，而空穴则向 P 侧迁移。从而使 N 区带负电，P 区带正电，形成光电动势。

2. 外光电效应

在光的照射下，物质中的电子吸收足够的光子能量后，电子将克服原子核的束缚，逸出物质表面成为真空中的自由电子，也称为光电发射效应。基于这种效应的光电器件有光电管、光电倍增管等。

根据爱因斯坦假说，一个光子的能量只能给一个电子。因此，如果一个电子要逸出物质表面，光子的能量 $E = h\nu$（其中，h 为普朗克常量，$h = 6.626 \times 10^{-34}$ J·s；ν 为光的频率）必须要足以克服表面逸出功 A，超过部分的能量，表现为逸出电子的动能 E_k，即

$$E_k = \frac{1}{2}m\nu^2 = h\nu - A \tag{9-2}$$

式中 m——电子质量（$m = 9.109 \times 10^{-31}$ kg）；

       ν——电子逸出速度（m/s）。

不同材料具有不同的表面逸出功 A。式（9-2）称为爱因斯坦光电效应方程。

9.2 光源

光源是光电式传感器应用技术中的重要部分，选好光源是光电式传感器的重要环节，它直接影响到检测的效果和质量。选择光源要综合考虑波长、谱分析、相干性、发光强度、稳定性、体积、造价等诸多因素。光电式传感器中常用的光源包括热辐射光源（如钨丝白炽灯、卤钨灯等）、气体放电光源（如荧光灯、钠灯等）、固体发光光源（如发光二极管等）和激光光源等几种类型。

1. 热辐射光源

利用物体升温产生光辐射的原理制成的光源称为热辐射光源。根据斯蒂芬-玻耳兹曼定律（$E = \mu\xi T^4$，其中，E 表示物体在温度 T 时单位面积和单位时间内的辐射总能量；μ 为斯蒂芬-玻耳兹曼常数，$\mu = 5.6697 \times 10^{-12}$ W/cm²K⁴；ξ 表示比辐射率，即物体表面辐射本领与黑体辐射本领的比值；T 表示物体的绝对温度），物体温度越高，辐射能量越大，辐射光谱的最大吸收波长也就越短。常用的热辐射光源包括钨丝白炽灯和卤钨灯等。

（1）钨丝白炽灯   19 世纪 60 年代，俄国的谢尔盖耶夫（Cergeev）制成了铂丝卷状的白炽灯，后经改进制成当今仍在普遍使用的钨丝白炽灯。

钨丝白炽灯由熔点高达 3600K 的钨丝制成的灯丝、实心玻璃、灯头和玻璃壳组成。灯丝是白炽灯的核心部件，由钨丝绕制成单螺旋形或双螺旋形。灯丝被密封在玻璃壳中，为防止高温时钨丝的氧化，壳内充以惰性气体，例如氩气、氪气等。

钨丝白炽灯的发光光谱是连续的，涵盖了整个可见光区，并延长至中红外区，它的峰值波长在近红外区，约为 $1 \sim 1.5\mu m$。因此，可用作近红外光源。钨丝白炽灯的灯丝温度常在 2800K，远比太阳表层的温度（6000K）低得多。因此，它的色温偏低，颜色偏红。

钨丝白炽灯的规格很多，分类方法也很多，常被分为真空灯和充气灯。另外，从钨丝白炽灯的应用方面来分，有普通照明灯、仪器仪表照明用灯、标准光源、标准光谱灯、仪器指示灯等。钨丝白炽灯结构简单、造价低廉，是目前使用较为广泛的一类光源。但由于钨丝白炽灯的寿命和发光效率都很低，能耗较高，使其在很多应用领域受到了半导体发光器件的冲击。

（2）卤钨灯   卤钨灯是一种改进了的钨丝白炽灯。钨丝在高温下的蒸发会使灯泡变黑，在灯丝中加入卤族元素（氟、氯、溴、碘等），钨丝蒸发后会与卤族元素发生反应形成卤化钨，当卤化钨回到灯丝附近时，遇高温会分解为钨和卤族元素，钨会重新回到灯丝上，这样弥补了的灯丝的蒸发，提高了灯的寿命，同时也解决了灯泡变黑的问题。因此，卤钨灯具有

发光亮度高、效率高、体型小、成本低等特点。常用的卤钨灯有碘钨灯和溴钨灯两类。在光电式传感器技术中应用最多的是溴钨灯。

2. 气体放电光源

电流通过置于气体中的两个电极时，两电极之间会放电发光，利用这一原理制成的光源称为气体放电光源。包括汞灯、钠灯、氙灯和铟灯等，这类光源不像钨丝灯那样通过加热灯丝使其发光，属于冷光源。气体放电光源的光谱是不连续的，光谱与气体的种类及放电条件有关，改变气体的成分、压力、阴极材料、放电电流的大小等条件，可以得到主要在某一光谱范围的放电光源。

低压汞灯、氢灯、钠灯、镉灯、氦灯是光谱仪器中常用的光源，称为光谱灯。例如：低压汞灯的辐射波长为254nm，钠灯的辐射波长为589nm，它们经常被用作光电检测仪器的单色光源。如果光谱灯涂以荧光剂，由于光线与涂层材料的作用，荧光剂可以将气体放电谱线转化为更长的波长。目前荧光剂的选择范围很广，通过对荧光剂的选择可以使气体放电灯发生某一特定波长或者某一范围的波长，照明荧光灯就是一个典型的例子。

氙灯是由充有氙气的灯泡组成，用高压电触发放电。目前氙灯可以分为长弧氙灯、短弧氙灯和脉冲氙灯。长弧氙灯的电极间距较长，一般在150mm以上，发出的弧光也比较长，适合于需要较大面积照明的情况。短弧氙灯的电极间距一般很短，在几毫米范围内，发光也比较集中，它在可见光波段发出的辐射能量较强，且有部分紫外光，在近红外光区也有比较强的辐射输出。脉冲氙灯是除激光光源外亮度最高的光源，其光谱分布范围也宽，脉冲光与CCD的转移脉冲同号后可以获得高速运动物体的瞬态图像。这在高速摄影技术中获得广泛的应用。但是脉冲氙灯的电源系统复杂，需要一个近万伏的引燃脉冲电压。如果线路布置不当，会引进干扰信号。此外，因为闪光频率高，脉冲氙灯的寿命也不太长。

在同样的光通量下，气体放电光源消耗的能量仅为白炽灯的 $1/3 \sim 1/2$。气体放电光源发出的热量少，对检测对象和光电探测器件的温度影响较小，对电压恒定的要求也比白炽灯低。

3. 发光二极管

20世纪70年代末，人们开始使用发光二极管（LED）作为数码显示器和图像显示器。进入21世纪以来，LED技术取得了长足进步，其应用范围也得到了极大的扩展。不仅作为数码显示和图像显示器件，而且用于仪器和生活照明等。发光二极管与白炽灯相比，具有体积小、重量轻、便于集成、便于构成各种形状、工作电压低、耗电小、驱动简便、响应速度快、寿命长、发光亮度高、发光效率高、发光亮度可在大范围内调节等优点。

PN结型发光器件包括 GaAs 红外发光二极管、GaP 掺 Zn－O 红光发光二极管、GaP 掺 Zn 绿光发光二极管、GaP 掺 Zn－N 黄光发光二极管等各种单色发光二极管。各种发光二极管均受温度影响，温度升高发光强度降低，呈线性关系。因此使用发光二极管时应注意环境对 PN 结温度的影响。

4. 激光光源

激光是一种新型的光源，与钨丝灯、氙灯等其他光源相比，具有方向性强、单色性好、相干性好、亮度高等优点，被广泛应用于国防、科研、工农业生产和医疗仪器等领域。

9.3 光电器件

9.3.1 典型光电器件

1. 光敏电阻

光敏电阻是用具有内光电效应的半导体材料制成的一种均质半导体光电器件，是一种电阻器件。由于内光电效应仅限于光线照射的半导体材料的表面层，所以光电半导体材料一般都做成薄片并封装在带有透明玻璃窗的外壳中。光敏电阻又称为光导管，其典型结构如图 9-1 所示。为了避免环境干扰，光敏电阻外壳的入射孔上盖有一种能透过所要求的光谱范围的透明保护罩（如玻璃）。光敏电阻的电极一般采用栅状。它是利用掩膜板在光电导薄膜上蒸镀金属形成的。这种结构增大了电极的灵敏面积，从而提高了光敏电阻的灵敏度。光敏电阻没有极性，使用时在电阻两端既可以加直流电压，也可以加交流电压，在光线的照射下，可以改变电路中电流的大小。

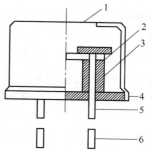

图 9-1 光敏电阻的结构
1—玻璃 2—光电半导体
3—绝缘体 4—外壳
5—电极 6—引线

光敏电阻在室温条件下，在全暗后经过一定时间测量的电阻值，称为暗电阻。此时流过的电流称为暗电流。光敏电阻在某一光照下的电阻值，称为该光照下的亮电阻。此时流过的电流称为亮电流。亮电流与暗电流之差为光电流。光敏电阻的暗电阻越大，则性能越好。也就是说，暗电流要小，光电流要大，这样光敏电阻的灵敏度才高。实际上，光敏电阻的暗电阻往往超过 1MΩ，甚至达到 100MΩ，而亮电阻即使在白昼条件下也可降到 1kΩ 以下，因此光敏电阻的灵敏度很高。

光敏电阻的光照特性呈非线性，因此不宜作为测量元件，但可以在自动控制系统中用作开关元件。由于光敏电阻具有灵敏度高、光谱响应范围宽、体积小、质量轻、力学强度高、耐冲击、耐振动、抗过载能力强和寿命长等特点，所以其应用范围十分广泛。

2. 光电池

光电池是基于光生伏特效应制成的，是自发电式有源器件，属于能量转换型、电压输出型传感器。它有较大面积的 PN 结，当光照射到 PN 结上时，在 PN 结的两端输出电动势。

光电池的工作原理如图 9-2 所示，当 N 型半导体和 P 型半导体结合在一起组成 PN 结时，由于热运动，N 区中的电子向 P 区扩散，P 区中的空穴向 N 区扩散，结果在 N 区靠近交界处聚集起较多的空穴，而在 P 区靠近交界处聚集起较多的电子，于是在过渡区形成了一个由 N 区指向 P 区的内建电场。电场阻止了电子和空穴的进一步扩散。当光照射到 PN 结上时，如果光子能量足够大，半导体材料中的电子吸收光子，由低能级跃迁至高能级，并在原来的低能级位置上

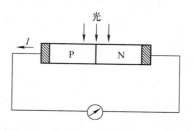

图 9-2 光电池的工作原理示意图

留下了一个空穴，电子和空穴并不是自由运动的，而是受库仑力束缚的，所形成的电子–空穴对即为激子，激子运动到两结交界处发生解离，在内建电场的作用下，电子被拉向 N 区，

空穴被拉向 P 区，这样在 N 区和 P 区之间就形成了电位差。如果用导线把 PN 结的两端连接起来，电路中就会出现电流，如果断开外电路，则可测出光生电动势。

图 9-3 所示分别表示光电池与外电路的两种连接方式：一种是开路电压输出方式；另一种是短路电流输出方式。光电池的电动势即开路电压与照度呈非线性关系，当照度为 2000lx 时便趋向饱和。光电池的短路电流与照度呈线性关系，而且受光面积越大，短路电流也越大。所以当光电池作为线性检测元件使用时，应工作在短路电流输出状态。虽然开路电压与照度为非线性关系，但其灵敏度高，宜用作开关元件。

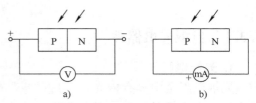

图 9-3　光电池的外电路连接方式
a）开路电压　b）短路电流

一般来说，能用于制备光敏电阻元件的半导体材料，如Ⅳ族、Ⅵ族单元素半导体和Ⅱ～Ⅵ族、Ⅲ～Ⅴ族化合物半导体，均可以用于制备光电池。目前，应用最广的是硅光电池。硅光电池的价格便宜、光电转换效率高、寿命长，比较适合接收红外光。硒光电池光电转换效率较低，适合接收可见光，是制造照明计量的元件。砷化镓光电池的光谱响应特征与太阳光光谱非常吻合，其在理论上光电转换效率比硅光电池高，特别适用于宇宙飞行器作仪表电源。

3. 光电二极管和光电晶体管

光电二极管是一种利用 PN 结单向导电性的结型光电器件，其结构与一般半导体二极管类似，不同之处是其 PN 结装在管的顶部，以便接收光照，上面有一个透镜制成的窗口，可使光照集中在敏感面上。

图 9-4 所示是光电二极管的原理结构和基本电路。无光照时，处于反向偏压作用下的光电二极管工作在截止状态，这时只有少数载流子在反向偏压的作用下穿过阻挡层，形成微小的反向电流，即暗电流。有光照时，PN 结受光子轰击，吸收能量产生激子，在外加反向偏电压和内建电场的作用下，P区的电子穿过阻挡层进入 N 区，N 区的空穴穿过阻挡层进去 P 区，形成光电流，方向与反向电流一致。光照的强度越大，光电流越大。

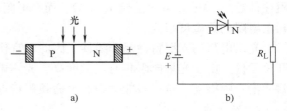

图 9-4　光电二极管的原理结构和基本电路
a）原理结构　b）基本电路

光电晶体管与光电二极管的结构相似，内部有两个 PN 结。与一般晶体管不同的是它发射极一边做的很小，以提高光照面积。

图 9-5 所示是光电晶体管的原理结构和基本电路。光电晶体管的基区通常无电极引线，工作时相当于基极开路，所以无光照时，只能形成很小的暗电流。有光照时，基区产生的光生电子和光生空穴增大了

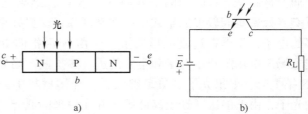

图 9-5　光电晶体管的原理结构和基本电路
a）原理结构　b）基本电路

反向电流（即光电流）。由于光照射集电极产生的光电流相当于一般晶体管的基极电流，因而集电极的光电流被放大了 $\beta+1$ 倍，从而使光电晶体管具有比光电二极管更高的灵敏度。

光电二极管和光电晶体管具有很高的灵敏度和很好的线性度，因此被广泛应用于军事、工业自动控制和民用电器等领域。既可作为线性转换器件，又可作为开关器件。

4. 光电管

光电管是利用外光电效应制成的光电器件，其结构如图 9-6 所示。它是在真空或者充以惰性气体的玻璃管内装入两个电极：阴极和阳极。光阴极可以有多种形式，最简单的是在玻璃泡内壁上涂覆逸出功小的光敏材料（如铯）作为阴极。或是在玻璃泡内装入柱面形金属板，在此金属板内壁上涂有阴极材料组成阴极。光阳极通常采用金属丝弯曲成矩形或者圆形置于玻璃泡的中心。

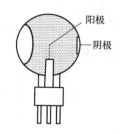

图 9-6　光电管的典型结构

光电管主要包括真空型光电管和充气型光电管两类。对于真空型光电管而言，当入射光透过真空型光电管的入射窗照射到光阴极面上时，光电子就从光阴极发射出去，在光阴极和光阳极之间形成的电场作用下，光电子在极间做加速运动，被高电位的光阳极收集，其光电流的大小主要取决于入射光辐射的强度和光阴极灵敏度。对于充气型光电管而言，光照产生的光电子在电场的作用下向光阳极运动，由于途中与惰性气体原子碰撞而使其发生电离，电离过程产生的新电子与光电子一起被光阳极接收，正离子向反方向运动被光阴极接收，因此在光阴极电路内形成数倍于真空型光电管的光电流。

较之于真空型光电管，充气型光电管的灵敏度可以高出一个数量级，但其惰性较大，参数随极间电压而变，在交变光通量下使用时灵敏度出现非线性，许多参数与温度有密切关系，易老化。因此目前真空型光电管比充气型光电管使用更广泛。但是随着半导体光电器件的迅猛发展，真空型光电管已基本上被半导体光电器件所替代。

5. 光电倍增管

光电倍增管是一种真空光电发射器件，主要由光入射窗、光电阴极、电子光学系统、倍增极和光电阳极等部分组成。光电倍增管的结构如图 9-7 所示。在玻璃泡内除了装有光电阴极和光电阳极以外，还装有若干个光电倍增极，且在光电倍增极上涂以在电子轰击下可发射更多次级电子的材料。光电倍增管的形状和位置设置的正好能使前一级倍增极发射的电子继续轰击后一级倍增极。

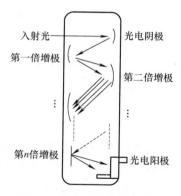

图 9-7　光电倍增管的结构图

光电倍增管的基本工作原理为：当光子入射到光电阴极上时，只要光子的能量高于光电发射阈值，光电阴极将产生电子发射。发射到真空中的电子在电场和电子光学系统的作用下经电子限速器电极汇聚并加速运动到第一倍增极上，第一倍增极在高动能电子的作用下，将发射比入射电子数目更多的二次级电子（即倍增发射电子）。第一倍增极发射出的电子在第一与第二倍增极之间电场的作用下高速运动到第二倍增极。同样，在第二倍增极上产生电子倍增，第二、第三、第四……经 n 级倍增极倍增后，电子被放大 n 次。最后，被放大 n 次的电子被光阳极接收，形成阳极电流。设每级的倍增率为 δ，若有 n 级，则光电倍增管的光电流倍增率为 δ^n。

光电倍增管具有极高的灵敏度和可快速响应等特点，使它在光谱探测和极微弱快速光信息的探测等方面成为首选的光电探测器。另外，微通道板、光电倍增管与半导体光电器件的结合可构成独具特色的光电探测器。例如：微通道板与电荷耦合器件（Charge Coupled device，简称 CCD）的结合将构成具有微光图像探测功能的图像传感器，并广泛应用于天文观测与航天工程。

> 💡 **微思考**
>
> 华　仔：技术男，请问光电倍增管在强光下可以使用吗？
> 技术男：不可以，直接暴露在日光或其他强光下会使光电阴极损坏。即使光电倍增
> 　　　　管不工作时也决不允许日光和其他强光（包括紫外光、可见光、近红外
> 　　　　光等）照射光电阴极。
> 华　仔：哦，知道了，谢谢啦！

9.3.2　光电器件的性能参数

1. 光谱特征

光谱特征是指相对灵敏度 K 与入射光波长 λ 之间的关系，又称为光谱响应。光电器件的光谱特征曲线如图 9-8 所示。

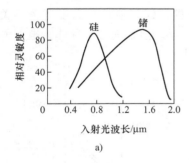
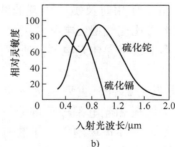
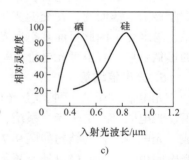

图 9-8　光电器件的光谱特征曲线
a）光电晶体管　b）光敏电阻　c）光电池

由光电器件的光谱特征曲线可知，为了提高光电式传感器的灵敏度，对于包含光源与光电器件的传感器，应根据光电器件的光谱特征合理选择相匹配的光源和光电器件。对于被测物体本身可作为光源的传感器，应按被测物体辐射的光波波长选择光电器件。

2. 伏安特征

伏安特征是指当光照为定值时，所加端电压与光电流之间的关系。它是传感器设计时选择电参数的依据。使用时应注意不要超过光电器件最大允许的功耗。

3. 光照特征

光照特征是指输出光电流与输入光通量之间的关系，它是光电器件灵敏度的表征。光照特征是光电器件最重要的测量特征，根据测量要求选择具有合适测量特征的光电器件及其外

电路连接方式。

光照特征常用响应率 R 来描述。对于光生电流器件，输出电流 I_p 与输入光功率 P_i 之比，称为电流响应率 R_I，即

$$R_I = \frac{I_p}{P_i} \tag{9-3}$$

对于光生伏特器件，输出电压 U_p 与输入光功率 P_i 之比，称为电压响应率 R_U，即

$$R_U = \frac{U_p}{P_i} \tag{9-4}$$

4. 响应时间

光电器件的响应时间反映它的动态特性。时间响应小，表示动态特性好。对于采用调制光的光电式传感器，调制频率上限受响应时间的限制。光敏电阻的响应时间一般为 $10^{-1} \sim 10^{-3}\,\mathrm{s}$，光电晶体管约为 $2 \times 10^{-5}\,\mathrm{s}$，光电二极管的响应速度比光电晶体管高一个数量级。

5. 温度特征

温度变化不仅影响光电器件的灵敏度，同时对光谱特征也有很大影响。工作的光电器件由于灵敏度随温度变化而变化，因此高精度检测时有必要进行温度补偿或使它在恒温条件下工作。

【拓展应用系统实例 1】手机背光亮度自动调节电路

伴随着科技的快速发展，智能手机、平板电脑等数码产品已经相当普及，成为普通大众的消费品。智能手机和平板电脑中大多都设置了背光亮度自动调节电路，以避免背光太亮而刺眼，以及达到节能的目的，从而延长待机时间。亮度自动调节的原理很简单，使用一个光线传感器，系统根据光线传感器感光的强度来调整屏幕亮度。图 9-9 所示为某型号手机中的背光亮度自动调节电路，电路中采用了光电晶体管 V_{6501} 作为光线传感器，光线传感器将环境的发光强度的变化转变成电信号的变化送到电源管理/音频（IC）中，使 IC 输出控制信号，控制液晶显示器（Liquid Crystal Display，简称 LCD）背光灯，使之能够随环境光的强弱变换亮度。

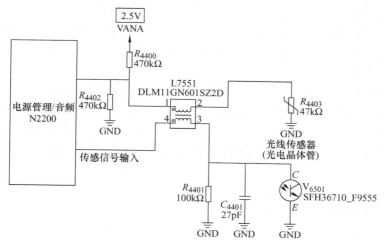

图 9-9　手机背光亮度自动调节电路

9.4 CCD 图像传感器

电荷耦合（Charge Coupled Devices，简称 CCD）图像传感器是一种大规模集成电路光电器件，又称为电荷耦合器件，简称为 CCD 器件。它是以电荷包的形式存储和传递信息的半导体表面器件，是在 MOS（Metal Oxide Semiconductor）结构电荷存储器的基础上发展起来的。CCD 的概念最早由美国贝尔实验室的 W. S. Boyle 和 G. E. Smith 在 1970 年提出，由于其具有光电转换、信息存储和延时等功能，而且集成度高、功耗小，所以在固体图像传感、信息存储和处理方面得到了广泛的应用，如医疗、通信、天文及工业检测与自动控制系统。

9.4.1 CCD 图像传感器的工作原理

CCD 图像传感器是由许多感光单元组成，通常以百万像素为单位，它使用一种高感光度的半导体材料制成，能够将光信号转换为电荷信号。当 CCD 图像传感器表面受到光线照射时，每个感光单元将入射光发光强度的大小以电荷数量的多少反映出来，这样所有感光单元所产生的信号叠加在一起，构成了一幅完整的图像。CCD 图像传感器不同于大多数以电流或电压为信号的器件，它是以电荷作为信号载体的器件。

图 9-10 所示为金属-氧化物-半导体（Metal-Oxide-Semiconductor，简称 MOS）光敏元的结构。它是在半导体（P 型硅）基片上生长一层氧化物（二氧化硅）层，然后在二氧化硅层上沉积一层金属电极，从而形成一个金属-氧化物-半导体的结构元。由半导体工作原理可知，当在金属电极上施加一个正电压 U_g 时，在电场的作用下，电极下面的 P 型硅区域里的空穴将被赶尽，从而形成耗尽区。换言之，这个耗尽区对于电子来说是一个势能很低的区域，称为"势阱"。

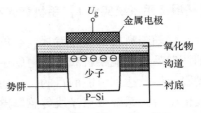

图 9-10　MOS 光敏元的结构

光电荷产生的方法主要分为光注入和电注入两类，通常的 CCD 图像传感器一般采用光注入方式。当光照射在 CCD 的半导体硅片上时，在光子的作用下，半导体硅片上产生电子-空穴对，其光生空穴被电场排斥出耗尽区，光生电子则被收集在势阱中形成光电荷。此时势阱内所吸收光生电子数量与照射到势阱附近的发光强度成正比。人们称一个势阱所收集的若干个光电荷为一个电荷包。

通常在半导体硅片上制有几百个或者几千个相互独立的 MOS 光敏元，它们按照线阵或者面阵规则排列。如果在金属电极上施加一个正电压，则在半导体硅片上就形成几百个或者几千个相互独立的势阱。如果照射在这些 MOS 光敏元上的是一幅明暗起伏的图像，则在这些 MOS 光敏元上就会感生出一幅与光照强度相对应的电荷图像，这就是 CCD 器件光电效应的基本原理。

9.4.2 线阵 CCD 图像传感器

CCD 图像传感器有一维和二维之分，通常将一维 CCD 图像传感器称为线阵 CCD 图像传感器，将二维 CCD 图像传感器称为面阵 CCD 图像传感器。

线阵 CCD 图像传感器是由一列 MOS 光敏元和一列 CCD 输出移位寄存器组成，光敏元与输出移位寄存器之间有一个转移控制栅，转移控制栅控制光电荷向输出移位寄存器转移，一般的信号转移时间远小于光积分时间。在光积分周期里，各个光敏元中所积累的光电荷与该光敏元上所接收的光照强度和光积分时间成正比，光电荷存储于光敏元的势阱中。当转移控制栅开启时，各光敏元收集的光电荷并行的转移到 CCD 输出移位寄存器的相应单元。当转移控制栅关闭时，MOS 光敏元阵列又开始下一行的光电荷积累。同时，在输出移位寄存器上施加时钟脉冲，将已转移到 CCD 输出移位寄存器内的上一行的光电荷由输出移位寄存器串行输出，如此重复上述过程。

图 9-11 所示为 CCD 图像传感器的单行结构和双行结构，其中双行结构的 CCD 图像传感器中光敏元的光电荷分别转移到上下方的输出移位寄存器中，然后在时钟脉冲的作用下向终端移动，在输出端交替合并输出。这种结构与长度相同的单行结构相比，可以获得高出两倍的分辨率，同时由于转移次数减少一半，使 CCD 图像传感器的光电荷转移损失大为减少，双行结构已发展为线阵 CCD 图像传感器的主要结构形式。

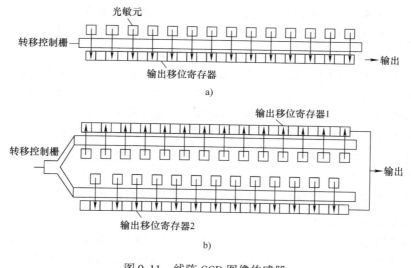

图 9-11　线阵 CCD 图像传感器
a）单行结构　b）双行结构

线阵 CCD 图像传感器可以直接接收一维光信息，不能直接将二维图像转换为视频信号输出，为了得到整个二维图像的视频信号，必须采用扫描的方法。线阵 CCD 图像传感器具有传输速度快、密集度高与信息获取方便等一系列优点，广泛应用于复印机、扫描仪、工业非接触尺寸的高速测量和大幅面高精度实物图像扫描等工业现场的检测、分析与分选领域。

9.4.3　面阵 CCD 图像传感器

按一定的方式将一维线性光敏元及输出移位寄存器排列成二维阵列，即可构成面阵 CCD 图像传感器。根据传输方式的不同，面阵 CCD 图像传感器可分为帧转移型、隔列转移型和线转移型 3 类，如图 9-12 所示。

帧转移型面阵 CCD 图像传感器由光敏元面阵、存储元面阵和输出移位寄存器 3 部分组

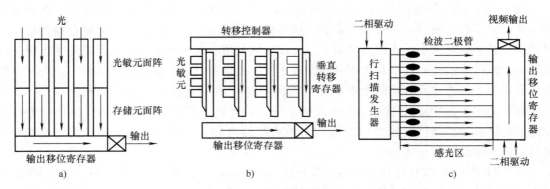

图 9-12　面阵 CCD 图像传感器的结构

a）帧转移型　b）隔列转移型　c）线转移型

成。图像成像到光敏元面阵，当光敏元的某一相电极加有适当的偏压时，光生电子将被收集到光敏元的势阱中，光学图像变成电荷包图像。当光积分周期结束时，光电荷迅速转移到存储元面阵，经输出端输出一帧信息。当整帧视频信号自存储元面阵移出后，就开始下一帧信号的形成。这种类型的面阵 CCD 图像传感器的特点是结构简单，光敏元的尺寸可以很小，模传递函数 MTF 较高，但光敏面积所占总面积的比例小。

隔列转移型 CCD 图像传感器的光敏元呈二维排列，每列光敏元被遮光的转移寄存器和沟阻隔开，光敏元与输出移位寄存器之间又有转移控制器。每一个光敏元对应两个转移寄存器。输出移位寄存器与光敏元的另一侧被沟阻隔开。由于每列光敏元均被输出移位寄存器隔开，所以这种面阵 CCD 图像传感器被称为隔列转移型 CCD 图像传感器。在光积分期间，光生电子存储在光敏元的势阱里，当光积分周期结束时，转移栅的电位由低变高，光电荷进入垂直转移寄存器。随后，一次一行地转移到输出移位寄存器，然后移位到输出器件，在输出端得到与光学图像对应的视频信号。这种类型的面阵 CCD 图像传感器的感光单元面积小、图像清晰，是目前应用最多的一种结构形式。

线转移型面阵 CCD 图像传感器与前两种结构形式的 CCD 图像传感器相比，取消了存储区，多了一个线寻址电路。它的光敏元是一行行地紧密地排列成面阵的，类似于帧转移型面阵 CCD 图像传感器的光敏区。但是它的每一行都有一个确定的地址，它没有水平输出移位寄存器，只有一个垂直输出移位寄存器。当线寻址电路选中某一行光敏元时，驱动脉冲将使该行的光生电荷包一位位地按箭头方向转移，并移入输出移位寄存器中，输出移位寄存器在驱动脉冲的作用下使光电荷包经输出放大器输出。根据不同的使用要求，线寻址电路发出不同的数码，就可以方便地选择扫描方式，实现逐行扫描或隔行扫描。因此，线转移型面阵 CCD 图像传感器具有有效光敏面积大、转移速度快、转移效率高等特点，但其比较复杂的电路限制了这种类型面阵 CCD 图像传感器的应用。

9.4.4　CCD 图像传感器的应用

CCD 图像传感器具有量子效率高、电荷传递性优异、噪声低、像素小等优点。CCD 图像传感器能够提供十分优质的低干扰图像，在广播电视、工业监控和测量等领域得到了广泛的应用。

1. 工件尺寸检测

在自动化生产线上，经常需要进行工件尺寸的在线检测。利用 CCD 图像传感器进行工件尺寸检测的基本原理如图 9-13 所示。测量系统由光学系统、图像传感器和微处理器等组成。光源通过透镜照射到工件上，当所用光源含红外光时，可在透镜与传感器之间加红外滤光片，若所用光源过强时，可再加一个滤光片。成像透镜将工件成像在 CCD 图像传感器上，视频处理器对输出的视频信号进行存储和数据处理，并将测量的数据加以显示或打印，从而实现对微小工件形状和尺寸的非接触自动精确测量。

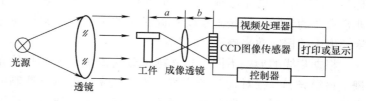

图 9-13　工件尺寸测量系统

在光学系统放大率为 $1/M$（M 为整数）的装置中，便有

$$L = (Nd \pm 2d)M \tag{9-5}$$

式中　L——工件的尺寸（m）；

N——覆盖的光敏元的个数；

d——相邻光敏元的中心距离（m）；

$\pm 2d$——图像末端两个光敏元之间可能的最大误差。

由于被测工件往往是不平的，因此必须自动调焦，这是由计算机控制。另外，在测量系统中，需要有恒定的照明亮度。

2. 物体缺陷检测

当不透明物体表面存在缺陷或透明物体的体内存在缺陷或杂质时，可以用 CCD 图像传感器来检测。当光照到有缺陷的物体时，只有缺陷与材料背景相比有足够的反差，并且缺陷面积大于两个光敏元时，CCD 图像传感器才能够识别它们。这种检测方法能适用于很多种情况，如检查磁带，磁带上的小孔就能被发现；也可以检查透射光；检查玻璃中的针孔、气泡和杂质物。

9.5　光栅式传感器

光栅式传感器是根据莫尔条纹原理制成的一种计量光栅，具有精度高、测量量程大、分辨力高、可实现动态测量、具有较强的抗干扰能力等优点，多用于位移和角度测量，或与位移、角度相关的物理量的测量。

9.5.1　光栅的种类

计量光栅的种类很多，按基体材料的不同主要可分为金属光栅和玻璃光栅；按刻线的形式不同可分为振幅光栅和相位光栅；按光线的走向又可分为透射光栅和反射光栅；按其用途可分为长光栅和圆光栅。

1. 长光栅

刻划在玻璃尺或金属尺上的光栅称为长光栅，也称光栅尺，用于测量长度或直线位移。

它的刻线相互平行，图 9-14 所示是一种玻璃长光栅，a 为栅线的宽度，b 为缝隙的宽度，一般情况下，$a=b$。图中 $W=a+b$ 称为光栅栅距（也称光栅常数或光栅节距），它是光栅的一个非常重要的参数。长光栅栅线的疏密（即栅距）通常用每毫米长度内的栅线数来表示。

图 9-14　玻璃长光栅

根据刻线的形式不同，长光栅可分为振幅光栅和相位光栅。振幅光栅是指对入射光波的振幅或发光强度进行调制的光栅，也称为黑白光栅，它又可分为透射光栅和反射光栅两种。在玻璃的表面上制作透明与不透明间隔的线纹，可制成透射光栅。在金属的镜面上或玻璃镀膜上制成全反射或漫反射相间，二者间还有吸收的条纹，可制成反射光栅。相位光栅是指对入射光波的相位进行调制的光栅，也称为闪耀光栅，它也有透射光栅和反射光栅两种。透射光栅是在玻璃上直接刻划具有一定断面形状的线条，反射光栅通常是在金属材料上用机械的方法压出一道道线槽，这些线槽或线条就是相位光栅的刻线。较之相位光栅，振幅光栅的突出特点是容易复制、成本低廉，这也是大部分光栅式传感器都采用振幅光栅的一个主要原因。

2. 圆光栅

刻划在玻璃或金属圆盘上的光栅称为圆光栅，也称光栅盘，用来测量角度或角位移。圆光栅的参数多使用整圆上刻线数或栅距角来表示，栅距角是指圆光栅上相邻两条栅线之间的夹角。

根据栅线刻划的方向，圆光栅可以分为径向光栅和切向光栅两种。其中，切向光栅适用于精度要求较高的场合。

9.5.2　莫尔条纹

1. 莫尔条纹的形成原理

莫尔条纹是光栅式传感器的基础。它是指两块光栅叠合，并使两者栅线有很小的夹角 θ 时，在近似垂直栅线方向上出现光的明暗相间的条纹，如图 9-15 所示。当两块光栅叠合在一起，中间留有很小的间隙，栅线与透光部分彼此重合，光线从缝隙中通过，形成亮带；当两块光栅栅线彼此错开，光线不能透过，形成暗带。这种由光栅相互重叠形成的光学图案称为莫尔条纹。莫尔条纹方向与栅线方向垂直，故又称为横向莫尔条纹。当 θ 角改变时，两条莫尔条纹的间距 B 随之

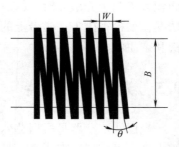

图 9-15　莫尔条纹

变化。若两块光栅的光栅栅距相等，设为 W，且两块光栅之间的夹角 θ 很小，则与长光栅的莫尔条纹宽度 B 有如下关系

$$B = W/2\sin\frac{\theta}{2} \approx \frac{W}{\theta} \tag{9-6}$$

2. 莫尔条纹的特征

（1）运动对应关系　莫尔条纹的移动量和移动方向与两块光栅的相对位移量和位移方向有着严格的对应关系。当两块光栅沿刻线的垂直方向相对运动时，莫尔条纹沿夹角 θ 平分

线方向移动，其移动方向随两块光栅相对位移方向的改变而改变。光栅每移动一个栅距 W，莫尔条纹相应地移动一个间距 B。因此可以通过测量莫尔条纹的运动来判断两块光栅的运动。

（2）位移放大作用 根据式(9-6)可以得出，莫尔条纹有放大作用，其放大倍数为 $1/\theta$。所以尽管栅距很小，难以观察到，但莫尔条纹却非常清晰。这非常有利于布置接收莫尔条纹信号的光电器件。

（3）误差平均效应 莫尔条纹是由光栅的大量栅线共同形成的，对光栅的刻划误差有平均作用，在很大程度上消除了栅线的局部缺陷和短周期误差的影响，个别栅线的栅距误差或断线及疵病对莫尔条纹的影响很微小，使得莫尔条纹位置的可靠性大为提高，从而提高光栅式传感器的测量精度。

9.5.3 光栅式传感器的应用

光栅式传感器的基本工作原理是利用光栅的莫尔条纹现象进行测量。光栅式传感器一般是由光源、标尺光栅、指示光栅和光电器件组成，如图9-16所示。取两块光栅栅距相同的光栅，其中光栅3为长刻线，称为标尺光栅，也称主光栅，它可以移动（或固定不动）；另一块光栅4只取一小块，称为指示光栅，它固定不动（或可以移动）。这二者刻线面相对，中间留有很小的间隙相叠合，便组成了光栅副。

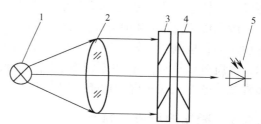

图 9-16　光栅式传感器原理图

1—光源　2—透镜

3—标尺光栅　4—指示光栅

5—光电器件

将其置于由光源1和透镜2形成的平行光束光路中，若两块光栅栅线之间有很小的夹角，则在近似垂直于栅线的方向上显示出比栅距宽得多的明暗相间的莫尔条纹。用光电器件5接收莫尔条纹信号，经电路处理后再用计数器计数，可得到标尺光栅移过的距离。

由于光栅式传感器测量准确度高、动态范围广、可进行非接触测量、易实现系统的自动化和数字化，因而在机械工业中获得了广泛的应用。光栅式传感器通常作为测量元件应用于机床定位、长度和角度的计量仪器中，并用于测量速度、加速度和振动等。

【拓展应用系统实例2】 光栅式测长仪

图9-17所示是新天精密光学仪器公司生产的光栅式万能测长仪的工作原理图。主光栅采用投射式光栅，光栅栅距为0.01mm，指示光栅采用四裂相光栅，照明光源采用红外发光二极管TIL-23，其发光光谱为930～1000nm，接收用LS600光电晶体管，两块光栅之间的间隙为0.02～

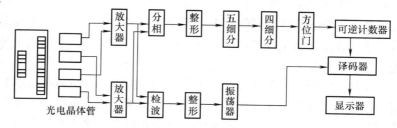

图 9-17　光栅式万能测长仪的工作原理图

0.035mm。由于主光栅和指示光栅之间的透光和遮光效应，形成莫尔条纹。当两块光栅相对移动时，便可以接收到周期性变化的光通量。利用四裂相指示光栅依次获得 $\sin\theta$、$\cos\theta$、$-\sin\theta$ 和 $-\cos\theta$ 四路原始信号，以满足辨向和消除共模电压的需要。光栅式传感器获得的四路原始信号，经差分放大器、移项电路、整形电路、倍频电路、辨向电路进入可逆计数器，由显示器显示输出。

9.6 激光传感技术

20 世纪 70 年代以后，随着激光这种新型光源在精密测试中的大量应用，由于其在单色性、方向性、相干性及发光强度等方面的巨大优越性，大幅度地提高了光学测量的灵敏度和精度，并使整个测试系统的稳定性得以加强，使传统光学测试技术领域得以迅速发展。

激光传感技术是利用激光的优异特性，将它作为光源，应用于光学测试技术领域来实现各种被测量检测的。如激光干涉、衍射、偏正测试技术，激光多普勒测试技术，全息测试技术，散斑测试技术，光扫描测试技术，光导纤维技术，信息与图像检测技术等。可以实现许多常规传感器无法实现的功能，如大距离、纳米级微小尺寸、高精度、非接触测量等。

9.6.1 激光的形成与特点

1. 激光的形成

光子的吸收和辐射与原子、分子等粒子的能量状态改变密切相关。当粒子从低能级跃迁至高能级时需要吸收光子，当粒子从高能级跃迁至低能级需要辐射光子。激光的产生机理一般涉及受激辐射、粒子数反转和粒子谐振 3 个关键问题。

原子在正常分布状态下，总是稳定地处于低能级 E_1，如无外界作用，原子将长期保持这种稳定状态。当有光子辐射时，原子吸收能量 E，由低能级 E_1 跃迁至高能级 E_2，这个过程称为原子的受激吸收。原子受激后，其能量有下列关系

$$E = h\nu = E_2 - E_1 \tag{9-7}$$

式中　E——光子的能量（J）；

　　　ν——光的频率（s^{-1}）；

　　　h——普朗克常数（6.626×10^{-34} J·s）。

处于高能级 E_2 的原子在外来光子的诱发下，从高能级 E_2 跃迁至低能级 E_1 而发光，这个过程叫作原子的受激辐射。根据外光电效应可以知道，只有外来光子的频率等于激发态原子的某一固有频率（即红限频率）时，原子的受激辐射才能产生，因此，受激辐射发出的光子与外来光子具有相同的频率、传播方向和偏振状态。一个外来光子诱发出另一个同性质的光子，在激光器中得到两个光子，这两个光子又可诱发出两个光子，得到 4 个光子，这些光子进一步诱发出其他光子，这个过程称为光放大。

在激光物质中，外来光子引起的受激吸收和受激辐射是同时存在的，且两者的概率相同。在常温下基态原子比激发态原子要多很多，因而吸收总是大于辐射。要产生激光，必须使辐射大于吸收。因此，产生激光的必要条件之一是受激辐射占主导地位。

在外来光子的激发下，如果受激辐射大于受激吸收，原子在某高能级的数目就多于低能级的数目，相对于原子正常分布状态来说，称之为粒子数反转，外界能量就是激光器的激励

源。当激光器内工作物质中的原子处于反转分布时，受激辐射占优势，光子在这种工作物质中传播时，会变得越来越强。通常把这种处于粒子数反转分布状态的物质称为增益介质。使激光物质产生粒子反转的方法很多，如气体激光常采用使气体电离的方法。

当工作物质实现了粒子数反转分布后，只要满足式（9-7）条件的光子就可以使增益介质受激辐射。为了使受激辐射的发光强度足够大，还必须设计一个光学谐振腔。光学谐振腔由两个平行对置的反射镜构成，一个为全反射镜，另一个为半反半透镜，其间放有工作物质。当原子发出来的光沿谐振腔轴线方向传播时，光子碰到反射镜后，就被反射折回，在反射镜与工作物质间往返运行，不断碰撞物质，使工作物质受激辐射，产生雪崩似的放大，从而形成了强大的受激辐射光，该辐射光被称为激光。然后，激光由半反半透镜输出。

可见，激光的形成必须具备 3 个条件：1）需要提供足够能量的激励源；2）要有大量的粒子数反转，使受激辐射足以克服损耗；3）有一个光学谐振腔为辐射光子提供正反馈及增益，用以维持受激辐射的持续振荡。

2. 激光的特性

（1）方向性强，亮度高　激光具有高平行度，其发散角小，一般约为 $0.18°$。比普通光和微波小 $2\sim3$ 个数量级。激光光束在几千米之外的扩展范围不到几厘米，因此，立体角极小，一般可至 10^{-3} rad。由于它的能量高度集中，其亮度很高，一般比同能量的普通光源高几百万倍。例如：一台高能量的红宝石激光器发射的激光会聚后，能产生几百万摄氏度的高温，能熔化一切金属。

（2）单色性好　激光的频率宽度很窄，比普通光频率宽度的 1/10 还小，因此，激光是最好的单色光。例如：在普通光源中，单色性最好的是同位素氪86（^{86}Kr）灯发出的光，其中心波长为 $\lambda=605.7$ nm，$\Delta\lambda=0.0047$ nm；而氦氖激光器发出的光中心波长为 $\lambda=632.8$ nm，$\Delta\lambda=10^{-6}$ nm。

（3）相干性好　激光的时间相干性和空间相干性都很好。所谓相干性好就是指两束光在相遇区域内发出的波相叠加，并能形成较清晰的干涉图样或能接收到稳定的拍频信号。时间相干是指同一光源在相干时间 τ 内的不同时刻发出的光，经过不同路程相遇而产生的相互干涉。空间相干是指同一时间由空间不同点发出的光的相干性。由于激光的传播方向、振动态、频率、相位完全一致，因此，激光具有优良的时间和空间相干性。

3. 激光器的分类及其特性

激光器的种类繁多，按照增益介质来分，主要可分为如下几种：

（1）固体激光器　它的增益介质为固态物质。尽管其种类很多，但其结构大致相同，特点是体积小而坚固，功率大，目前输出功率可达几十兆瓦。固体激光器的典型实例是红宝石激光器，它是人类发明的第一种激光器，诞生于 1960 年。红宝石激光器的增益介质是掺 0.5%铬的氧化铝（红宝石），激光器采用强光灯做泵浦，红宝石吸收其中的蓝光和绿光，形成粒子数反转，受激发出深红色激光（波长约为 694nm）。钇铝石榴石晶体（Nd：YAG）激光器是另一种常见的固体激光器，与红宝石激光器相比，它对光泵的要求较低，可见光甚至近红外光都可以做其光泵，发出波长为 $1.06\mu m$ 的近红外光。Nd：YAG 激光器是目前应用最为广泛的一种激光器，被应用于精密测距、加工、医疗和科研等多个领域。

（2）液体激光器　液体激光器是一类以液体为增益介质的激光器，其最大的特点是所发出的激光波长可在一定范围内连续可调，连续工作而不影响效率。染料激光器是液体激光器中最普遍采用的激光器,以染料作为工作物质。液体激光器多用光泵作为激励源,有时也用另外一个激光器作为激励源。染料溶解于有机溶剂中,在特定波长光的激励下就能产生一定带宽的荧光光谱。采用不同的染料溶液和激励源,可以获得 $0.32 \sim 1\mu m$ 波长范围的激光。

(3)气体激光器 与固体增益介质相比,气体增益介质的密度低很多,因而单位体积能够实现的粒子反转数目也低得多,为了弥补气体密度低的不足,气体激光器的体积一般都比较小。但是气体介质均匀,激光稳定性好,且气体可在腔内流动,有利于散热,这是固体激光器所不具备的。氦-氖激光器是最为常见的气体激光器,具有连续输出激光的能力,可输出从可见光到红外光 $3.3\mu m$ 的一系列谱线,其中波长为 $632.8nm$ 的谱线在光电式传感器中应用最广,该谱线相干性和方向性都很好,输出功率小于 $1mW$,可以满足很多光电式传感器的要求。

(4)半导体激光器 半导体激光器是指增益介质为半导体材料的激光器。和其他激光器相比,半导体激光器具有体积小、效率高、寿命长、成本低、结构简单、易于调制和集成等优点,尤其是它对于供电电源的要求极其简单,只需要低压供电,可以使用电池,是光纤通信的重要光源,在激光测距、激光准直、光信息处理、光存储、光计算机、自动控制等领域有着极为广泛的应用。

9.6.2 激光传感器的应用

激光技术有着非常广泛的应用,如激光精密机械加工、激光通信、激光音响、激光影视、激光武器和激光检测等。激光技术用于检测具有测量精度高、范围大、检测时间短及非接触式等优点。

1. 激光测距

激光测距是激光测量中一个很重要的方面。如在飞机上测量与其前方目标的距离、激光潜艇定位、天文学上测量地球到月亮的距离、以及机械零件加工中参考位置与目标位置之间的距离等。根据测量原理,激光测距主要有以下两种方法:

(1)脉冲(时间)测距法 脉冲测距法是利用光速不变的原理,由激光器向被测目标发出一个激光短脉冲信号,该信号经目标反射后返回,如果激光器从发出激光短脉冲信号到接收返回信号往返一次所需要的时间间隔为 t,则可求出激光器到目标的距离 D 为

$$D = c\frac{t}{2} = \frac{1}{2}ct \tag{9-8}$$

式中 c——激光传播速度($3 \times 10^8 m/s$);

t——激光射向目标而又返回激光器所需要的时间(s)。

时间间隔 t 可利用精密时间间隔测量仪测量。目前,国产时间间隔测量仪的单次分辨力达 $\pm 20ps$。由于激光方向性强、功率大、单色性好,这对于测量远距离、判别目标方位、提高接收系统的信噪比和保证测量的精确性等起着很重要的作用。激光测距的精度主要取决于时间间隔测量的精度和激光的散射。例如:$D = 1500km$,激光往返一次所需要的时间间隔为 $10ms \pm 1ns$,$\pm 1ns$ 为测时误差。若忽略激光散射,则测距误差为 $\pm 15cm$;若测时精度为 $\pm 0.1ns$,则测距误差可达 $\pm 1.5cm$。若采用无线电波测量,其误差比激光测距误差大得多。

这种测距方法简单、容易实现。但在实际中,会遇到在光传播路径中受周围介质如大气中的气体成分、温度、湿度、气流、气压等的影响。因此通常采用高强度、脉冲宽度超窄的

激光脉冲作为光源来提高信噪比和测时精度，以达到提高测量距离精度的目的。

（2）相位测距法　相位测距法可分为调幅波相位测距法和干涉相位测距法。前者通常被用于几米至几公里的大范围内测距，后者用于几米以下的小范围内测距。

1）调幅波相位测距法：光的频率很高，如波长 $\lambda = 0.6328\mu m$ 的 He - Ne 气体激光器，频率 $\nu = 4.44 \times 10^{14} Hz$。如果不加调制直接用光源辐射的光波测量距离，根据相位测距原理得

$$D = \frac{\lambda}{2} \cdot \frac{\varphi}{2\pi} = L_s \left(N + \frac{\Delta \varphi}{2\pi} \right) = L_s (N + \Delta N) \tag{9-9}$$

式中　L_s——半波长，又称为距离测量中的测尺，$L_s = \lambda/2$；

φ——总相位；

$\Delta \varphi$——小于 2π 的相位变化；

N——相位变化中的 2π 的整数倍率；

ΔN——相位变化中的 2π 分数。

由于 λ 值太小，导致大范围测量时 N 大到计数器无法实现的程度，如对于 3km 的距离，它的数值就达到 10^9，也就是 8 个十进制的计数器单元，30 个二进制位的计数器单元，它不但需要大容量计数器，而且延长了测量时间。所以通常情况下，对光进行幅值调制，形成幅值以低得多的频率变化的调幅波。如某激光测距仪的调制频率为 $f_1 = 15MHz$，$f_2 = 150kHz$，则对应的测尺分别为 10m 和 1000m。若每个测尺用 3 个十进制单元计数，或实现 10^{-3} 的计数分辨力（ΔN 最小值为 10^{-3}），那么该测距仪最终的技术指标为测量范围 1000m，最小可分辨距离为 1m。

2）干涉相位测距法：干涉相位测距法利用的就是光的干涉原理，即两个光波场叠加后形成的光波场，将满足一定的振幅和相位关系。如果设两个光波场的振幅分别为 A_1 和 A_2，那么叠加后的光波场振幅 A 将满足

$$A^2 = A_1^2 + A_2^2 + 2A_1 A_2 \cos(\varphi_1 - \varphi_2) \tag{9-10}$$

式中　φ_1、φ_2——分别为两个光波场的相位角。

由于光波的强度与振幅的二次方成正比，式（9-10）可用发光强度表达为

$$I = I_1 + I_2 + 2\sqrt{I_1 I_2} \cos\delta \tag{9-11}$$

式中　δ——相位差，$\delta = \varphi_1 - \varphi_2$。

当 $I_1 = I_2$ 时，有

$$I = 4I_1 \cos^2 \frac{\delta}{2} \tag{9-12}$$

δ 与两空间点的距离 L 之间的关系为

$$\delta = \frac{4\pi}{\lambda} nL \tag{9-13}$$

式中　λ——介质中的光波长；

n——介质折射率。

可见只要测出干涉场的强度 I，就能通过计算确定空间点的距离 L。

在激光测距仪的基础上，发展出了激光雷达。激光雷达不仅能测量目标距离，而且还可以测出目标方向以及目标运动速度和加速度，已成功地用于对人造卫星的测距和跟踪。这种

雷达与无线电雷达相比，具有测量精度高、探测距离远、抗干扰能力强等优点。

2. 激光测流速

激光测流速用得最多的是激光多普勒流速计，它可以测量火箭燃料的流速、飞行器喷射气流的速度、风洞气流速度以及化学反应中粒子的大小及会聚速度等。

图 9-18 所示为激光多普勒流速计的基本原理图。当激光照射到跟流体一起运动的微粒上时，将被运动着的微粒所散射，根据多普勒效应，散射光的频率相对于未散射光将产生正比于流体速度的偏移。若能测量散射光的频率偏移量，就能得到流体的速度。

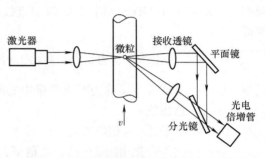

图 9-18 激光多普勒流速计的基本原理图

激光多普勒流速计主要包括光学系统和多普勒信号处理两大部分。激光器发射出来的单色平行光经聚焦透镜聚焦到被测流体区域内，运动微粒使一部分激光散射，散射光与未散射光之间发生频偏。散射光与未散射光分别由两个接收透镜接收，再经平面镜和分光镜重合后，在光电倍增管中进行混频，输出一个交流信号。该信号输入到频率跟踪器内进行处理，即可获得多普勒频偏 f_d，从 f_d 就可以得到运动微粒的流速 v。运动物体所引起的光学多普勒频偏为

$$f_d = \frac{2v}{\lambda} \tag{9-14}$$

式中　λ——激光波长。

当激光波源频率确定后，λ 为定值，频偏与速度 v 成正比。

3. 激光测长度

激光测长度是近代发展的光学测长度技术。由于激光是理想的光源，激光测长度能达到非常精密的程度。在实际测量中，数米长度内，其测量精度可达 $0.1\mu m$。

从光学原理可知，某单色光的最大可测长度 L 与该单色光波长 λ 及其谱线宽度 δ 之间的关系为

$$L = \frac{\lambda^2}{\delta} \tag{9-15}$$

用普通单色光源，如氪 86，光波长 $\lambda = 605.7$nm，谱线宽度 $\delta = 0.00047$nm，测量的最大长度仅为 $L = 38.5$cm。若要测量超过 38.5cm 的长度，必须分段测量，这样将降低测量精度。若用氦氖激光器作光源（$\lambda = 632.8$nm），由于它的谱线宽度比氪 86 小 4 个数量级以上，它的最大可测量长度可达到几十千米。因此，激光测长度成为了精密机械制造工业和光学加工工业的重要技术。

9.7 　光电式编码器

编码器是将机械直线运动或转动的位移转换成数字式电信号的传感器。编码器按结构形式可分为直线式编码器和旋转式编码器，前者用于测长，后者用于测角。由于其具有高精度、高分辨率和高可靠性等特点，目前已广泛应用于角位移的测量。

编码器按原理分类有：接触式、电容式、感应式、光电式等，这里只讨论旋转式光电式编码器。它是用光电的方法把被测角位移转换成以数字代码形式表示的电信号的转换部件。光电式编码器是在自动测量和自动控制系统中用的较多的一种数字式编码器，从结构上又可分为绝对编码器（码盘式）和增量编码器（脉冲盘式）。我国已有16位商用光电码盘，其分辨力约为20″。目前国内实验室水平可达23位，其分辨力约为0.15″。光电式编码器的缺点是结构复杂、光源寿命短。

9.7.1 光电式绝对编码器

1. 工作原理

光电式绝对编码器的结构如图9-19所示。由光源发出的光经透镜后变成一束平行光或汇聚光，照射到码盘上。码盘由光学玻璃制成，其上刻有许多同心码道，每位码道上都有按一定规律排列着的若干透光和不透光部分，分别称为亮区和暗区。通过亮区的光线经狭缝后形成一束很窄的光束照射在光电元件组上（一般为硅光电池或光电管）。光电元件的排列与码道一一对应，以确保每个码

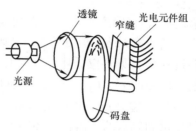

图9-19　光电式绝对编码器结构

道有一个光敏元件负责接收透过的光信号。当有光照射时，对应于亮区和暗区光敏元件输出的信号分别"1"和"0"。码盘转至不同位置时，光电元件组输出一组与码盘编码对应的数字信号，该信号反映了码盘的角位移大小。

2. 码盘

码盘按其刻划码制可分为二进制码盘、循环码盘（格雷码）、十进制码等。图9-20所示是一个4位的二进制码盘。最内圈码道（B_4码道）一半透光，一半不透光，即一个亮区，一个暗区，对应二进制数最高位；最外圈码道（B_1码道）一共分成$2^4=16$个透光和不透光部分，即8个亮区，8个暗区，对应二进制数最低位。每一个角度方位对应不同的编码。如零位时对应于0000（全黑），第8个方位对应于1000，测量时，只要根据码盘的起始和终止位置就可确定转角，与转动的中间过程无关。

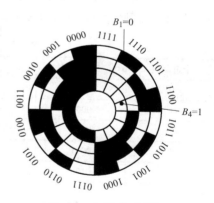

图9-20　4位二进制码

一个n位二进制码盘具有2^n种不同编码，即容量为2^n，其最小分辨力，即能分辨的角度为$\alpha=360°/2^n$，最外圈节距为2α。显然，n越大，能分辨的角度就越小，测量角位移也就越精确。为了提高分辨力，就要增大码盘的尺寸，以便容纳更多的码道。如为了达到1″左右的分辨力，需要采用20位左右的码盘。刻划一个直径为400mm的20位码盘，其外圈划分间隔仅为1μm左右，这不仅要求各个码道刻划精确，而且要求彼此对准。这给码盘制作造成很大困难。

由于二进制码是有权码，其具有某一较高的数码改变时，所有比它低的各位数码均需同时改变的特点，如0100和0011，1000和0111，因而对于二进制码码盘，如果由于微小的制作误差，只要有一个码道提前或延后改变，就可能造成输出的较大误差。除二进制码码盘

外，其他有权码编码器都存在类似问题。图9-21 所示是一个4位二进制码盘展开图，当读数狭缝 处于$A'A'$位置时，正确读数为0111，为十进制7。 若码道B_4黑区做的太短，就会误读为1111，为 十进制数15。反之，若码道B_4的黑区做得太长， 当读数狭缝处于AA时，就会将1000读为0000。 在这两种情况下都将产生粗误差。

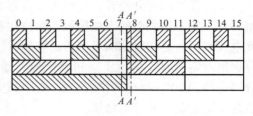

图9-21 4位二进制码盘展开图

　　为了消除粗误差，最常用的方法是用循环码 代替二进制码。图9-22所示是一个4位循环码盘。循环码盘 最内圈（C_4码道）与二进制码盘相同，一半透光，一半不透 光；其他第i码道相当于二进制码码盘第$i+1$码道向零位方向 转过α角（如4位循环码盘的C_3码道的$\alpha=360°/2^2$，C_2码道 的$\alpha=360°/2^3$，C_1码道的$\alpha=360°/2^4$）；其分辨率与二进制码 盘一样，能分辨的角度为$\alpha=360°/2^n$，而最外圈节距为4α， 是二进制码盘的2倍；循环码为无权码，循环码码盘转到相邻 区域时，编码中只有一位发生变化，只要适当限制各码道的制 作误差和安装误差，就不会产生粗误差。正是这一原因，使得 循环码盘获得了广泛应用。

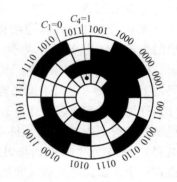

图9-22 4位循环码盘

3. 循环码与二进制码的转换

4位二进制码与循环码的对照表见表9-1。

表9-1 4位二进制码与循环码的对照表

十进制码	二进制码	循环码	十进制码	二进制码	循环码
0	0000	0000	8	1000	1100
1	0001	0001	9	1001	1101
2	0010	0011	10	1010	1111
3	0011	0010	11	1011	1110
4	0100	0110	12	1100	1010
5	0101	0111	13	1101	1011
6	0110	0101	14	1110	1001
7	0111	0100	15	1111	1000

　　由于循环码是无权码，这就给译码带来了困难。实际使用时，常先将其转换为二进制码 再译码。根据表9-1，可找到循环码与二进制码间的相互转换关系为

$$\left.\begin{array}{l} C_n = B_n \\ C_i = B_i \oplus B_{i+1} \\ B_i = C_i \oplus B_{i+1} \end{array}\right\} \tag{9-16}$$

式中　C——循环码；

　　　B——二进制码；

i——所在的位数，$i = 1，2，3，\cdots，n-1$。

例 9.1 将二进制码 0111 转换为循环码。

解：

$$\left.\begin{array}{l} C_4 = B_4 = 0 \\ C_3 = B_3 \oplus B_4 = 1 \\ C_2 = B_2 \oplus B_3 = 0 \\ C_1 = B_1 \oplus B_2 = 0 \end{array}\right\}$$

即对应的循环码为 0100。

例 9.2 将循环码 0111 转换为二进制码。

解：

$$\left.\begin{array}{l} B_4 = C_4 = 0 \\ B_3 = C_3 \oplus B_4 = 1 \\ B_2 = C_2 \oplus B_3 = 0 \\ B_1 = C_1 \oplus B_2 = 1 \end{array}\right\}$$

即对应的二进制码为 0101。

4. 码盘类型

根据测量角度与范围的不同，光电式绝对编码器分为单圈与多圈两种类型。

（1）单圈光电式绝对编码器　使用单圈光电式绝对编码器时，若被测转角不超过 360°时，通过测量码盘上的各道刻线，可获取唯一的编码。如遇停电，在恢复供电后的显示值仍能正确的反应当时的角度。当被测角度超过 360°时，编码开始重复，无法满足编码唯一性的要求，此时应选用多圈编码器。

（2）多圈光电式绝对编码器　多圈光电式绝对编码器采用两个或多个码盘，与机械减速器配合，以达到在单圈编码的基础上增加编码扩大编码器测量范围的目的。如选用两个码盘，两者间的转速为 10∶1，此时测角范围可扩大 10 倍。多圈光电式绝对编码器的编码依然由机械位置确定，每个位置对应的编码是唯一的。由于多圈光电式绝对编码器的测量范围大，安装时就不一定要寻找零点位置，将某一中间位置作为起始点就可以，从而大幅度降低了安装调试难度。但这种编码器要求低转速的高位码盘的角度误差应小于高转速的低位码盘的角度误差，否则其读数没有意义。

9.7.2　光电式增量编码器

光电式增量编码器是一种将旋转位移转换为一连串数字脉冲信号的旋转式传感器。这种编码器不能直接产生 n 位的数码输出，测量时用计数器将脉冲数累加起来来反映转过的角度大小，如遇停电，会丢失累加器的脉冲，因此，使用时必须有停电记忆措施。

光电式增量编码器根据码盘上光栅圈数的不同有单通道、双通道、三通道 3 种具体的结构类型。单通道光电式增量编码器码盘上只有一圈光栅，编码器只有一对光电扫描系统，只能用于测速，无法判断旋转方向；双通道光电式增量编码器码盘上只有两圈光栅，并且以 90°相位差排列，编码器有两对光电扫描系统，不仅能用于测速，还能判断旋转方向，但不能实现基准点定位；三通道光电式增量编码器是在双通道的基础上在码盘上增加了一个零位标志，用于基准定位，三通道光电式增量编码器能用于测速，判断旋转方向，以及实现基准点定位。这里以三通道光电式增量编码器为例进行介绍。

　　三通道光电式增量编码器的结构如图 9-23 所示。光源发出的光通过码盘（刻有光栅）狭缝投射到光电接收器上，光电检测元件将码盘转动所导致的光的通透或阻断变化转换成相应的电信号的高、低脉冲电平变化，利用计算器记录脉冲数，就能反映码盘转过的角度。

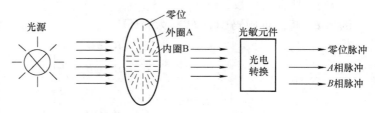

图 9-23　光电式增量编码器的结构

　　图 9-23 中的码盘上开有内（B 码道）、外（A 码道）两圈相等角矩的缝隙，外圈码道是用来产生计数脉冲的增量码道，内圈码道是用来产生辨向脉冲的辨向码道，内、外圈的相邻两缝隙之间的距离错开半条缝宽，使 A、B 相输出脉冲相差 90°，通过比较 A、B 相脉冲的时序关系，可判断编码器的码盘是顺时针旋转（正转），还是逆时针旋转

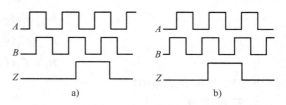

图 9-24　光电式增量编码器输出脉冲时序图
a）正转　b）反转

（反转）。正转时，增量计数脉冲波形超前辨向脉冲波形 90°；反转时，增量计数脉冲波形滞后辨向脉冲波形 90°。在外圈之外的径向位置开有一缝隙（Z 码道），作为码盘的零位，码盘每转一圈，零位对应的光敏元件就产生一个脉冲，称为"零位脉冲"。码盘旋转时，光电式增量编码器输出脉冲时序图如图 9-24 所示。

　　光电式增量编码器的测量精度取决于它的分辨力，而分辨力又取决于码盘增量码道上的狭缝数 n，可表示为 $\alpha = 360°/n$。即码盘上刻的狭缝数 n 越大，编码器的分辨力越高，测量精度也越高。另外，通过对光电转换信号进行逻辑处理，可以得到 2 倍频或 4 倍频的脉冲信号，从而进一步提高分辨力。

　　光电式增量编码器具有结构简单、可靠性高、抗干扰能力强、使用寿命长，适合于长距离传输等优点，但也存在需要零位基准、存在零点累积误差、停机需断电记忆等缺点。光电式增量编码器除可直接用于测量角位移，还常用于测量转轴的转速。

> **微思考**
>
> 　　丹　丹：技术男，请问两个脉冲的相位差不为 90°，而是其他任意值可实现辨向吗？
> 　　技术男：理论上是可以的，但较难实现。

9.7.3　光电式编码器的应用

1. 转速测量

　　测转速可由编码器发出的脉冲频率或脉冲周期来测量，据此可分为频率法测转速和周期法测转速。

（1）频率法测转速　如图 9-25 所示，在给定时间内，使门电路选通，编码器输出脉冲允许进入计数器计数。若在时间 t 内测得的脉冲个数为 N_1，则根据式（9-17）可求出其转速为

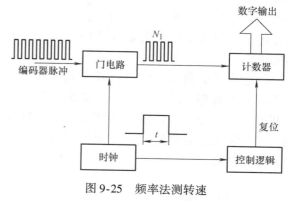

图 9-25　频率法测转速

$$n = \frac{60N_1}{N \cdot t} \qquad (9-17)$$

式中　t——测转速采样时间（s）；

N_1——时间 t 内测得的脉冲个数；

N——编码器每转的脉冲个数。

例 9.3　设某编码器的额定工作参数是 $N = 2048$ 脉冲/转，在 0.2s 时间内测得 8192 个脉冲，求其转速。

解：根据式（9-17）有

$$n = \frac{60N_1}{N \cdot t} = \frac{60 \times 8192}{2048 \times 0.2} \text{r/min} = 1200 \text{r/min}$$

（2）周期法测转速　如图 9-26 所示，当编码器输出脉冲正半周时选通门电路，标准时钟脉冲通过控制电路进入计算器计数，计算器输出值为 N_2，则可根据式（9-18）求出其转速为

$$n = \frac{60}{2N_2 \cdot N \cdot T} \qquad (9-18)$$

式中　N——编码器每转脉冲个数；

N_2——编码器一个脉冲间隔内标准时钟脉冲输出个数；

T——标准时钟脉冲周期（s）。

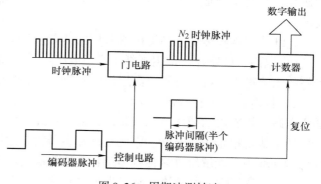

图 9-26　周期法测转速

利用脉冲周期法测转速，是通过计数编码器一个脉冲间隔内（半个脉冲周期）标准时钟脉冲个数来计算其转速，因此，要求时钟脉冲的频率必须高于编码器脉冲的频率。

例 9.4　设某编码器的额定工作参数为 $N = 1024$ 脉冲/转，标准时钟脉冲周期 $T = 10^{-6}$ s，测得编码器输出的两个相邻脉冲上升沿之间标准时钟脉冲输出个数为 1000 个，求其转速。

解：根据题意可知，编码器一个脉冲间隔内标准时钟脉冲的输出个数为：$N_2 = 1000/2 = 500$，由式（9-18）有

$$n = \frac{60}{2N_2 \cdot N \cdot T} = \frac{60}{2 \times 500 \times 1024 \times 10^{-6}} \text{r/min} = 58.6 \text{r/min}$$

2. 测量线位移

在某些场合，用旋转式光电式增量编码器来测量线位移是一种有效的方法，这时就需要利用一套机械装置把线位移转换成角位移。如图 9-27 所示，图 a 和图 b 分别表示用传送带

传动和摩擦传动来实现线位移与角位移之间变换的两种方法。该装置结构简单，特别适用于需要进行长距离线位移测量及某些环境条件恶劣的场所。

用这种方法测量线位移，通常光电式增量编码器的码盘都要旋转多圈。这时编码器的零位基准已失去作用，计数系统所必需的基准零位，可由附加的装置来提供，如用机械、光电等方法来实现。

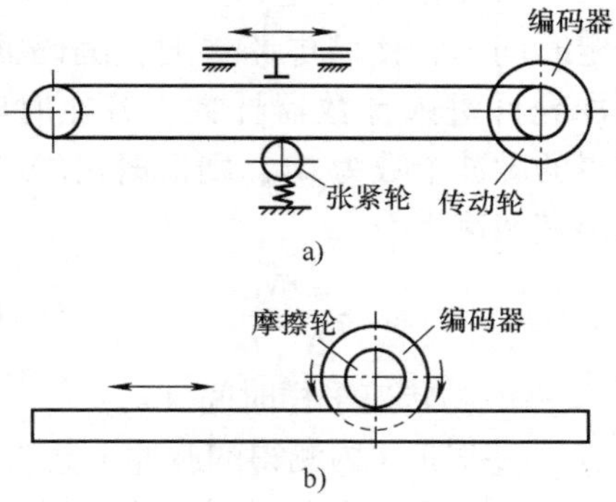

图 9-27 旋转式光电式增量编码器测线位移
a）带传动 b）摩擦传动

9.8 光纤传感器

20 世纪 70 年代以来，随着光纤技术的发展，光纤传感器逐渐得到发展和应用。近年来，光纤传感器作为一种新兴的应用技术，在许多领域都已显示出强大的生命力，受到了世界各国科研、工业、军事等部门的高度重视。许多公司、军事部门和大学都积极开展这方面的研究，开发研制成了百余种不同类型的光纤传感器，使这种新型的传感器得到了迅速发展。

光纤传感器和传统的各类传感器相比具有如下特点：

1）电绝缘性能好。常用光纤主要由电绝缘、耐腐蚀的 SiO_2 做成，因此光纤传感器具有良好的电绝缘性，特别适用于高压供电系统及大容量电动机的测试。

2）抗电磁干扰能力强。光纤传感器工作时是利用光子传输信息，因而不怕电磁干扰；加之电磁干扰噪声的频率与光频相比很低，对光波无干扰；此外，光波易于屏蔽，外界光频性质的干扰也很难进入光纤。因此光纤传感器特别适用于高压大电流、强磁场噪声、强辐射等恶劣环境中，能解决许多传统传感器无法解决的问题。

3）非侵入性。由于传感头可做成电绝缘的，而且其体积可以做得很小（最小可做到只稍大于光纤的芯径），因此，它不仅对电磁场是非侵入的，而且对速度场也是非侵入的，故对被测场不产生干扰。这对于弱电磁场及小管道内流速、流量等的监测特别具有实用价值。

4）灵敏度高。利用光作为信息载体的光纤传感器的灵敏度很高，这是某些精密测量与控制的必不可少的工具。

5）体积小、重量轻、柔软性好。光纤直径只有几微米和几百微米，同时光纤非常柔软，可深入机器内部或人体弯曲的内脏进行检测，使光波沿需要的路径传播。

6）容易实现对被测信号的远距离监控。由于光纤的传输损耗很小（目前石英玻璃系光纤的最小光损耗可低达 0.16dB/km），因此光纤传感技术与遥测技术相结合，很容易实现对被测场的远距离监控。这对于工业生产过程的自动控制以及对核辐射、易燃、易爆气体和大气污染等进行监测尤为重要。

由于光纤传感器的这些独特优点和广泛的潜在应用，使它发展迅速。近几十年来，已研制出了百余种不同类型的光纤传感器。如位移、速度、加速度、液位、应变、压力、流量、振动、温度、电流、电压、磁场等光纤传感器。

9.8.1 光纤传感器的基础

1. 光纤的结构

光纤呈圆柱形，其基本结构如图9-28所示。主要由导光的纤芯和周围的包层两个同心圆柱组成，包层外面还常有塑料或橡胶等保护套，以增加机械强度。纤芯和包层通常由不同掺杂的石英玻璃制成，包层的折射率 n_2 略小于纤芯的折射率 n_1，两层之间形成良好的光学界面，光线在这个界面上反射传播。光纤的导光能力取决于纤芯和周围的包层的性质。

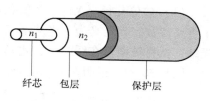

图 9-28 光纤的结构示意图

2. 光纤的波导原理

光在光纤中传播的基本原理可以用光线或光波的概念来描述。光线的概念是一个简便的近似方法，可以用它来导出一些重要概念，如全内反射概念、光线截留的概念等。然而，要进一步研究光的传播理论，还必须借助波动理论。即要考虑到光是电磁波动现象以及光纤是圆柱形介质波导等，才能研究光在圆柱形介质波导中允许存在的传播模式。

下面先从光线在层状介质中的传播，再来讨论光在光纤中传播的基本原理。

当光纤的直径比光的波长大得多时，可以用几何光学的方法讨论光在光纤中的传播。如图9-29所示，当光线 a 由光密介质 n_1（折射率大）出射至光疏介质 n_2（折射率小）时，发生折射，其折射角 φ_2 大于入射角 θ_1，且根据斯涅尔定律有

$$n_1\sin\theta_1 = n_2\sin\varphi_2 \tag{9-19}$$

由式（9-19）可以看出：入射角增大时，折射角也随之增大，且始终折射角大于入射角。当 $\varphi_2' = 90°$ 时，入射角 θ_c 仍小于90°，此时，出射光线沿界面传播，如图9-29中的光线 c，称为临界状态。这时有

$$\sin\theta_c = n_2/n_1 \tag{9-20}$$

式中 θ_c——临界角。

当入射角 $\theta > \theta_c$ 时，光线将不再折射入介质2，而在介质1内发生全反射现象，如图9-29所示光线 b。

图9-30所示表示光在光纤中传播的原理。根据全内反射原理，设计光纤纤芯的折射率 n_1 要大于包层的折射率 n_2，两个端面均为光滑的平面。当光线射入一个端面并与圆柱的轴线成 θ_i 时，根据斯涅尔定律，在光纤内折射成角 θ'，然后以 φ_i 角入射至纤芯与包层的界面。当 φ_i 角大于纤芯与包层间的临界角 φ_c，即

$$\varphi_i > \varphi_c = \sin^{-1}n_2/n_1 \tag{9-21}$$

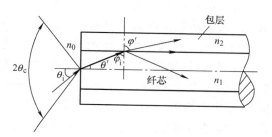

图 9-30 光纤的波导原理

时，则入射的光线在纤芯的界面上发生全内反射，并在纤芯内部以同样的角度反复逐次反射，直至传播到另一端面。这就是光纤波导的工作原理。

3. 光纤的主要特性

（1）数值孔径（NA）　数值孔径是反映纤芯接收光量的多少，标志光纤接收性能的一个重要参数。其定义为：光从空气入射到光纤输入端面时，处在某一光锥内的光线一旦进入光纤，就将被截留在纤芯中，此光锥半角（θ）的正弦值称为数值孔径。

图 9-30 中，按照斯涅尔定律，在输入端面入射的光满足全反射条件时入射角 θ_c 为

$$n_0\sin\theta_c = n_1\sin\theta' = n_1\sin\left(\frac{\pi}{2}-\varphi_c\right) = n_1\cos\varphi_c = n_1(1-\sin^2\varphi_c)^{1/2} = n_1\left(1-\frac{n_2^2}{n_1^2}\right)^{1/2} = (n_1^2-n_2^2)^{1/2}$$

式中　n_0——光纤所处环境的折射率，一般为空气，$n_0 = 1$，则

$$\sin\theta_c = (n_1^2-n_2^2)^{1/2} = NA \tag{9-22}$$

式中　NA——定义为数值孔径；

n_1——纤芯的折射率；

n_2——包层的折射率。

数值孔径的意义是无论光源发射的功率有多大，只有 $2\theta_c$ 张角之内的光功率被光纤接收传播。一般希望光纤有大的数值孔径，这有利于耦合效率的提高。但数值孔径大，光信号将产生大的"模色散"，入射光能分布在许多模式中，各模式的速度不同，导致各个能量分量到达光纤远端的时间不同，光信号将发生严重畸变，所以要适当选择。典型的光纤 $\theta_c \approx 10°$。

（2）传输损耗　光信号在光纤中的传播不可避免地存在着损耗。设光纤入射端与出射端的光功率分别为 P_i 和 P_o，光纤长度为 L（km）。则光纤的损耗 α（dB/km）可以用下式计算

$$\alpha = \frac{10}{L}\lg\frac{P_i}{P_o} \tag{9-23}$$

引起光纤损耗的因素可归结为吸收损耗和散射损耗两类。物质的吸收作用将使传输的光能变成热能，造成光功率的损失。光纤对于不同波长光的吸收率不同。如石英（SiO_2）光纤材料对光的吸收发生在波长为 $0.16\mu m$ 附近和 $8\sim12\mu m$ 范围内；杂质离子铁 Fe^{2+} 吸收峰波长为 $1.1\mu m$、$1.39\mu m$、$0.95\mu m$ 和 $0.72\mu m$。散射损耗是由于光纤的材料及其不均匀性或其几何尺寸的缺陷引起的。如瑞利散射就是由于材料的缺陷引起折射率的随机性变化所致。瑞利散射按 $1/\lambda^4$ 变化，因此它随波长的减小而急剧地增加。

光纤的弯曲也会造成散射损耗。这是由于光纤边界条件的变化，使光在光纤中无法进行全反射传输所致。弯曲半径越小，造成的损耗越大。

（3）光纤模式　光波在光纤中的传播途径和方式称为光纤模式。对于不同入射角的光线，在界面反射的次数是不同的，传递的光波之间的干涉所产生的横向强度分布也是不同的，这就是光纤传播模式的不同。在光纤中传播模式很多不利于信号的传播，因为同一种光信号采用很多模式的传播将使一部分光信号分为多个不同时间到达接收端的小信号，从而导致合成信号的畸变，因此希望光纤传播模式的数量要少。

单模光纤的纤芯尺寸很小（通常仅几微米），光纤传播的模式很少，原则上只能传送一种模式的光纤（通常是芯径很小的低损耗光纤）。这类光纤传输性能好（常用于干涉型传感

器），制成的传感器较多模传感器有更好的线性、更高的灵敏度和动态测量范围。但单模光纤由于纤芯太小，制造、连接和耦合都很困难。

多模光纤的纤芯尺寸较大（大部分为几十微米），光纤传播模式很多。这类光纤传输性能较差，带宽较窄，但由于纤芯的截面大，容易制造，连接和耦合也比较方便。这类光纤常用于强度型传感器。

4. 光纤传感器的工作原理及分类

光纤传感器是通过被测量（温度、压力、电场、磁场、振动、位移等）对光纤内传输光进行调制，使传输光的强度（振幅）、相位、频率或偏振等特性发生变化，再通过对被调制过的传输光进行检测，从而得出相应被测量的传感器。

光纤传感器由于其使用范围广，品种繁多，其分类方法也有多种。常用的分类方法有以下两种。

（1）根据光纤在传感器中的作用可分为功能型和非功能型两种　功能型光纤传感器是利用光纤本身的特性，把光纤作为敏感元件，光在光纤内受被测量调制，所以又称传感型光纤传感器。这类传感器的优点是结构紧凑、灵敏度高。但它需采用特殊光纤和先进的检测技术，因此成本高。

非功能型传感器是利用其他敏感元件感受被测量的变化，光纤仅作为光的传输介质，用以传输来自远处或难以接近场所的光信号，因此，也称传光型光纤传感器。此类光纤传感器无须采用特殊光纤和特殊技术，比较容易实现，因而成本低。但灵敏度也较低。

（2）根据光波参数受调制的形式不同分类　可将光纤传感器分为强度调制型光纤传感器、相位调制型光纤传感器、频率调制型光纤传感器、偏振调制型光纤传感器和时分调制型光纤传感器等。这种分类方法体现了各种传感器的具体转换机理，易于理解。

1）强度调制型光纤传感器：光源发射的光经入射光纤传输到调制器（由可动反射器等组成），经可动反射器把光反射到出射光纤，通过出射光纤传输到光电接收器。而可动反射器的动作受到被测物理量的控制，因此反射出的发光强度是随被测物理量变化的。光电接收器接收到发光强度变化的信号，经解调得到被测物理量的变化，当然，还可以采用可动透射调制器或内调制型（如微弯调制）等方式。主要应用有压力、振动、温度、位移、气体等各种强度调制型光纤传感器。这类光纤传感器的优点是结构简单、容易实现、成本低。缺点是受光源强度的波动和连接器损耗变化等的影响较大。

2）相位调制型光纤传感器：将光纤的光分为两束，一束相位受外界信息的调制，利用被测对象对敏感元件的作用，使敏感元件的折射率或传播常数发生变化，而导致光的相位变化；另一束作为参考光，使两束叠加形成干涉条纹，通过检测干涉条纹的变化可确定出两束光相位的变化，从而可测出使相位变化的待测物理量。主要应用有利用光弹效应的声、压力或振动传感器；利用磁致伸缩效应的电流、磁场传感器；利用电致伸缩的电场、电压传感器以及利用光纤赛格纳克效应的旋转角速度传感器（光纤陀螺）等。这类传感器灵敏度很高，但由于须用特殊光纤及高精度检测系统，因此成本高。

3）频率调制型光纤传感器：单色光照射到运动的物体上后，反射回来时，由于多普勒效应，光频率会发生变化，将此频率的光与参考光共同作用于光探测器上，并产生差拍，经频谱分析器处理求出此光频率变化，即可推知速度。主要应用有利用运动物体反射光和散射光的多普勒效应的光纤速度、流速、振动、压力、加速度传感器；利用物质受强光照射时的喇曼散射构成的测量气体浓度或监测大气污染的气体传感器；利用光致发光的温度传感器等。

4）偏振调制型光纤传感器：外界因素作用下，使光的某一方向振动比其他方向占优势，这种调制方式为偏振调制。光纤传感器中的偏振调制器是利用电光、磁光、声光等物理效应制成的。主要应用有利用光在磁场中媒质内传播的法拉第效应做成的电流、磁场传感器；利用光在电场中的压电晶体内传播的泡尔效应做成的电场、电压传感器；利用物质的光弹效应做成的压力、振动和声传感器；以及利用光纤的双折射性做成的温度、压力、振动等传感器。这类传感器可以避免光源强度变化的影响，因此灵敏度高。

5）时分调制型光纤传感器：时分调制是利用外界因素调制返回信号的基带频谱，通过检测基带的延迟时间、幅度大小的变化，来测量各种物理量的大小和空间分布的方法。

9.8.2　光纤传感器的应用

1. 光纤位移传感器

（1）反射式强度调制型　反射式光纤位移传感器结构简单、设计灵活、性能稳定、造价低廉、能适应恶劣环境，在实际工作中得到了广泛应用。

反射式光纤位移传感器结构示意图如图 9-31a 所示。由光源发出的光经发射光纤束（或称传输光纤束）传输入射到被测目标表面，被测目标表面的反射光与接收光纤束扎在一起传输至光敏元件。根据被测目标表面反射至接收光纤束的发光强度的变化来测量与被测目标表面距离的变化，其工作原理如图 9-31b 所示。由于光纤有一定的数值孔径，当光纤探头端部紧贴被测目标时，发射光纤中的光不能反射到接收光纤中去，接收光纤中无光信号；当被测目标逐渐远离光纤探头端部时，发射光纤照亮被测目标表面的面积越来越大，于是相应的发射光锥和接收光锥重合面积 B_1 越来越大，因而接收光纤端面上被照亮的 B_2 区也越来越大，有一个线性增长的输出信号；当整个接收光纤被全部照亮时，输出信号就达到了位移-输出信号曲线上的"光峰点"，光峰点以前的这段曲线叫前坡区（Ⅰ）；当被测目标表面继续远离时，由于被反射光照亮的 B_2 面积大于 C，即有部分反射光没有反射进接收光纤，还由于接收光纤更加远离被测目标表面，接收到的发光强度逐渐减小，光敏输出器的输出信号逐渐减弱，进入曲线的后坡区（Ⅱ），其位移-输出的关系曲线如图 9-31c 所示。

在位移-输出的关系曲线的前坡区，输出信号的强度增加得非常快，这一区域可以用来进行微米级的位移测量。在后坡区，输出信号的减弱与探头和被测目标表面之间的距离的二次方成反比，可用于距离较远而灵敏度、线性度和精度要求不高的位移测量。在光峰区，输出信号达到最大值，其大小取决于被测目标表面的状态。所以这个区域可以用于对被测目标表面的状态进行光学测量。

这种传感器的光纤通常是由 600 根左右的光纤组成的光缆，所使用光纤束的特性是影响这种类型光纤传感器灵敏度的主要因素之一。这些特性包括光纤的数量、尺寸和分布、以及每根光纤的数值孔径，而光纤探头的端部的发射光纤和接收光纤的分布状况对探头测量范围和灵敏度的大小有较大影响。一般在光纤探头的端部，发射光纤与接收光纤有以下 4 种分布：混合式随机分布、半球形对开分布、共轴内发射分布、共轴外发射分布。其中混合式随机分布灵敏度高，半球形对开分布测量范围大。

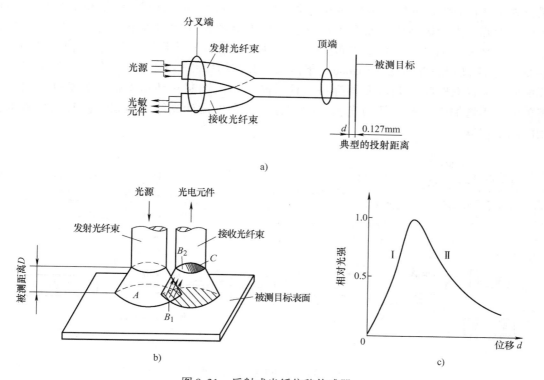

图 9-31 反射式光纤位移传感器

a）结构示意图　b）工作原理　c）位移和输出关系曲线

为使这种光纤传感器有较高的分辨率和灵敏度，必须把敏感探头置于距离被测件 0.127～2.54mm 的地方，这是一个很小的距离。为了扩大传感器的应用范围，在光纤探头的前端加一专门的透镜系统，可使投影距离增加至 12.7mm 或更大，而保持原有位移灵敏度。

（2）遮光式强度调制型　图 9-32 所示为遮光式发光强度调制器的原理图。首先发送光纤与接收光纤对准，然后发光强度调制信号加在移动的光闸上，如图 9-32a 所示，或直接移动接收光纤，使接收光纤只接收到发送光纤发送的一部分光，如图 9-32b 所示，从而实现发光强度调制。

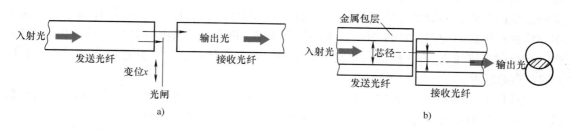

图 9-32 遮光式光强度调制器的原理图

a）发光强度调制信号加在移动光闸上　b）直接移动接收光纤

（3）干涉型　为了提高测量精度或扩大测量范围，常常使用相位调制型的光纤干涉仪作为位移传感器。光纤干涉仪实际上就是用光纤替代干涉式激光传感器的光路构成的，主要由光源、光纤敏感头、光纤干涉仪、光探测器和相位检测等单元组成。常用的有迈克尔逊（Michelson）干涉仪、法布里-珀罗（Fabry-Perot）干涉仪、马赫-泽德（Mach-Ze-hnder）干涉仪和萨古纳克（Sagnac）干涉仪，其结构如图9-33所示。在干涉仪中引入光纤能使干涉仪双臂安装调试变得容易，且提高了相位调制对环境参数的灵敏度，因此可简单的采用增加信号臂光纤的光程长度的办法，合理设计光纤干涉仪，使其成为紧凑实用的测量仪器。

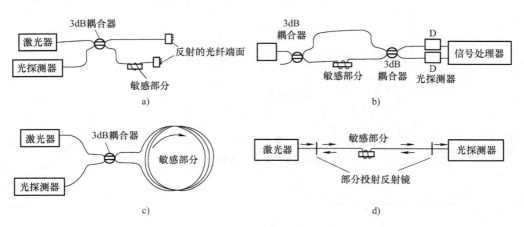

图9-33　几种典型光纤干涉仪

a）迈克尔逊干涉仪　b）马赫-泽德干涉仪　c）萨古纳克干涉仪　d）法布里-珀罗干涉仪

2. 光纤温度传感器

（1）半导体吸光型　图9-34所示为半导体吸光型光纤温度传感器示意图。将一根切断的光纤装在细钢管内，光纤两端面间夹有一块半导体感温薄片（如GaAs或InP），这种半导体感温薄片透射发光强度随被测温度而变化。因此，当光纤一端输入一恒定发光强度的光时，由于半导体感温薄片透射能力随温度变化，光纤另一端接收元件所接收的发光强度也随被测温度而改变。于是通过测量光探测器输出的电量，便能遥测到感温薄片处的温度。

感温探头中半导体材料的透过率与温度的特性曲线如图9-35所示，当温度升高时，其透过率曲线向长波方向移动。显然，半导体材料的吸收率与其禁带宽度 E_g 有关，禁带宽度又随温度而变化，多数半导体材料的禁带宽度 E_g 随温度 T 的升高几乎线性地减小，对应于半导体材料透过率与温度特性曲线边沿的波长为 λ_g 的曲线，随温度升高向长波方向位移。当一个辐射光谱与 λ_g 相一致的光源发出的光通过此半导体材料时，其透射光的强度随温度 T 的升高而减少。

这种传感器感温探头的结构简单、制作容易。但因光纤从传感器的两端导出，使用安装很不方便。其测量范围随半导体材料和光源而变，通常在 $-100\sim300℃$，响应时间为2s，测量精度在 $\pm3℃$。目前，国外光纤温度传感器可探测到2000℃高温，灵敏度可达到 $\pm1℃$，响应时间为2s。

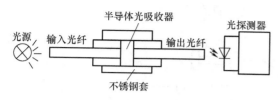

图 9-34　半导体吸光型光纤温度传感器

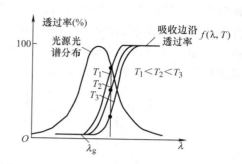

图 9-35　半导体材料透过率与温度的特性曲线

（2）遮光式　图 9-36 所示为一种简单的利用水银柱升降温度的光纤温度开关。当温度上升时，水银柱上升；当温度上升到某一设定值时，水银柱将两根光纤间的光路遮断，使输出发光强度产生一个跳变。可用于对设定温度的控制，温度设定值灵活可变。

（3）相位调制型　图 9-37 所示是 Mach-Zehnder 光纤温度传感器原理图。其包括氦氖激光器、扩束器、分束器、两个显微物镜、两根单模光纤（其中一根为测量臂，另一根为参考臂）、光电探测器等。传感器工作时，

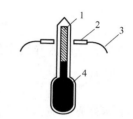

图 9-36　水银柱光纤温度开关
1—浸液　2—自聚焦透镜
3—光纤　4—水银

氦氖激光器发出的激光束经分束器分别送入长度基本相等的测量臂光纤和参考臂光纤，将两光纤的输出端汇合在一起，则两束光立即产生干涉，从而出现干涉条纹。当测量臂光纤受到被测温度场的作用时，产生相应的相位变化（温度变化一方面使光纤的几何尺寸变化产生相位变化，另一方面引起光纤光学性质变化而产生相位变化），从而引起干涉条纹的移动。显然，干涉条纹的移动数量将反映出被测温度场的温度变化。光电探测器接收干涉条纹的变化信息，并输入到适当的数据处理系统，最后得到测量结果。

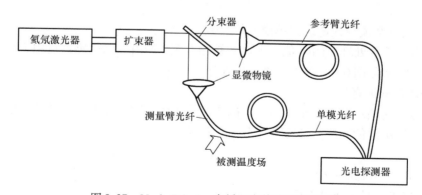

图 9-37　Mach-Zehnder 光纤温度传感器原理图

3. 偏振态调制型光纤电流传感器

偏振态调制主要基于法拉第磁光效应、克尔电光效应、弹光效应等旋光现象实现的。最

典型的应用是根据法拉第磁光效应（又称磁致旋光效应）做成的用于高压传输线的光纤电流传感器，其结构如图9-38所示。从激光器发出的激光经起偏器变成偏振光，再经显微物镜（×10）聚焦耦合到单模光纤中。为了消除单模光纤中的包层模，可把单模光纤浸在折射率高于包层的油中，再将单模光纤以半径 R 绕在高压载流导线上。

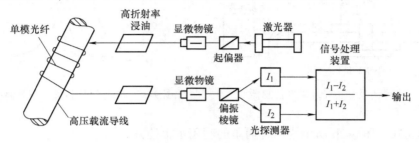

图9-38　偏振态调制型光纤电流传感器结构

设通过高压载流导线中的电流为 I，由此产生的磁场 H 满足安培环路定律。对于无限长直导线，则有

$$H = I/2\pi R \tag{9-24}$$

根据法拉第磁光效应，当偏振光通过处于磁场中的单模光纤时，光线的偏振面（矢量振动方向）将发生偏转，偏转的角度 θ 与磁场 H 以及介质的长度 l 成正比

$$\theta = VlH = VlI/2\pi R \tag{9-25}$$

式中　V——费尔德常数，对于石英，$V = 3.7 \times 10^{-4} \mathrm{rad/A}$；

　　　l——受磁场作用的单模光纤长度。

受磁场作用的光束由单模光纤输出端经显微物镜耦合到偏振棱镜，并分解成振动方向相互垂直的两束偏振光，分别进入光探测器，再经信号处理后输出信号

$$P = \frac{I_1 - I_2}{I_1 + I_2} = \sin 2\theta \approx 2\theta \tag{9-26}$$

由式(9-25)、式(9-26) 可得

$$P = \frac{VlI}{\pi R} = 2VNI \tag{9-27}$$

式中　N——高压载流导线链绕的单模光纤匝数。

可见，根据信号处理后的 P 值，即可知被测电流 I 的值。该传感器适用于高压输电线大电流的测量，测量范围 0 ~ 1000A，精度可达 1%。

4. 光纤旋涡式流量计

当流体运动受到一个垂直于流动方向的非流线体阻碍时，在非流线体的下游两侧产生有规则的旋涡，其旋涡的频率 f 与流体的流速可表示为

$$f = sv/d \tag{9-28}$$

式中　v——流体的流速（m/s）；

　　　d——物体相对于液流方向的横向尺寸（m）；

　　　s——与流体有关的无量纲常数。

可见，通过检测旋涡的频率便可测出流体的流速。

光纤旋涡式流量计结构如图 9-39 所示，在横贯流体管道的中间装有一根绷紧的多模光纤，当流体流动时，多模光纤就发生振动，其振动频率近似与流速成正比。当一束激光经过受流体绕流而振动的多模光纤时，其多模光纤的出射光斑点会产生抖动，其抖动频率 q 与多模光纤振动频率 f 存在一定的关系。对于处于光斑中的某个固定位置的小型探测器来说，光斑花纹的移动反映出探测器接收到的输出发光强度的变化。利用频谱分析，即可测出多模光纤的振动频率。根据式（9-28）即可计算出流速。在管径尺寸已知的情况下，即可计算出流量。

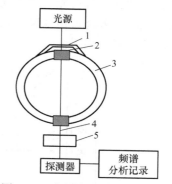

图 9-39　光纤旋涡式流量计结构
1—夹具　2—密封胶
3—液体流管　4—光纤
5—张力载荷

光纤旋涡式流量计具有可靠性好，无任何可动部分和联接环节，对被测体流动几乎不产生阻碍作用，但在流速很小时，多模光纤的振动会消失，因此存在一定的测量下限。

5. 光纤压力传感器

光纤压力传感器主要有强度调制型、相位调制型和偏振调制型 3 类。强度调制型光纤压力传感器大多是基于弹性元件受压变形，将压力信号转换成位移信号来检测，故常用于位移的光纤检测技术；相位调制型光纤压力传感器则是利用光纤本身作为敏感元件的传感器；偏振调制型光纤压力传感器主要是利用晶体的光弹性效应。这 3 种光纤压力传感器中，强度调制型是最常用的一种。图 9-40 所示为采用弹性元件的光纤压力传感器。这类形式的光纤压力传感器都是利用弹性体的受压变形，将压力信号转换成位移信号，从而对发光强度进行调制。因此，只要设计好合理的弹性元件及结构，就可以实现压力的检测。如图 9-40 所示，在 Y 形光纤束前端放置一感压膜片，当感压膜片受压变形时，使光纤束与感压膜片间的距离发生变化，从而使输出发光强度受到调制。感压膜片的材料可以是恒弹性的金属，如殷钢、铍青铜等。但金属材料的弹性模量有一定的温度系数，因此有时要考虑温度补偿。若选用石英膜片，则可以减小温度变化带来的影响。

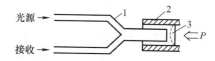

图 9-40　采用弹性元件的光纤压力传感器
1—Y 形光纤束　2—壳片　3—感压膜片

该传感器具有结构简单、体积小、使用方便的优点，但如果光源不稳定或长期使用后感压膜片的反射率下降，会影响其精度。

【拓展应用系统实例 3】 工业用内窥镜系统

工业用内窥镜用于检查系统的内部结构，它采用光纤图像传感器，将探头放入系统内部，通过光束的传输在系统外部可以观察监视，如图 9-41 所示为工业用内窥镜系统原理图。

光源发出的光通过传光束照射到被测物体上，通过物镜和传像束把内部图像传送出来，以便观察、照相，或通过传像束送入 CCD 器件，将图像信号转换成电信号，送入微机进行处理，可在屏幕上显示结果。

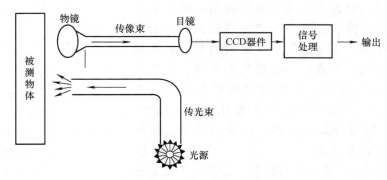

图 9-41　工业用内窥镜系统原理

图 9-41 所示的图像光纤是由数目众多的光纤组成的一个图像单元（或像素单元），典型数目为 0.3 万 ~ 10 万股，每一股光纤的直径约为 10μm。在光纤的两端，所有的光纤都是按同一规律整齐排列的。投影在传像束一端的图像被分解成许多像素，图像的每一个像素（强度与颜色）通过一根光纤单独传送，并在另一端重建原图像。

拓展训练项目

【项目 1】 基于单片机控制的自行车测速报警系统设计

根据本章所学传感器的知识，选择一个合适的传感器，设计一自行车测速报警系统，画出相应的电路原理图并说明其工作原理。

【项目 2】 自动调光台灯设计

为保护视力，人们在阅读时需要将台灯调到合适的光照强度，但大多数人并不清楚什么样的光照强度是最合适的，尤其是少年儿童，因而，设计一种可自动调光的台灯对保护视力很有意义。

根据所学知识，选择合适的光照检测传感器，设计一个可自动调节光照强度的控制电路。同时为满足特殊情况需要，台灯上应设有手动、自动两种调光模式。

习　　题

9.1　光电效应有哪几种？与之对应的光电元件有哪些？

9.2　试比较光敏电阻、光电晶体管、光电池、光电倍增管在使用性能上的差别。

9.3　试述 CCD 图像传感器的工作原理，并举例说明其应用。

9.4　简述光栅利用莫尔条纹实现位移测量的基本原理。

9.5　激光有哪些特点？简述激光形成的 3 个必备条件和各种激光器的特点。

9.6　简述激光脉冲测距法原理。

9.7　二进制码盘和循环码盘各有何特点？

9.8　简述绝对式光电式编码器的工作原理。

9.9　试分析脉冲式编码器的辨向原理。

9.10　试叙述光纤传感器所用光纤的结构和传光原理。

9.11　光纤传光的必要条件是什么？

9.12　试计算 $n_1 = 1.48$ 和 $n_2 = 1.46$ 的阶跃折射率光纤的数值孔径。如果外部是空气 $n_0 = 1$，试问：对于这种光纤来说，最大入射角 θ_{max} 是多少？

9.13　光纤数值孔径 NA 的物理意义是什么？

9.14　根据频率调制的原理，设计一个用光纤传感器测试石油管道中原油流速的系统，并叙述其工作原理。

第 10 章

化学传感器

所谓化学传感器是指能将各种化学物质的特性变化（如离子、气体及电解质浓度或成分、空气湿度等）定性或定量地转化为电信号的传感器。它是获取化学量信息的重要手段，具有选择性好、灵敏度高、分析速度快、成本低、能在复杂的体系中进行在线连续监测的特点，已广泛应用于环境监测、医疗、工农业产品、食品、生物、安全、军事、科学实验等领域中化学量的检测与控制。

化学传感器的种类和数量很多，各种器件转换原理各不相同，其分类方式也各不相同。如按传感方式可分为：接触式与非接触式化学传感器；按结构形式可分为：分离型传感器和组装一体化化学传感器；按检测对象可分为气敏传感器、湿敏传感器、离子敏传感器和生物传感器。气敏传感器主要用于监测气体的浓度或成分，又分为半导体气敏传感器、固体电解质气敏传感器、接触燃烧式气敏传感器、光干涉式气敏传感器、晶体振荡式气敏传感器和电化学式气敏传感器等。湿敏传感器是测定环境中水气含量的传感器，又分为电解质式、高分子式、陶瓷式和半导体式湿敏传感器。离子敏传感器是对离子具有选择性响应的离子选择性电极。它是基于对离子具有选择性响应的膜产生膜电位的原理。离子敏传感器的感应膜有玻璃膜、溶有活性物质的液体膜及高分子膜，使用较多的是聚氯乙烯膜。生物传感器是对生物物质敏感并将其浓度转换为电信号进行检测的仪器。

本章介绍应用较多、发展较成熟的气敏传感器和湿敏传感器。

10.1 气敏传感器

气敏传感器也称为气体传感器，是指能够感知环境中气体的成分及浓度，且能将气体种类与浓度的有关信息转换成电信号的一种传感器。最初的气敏传感器主要应用于有毒、有害、可燃性气体泄漏的检测和报警，现在已广泛应用于工业上天然气、煤气等部门的易燃易爆、有毒气体的检测和自动控制，以及环境中粉尘、油雾等污染情况的监测预报。

由于气敏传感器在使用时需要暴露在各种气体环境中，工作条件大多比较恶劣，且气体和传感元件的材料会产生化学反应，生成的反应物会附着在传感元件表面，往往会使其性能变差，因此要求气敏传感器的性能必须满足以下条件：

1）对被测气体具有较高的灵敏度，能够有效地检测允许范围内的气体浓度，并能及时给出报警、显示和控制信号。

2）对被测气体以外的共存气体或物质不敏感。

3）性能稳定，重复性好。

4）动态特性好，对检测信号响应迅速。

5）使用寿命长、成本低、使用与维护方便等。

早期的气体检测主要采用电化学和光学的方法，其检测速度慢、设备复杂、使用不方便。自 1970 年荷兰科学家 Bergveld 研制出了对氢离子响应的离子敏感场效应晶体管，标志着离子敏半导体传感器的诞生。随着电子技术的飞速发展，以半导体传感器为代表的各种固态传感器相继问世。半导体传感器以其易于实现集成化、微型化、灵敏度高、使用方便等诸多优点受到普遍重视，是目前使用居多的半导体式气敏传感器，已广泛应用于气体的粗略鉴别和定性分析中。本节主要介绍半导体式气敏传感器。

10.1.1 半导体式气敏传感器的概述

半导体式气敏传感器是利用被测气体与半导体表面接触时，导致的电导率等物理性质变化来检测被测气体的。按照半导体与被测气体相互作用时产生的物理性质变化只限于半导体表面或深入到半导体内部，可分为表面控制型和体控制型。前者半导体表面吸附的被测气体与半导体间发生电子接受，结果使半导体的电导率等物理性质发生变化，但内部化学组成不变；后者半导体与被测气体的反应，使半导体内部化学组成发生变化而使电导率发生变化。按照半导体变化的物理特性，又可分为电阻型和非电阻型。电阻型半导体式气敏元件是利用敏感材料接触被测气体时，其阻值发生变化来检测被测气体的成分或浓度；非电阻型半导体式气敏元件则是利用被测气体的吸附和与其的反应，使气敏元件某些关系特性发生改变来实现对被测气体进行直接或间接的检测，如利用二极管伏安特性和场效应晶体管的阈值电压变化来检测被测气体。

半导体式气敏传感器与各种其他类型气敏传感器相比，具有如下特点：
1）由于传感器原理是基于物理变化的，因而没有相对运动部件，结构简单。
2）灵敏度高，可达 $10^{-6} \sim 10^{-3}$ 数量级。
3）动态性能好，输出为电量。
4）采用半导体为敏感材料容易实现传感器集成化和智能化。
5）功耗低，安全可靠。
6）线性范围窄，在精度要求高的场合应采用线性化补偿电路。
7）输出特性易受温度影响，应采用温度补偿措施。
8）性能参数离散性大。

10.1.2 电阻型半导体式气敏传感器

1. 工作机理

目前，半导体式气敏传感器的气敏元件多为金属氧化物半导体材料，有时在其中加入微量贵金属作增敏剂，增加对气体的活化作用。对于电子给予性的还原性气体如氢、一氧化碳、烃等，用 N 型半导体材料，如二氧化锡（SnO_2）、氧化锌（ZnO）、三氧化二铁（Fe_2O_3）等；对于电子接受性的氧化性气体如氧，用 P 型半导体材料，如氧化钴（CoO）、氧化铅（PbO）、氧化铜（Cu_2O）、氧化镍（NiO）等。常见的已实用化的半导体气敏元件是二氧化锡（SnO_2）和三氧化二铁（Fe_2O_3）系列半导体气敏元件。

半导体气敏元件是利用被测气体在半导体表面的氧化还原反应导致气敏元件阻值变化而制成的。为加快这种反应，通常要用加热器对气敏元件加热，一方面可起加速被测气体的吸附、脱出过程的作用；另一方面可以烧灼气敏元件表面油垢或污物，起清洁作用。加热温度一般在200~400℃。当半导体器件被加热到稳定状态，在被测气体接触半导体器件表面而被吸附时，被吸附的气体分子首先在表面自由扩散（物理吸附），失去运动能量，其间一部分气体分子被蒸发掉，残留气体分子产生热分解而固定在吸附处（化学吸附）。当半导体的功函数小于吸附分子的亲和力（气体的吸附和渗透特性）时，吸附分子将从半导体器件夺得电子而变成负离子吸附在半导体表面，半导体表面呈现电荷层。如氧气、二氧化氮（NO_2）等具有负离子吸附倾向的气体被称为氧化性气体或电子接受性气体。如果半导体的功函数大于吸附分子的离解能，吸附分子将向半导体器件释放出电子，而变成正离子吸附在半导体表面。具有正离子吸附倾向的气体有氢气（H_2）、一氧化碳（CO）、碳氢化合物和醇类，它们被称为还原性气体或电子给予性气体。

当氧化性气体吸附到N型半导体（SnO_2，ZnO）上，还原性气体吸附到P型半导体如氧化铬（CrO_3）上时，将使半导体载流子减少，电阻值增大。当还原性气体吸附到N型半导体上，氧化性气体吸附到P型半导体上时，则半导体载流子增多，电阻值下降。图10-1所示为N型半导体与被测气体接触时的氧化还原反应过程中的电阻值变化情况。半导体气敏元件电阻率变化规律总结如下：

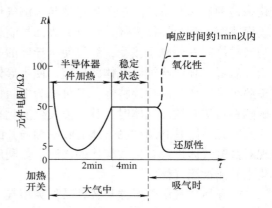

图10-1　N型半导体与被测气体接触时阻值变化曲线

1）当氧化性气体吸附到N型半导体上，半导体载流子减少，电阻率上升。

2）当还原性气体吸附到N型半导体上，半导体载流子增多，电阻率下降。

3）当氧化性气体吸附到P型半导体上，半导体载流子增多，电阻率下降。

4）当还原性气体吸附到P型半导体上，半导体载流子减少，电阻率上升。

2. 结构类型

电阻型半导体式气敏传感器一般由3部分组成：气敏元件、加热器和外壳或封装体。按其制造工艺可分为烧结型、薄膜型和厚膜型3类。它们的典型结构如图10-2所示。

（1）烧结型气敏元件　烧结型气敏元件的结构如图10-2a所示。这类元件的制作是将一定比例的敏感材料（SnO_2、ZnO等）和一些掺杂剂（铂（Pt）、铅（Pb）等）用水或黏合剂调合，经研磨后使其均匀混合，然后将混合好的膏状物倒入模具，埋入加热丝和测量电极，用加热、加压、温度为700~900℃的制陶工艺烧结成型。最后将加热丝和电极焊在管座上，加上特制外壳就构成器件。烧结型气敏元件制作方法简单，寿命长，但由于烧结不充分，气敏元件机械强度不高，电极材料较贵重，电性能一致性较差，因此应用受到一定限制。

（2）薄膜型气敏元件　薄膜型气敏元件结构如图10-2b所示。其制作采用真空镀膜或溅射的方法，首先在处理好的石英基片上形成一层金属氧化物薄膜（如SnO_2、ZnO等，其厚度在100nm以下），再引出电极。实验证明，SnO_2和ZnO薄膜的气敏特性较好。该类元件的优点是灵敏度高、响应迅速、机械强度高、互换性好、产量高、成本低。但这类元件半

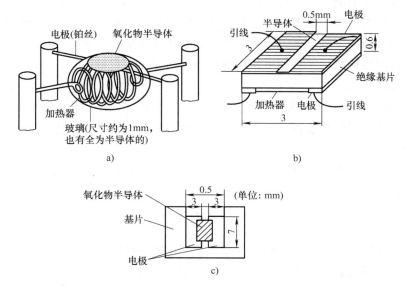

图 10-2　半导体式气敏传感器的典型元件结构

a）烧结型气敏元件　b）薄膜型气敏元件　c）厚膜型气敏元件

导体薄膜为物理性附着，因此元件间性能差异较大。

（3）厚膜型气敏元件　厚膜型气敏元件结构如图 10-2c 所示。它是将 SnO_2 和 ZnO 等材料与 3% ~ 15% 重量的硅凝胶混合制成能印刷的厚膜胶，把厚膜胶用丝网印制到装有铂电极的氧化铝或氧化硅等基片上，在 400 ~ 800℃ 高温下烧结 1 ~ 2h 制成。这类元件的优点是一致性好、机械强度高、适于批量生产。

上述 3 种结构的半导体气敏元件均附有加热器，加热方式有直热式和旁热式两种。

直热式气敏传感器的结构和符号如图 10-3 所示。直热式气敏传感器管芯体积很小，加热丝和测量丝直接埋在金属氧化物半导体（SnO_2 或 ZnO）粉末材料内烧结而成。加热丝兼作一个测量电极。工作时加热丝通电，测量丝用于测量器件阻值。这类器件制造工艺简单、成本低、可在高压回路下使用；但热容量小，易受环境气流的影响；且测量电路与加热电路之间相互干扰，影响其测量参数；加热丝在加热与不加热两种情况下产生的膨胀与冷缩，容易造成器件接触不良。

旁热式气敏传感器的结构和符号如图 10-4 所示。它是把高阻加热丝放置在陶瓷绝缘

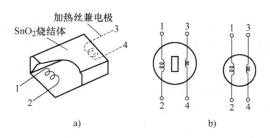

图 10-3　直热式气敏传感器的结构与符号

a）直热式气敏传感器的结构　b）直热式气敏传感器的符号

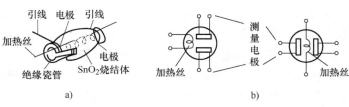

图 10-4　旁热式气敏传感器的结构与符号

a）旁热式气敏传感器的结构　b）旁热式气敏传感器的符号

管内，在绝缘管外涂上梳状金电极，再在金电极外涂上 SnO_2 等气敏半导体材料，就构成了器件。旁热式结构的气敏传感器克服了直热式结构的缺点。使测量极和加热极分离，加热丝也不与气敏半导体材料接触，避免了相互影响；器件热容量大，降低了环境温度对器件加热温度的影响，因而器件的稳定性和可靠性都得到提高。

3. 特性参数

（1）固有电阻 R_a 和工作电阻 R_s 气敏元件在洁净空气中的电阻值称为固有电阻 R_a，固有电阻值一般在几十千欧到数百千欧范围内。工作电阻 R_s 表示气敏元件在一定浓度被测气体中的电阻值。

（2）分辨率 气敏传感器的分辨率 S 表示气敏元件对被测气体的识别以及对干扰气体的抑制能力，即

$$S = \frac{U_g - U_a}{U_{gi} - U_a} \tag{10-1}$$

式中 U_a——气敏元件在洁净空气中工作时，负载电阻上的输出电压（V）；

U_g——气敏元件在规定浓度被测气体中工作时，负载电阻上的输出电压（V）；

U_{gi}——气敏元件在规定浓度第 i 种气体中工作时，负载电阻上的输出电压（V）。

（3）灵敏度 气敏传感器的灵敏度是表征气敏元件对于被测气体的敏感程度的指标。表征气敏元件的灵敏度的方法较多，通常有下列几种表示：

电阻灵敏度 K：气敏元件的固有电阻 R_a 与在规定浓度被测气体下气敏元件的电阻 R_g 之比为电阻灵敏度，即

$$K = R_a / R_g \tag{10-2}$$

气体分离度 α：被测气体浓度分别为 g_1、g_2 时，气敏元件的电阻 R_{g1}、R_{g2} 之比为气体分离度，可表示为

$$\alpha = R_{g1} / R_{g2} \tag{10-3}$$

电压灵敏度 K_u：气敏元件在固有电阻值时的输出电压 U_a 与在规定被测气体浓度下负载电阻的两端电压 U_g 之比为电压灵敏度，即

$$K_u = U_a / U_g \tag{10-4}$$

（4）时间常数 从气敏元件与某一特定浓度的被测气体接触开始，到气敏元件的阻值达到此浓度下稳定阻值的 63.2% 为止所需要的时间称为气敏元件在该浓度下的时间常数 τ。

（5）恢复时间 从气敏元件脱离某一特定浓度的被测气体开始，到气敏元件的阻值恢复到固有电阻 R_a 的 36.8% 为止所需要的时间称为气敏元件的恢复时间 t_r。

4. 基本测量电路

实际的电阻型气敏传感器有 6 个引脚，如图 10-5 所示为常用的 MQ－3 气敏传感器的外形及引脚图，图中引脚 A、A′端和 B、B′端两只引脚内部分别连接在一起。基本测量电路如图 10-6 所示，测量电路包括加热回路和测量回路两部分。A、B 端构成传感器测量回路，F、F′引脚构成加热回路，加热电极 F、F′电压 $U_H = 5V$。半导体气敏元件是电阻型元件，其电阻值随被测气体浓度的变化而变化，因此测量电路的任务是将气敏元件电阻的变化转化成电压或者电流的变化。若直流电源提供测量回路工作电压为 U，A－B 之间电极端等效为电阻 R_s，负载电阻 R_L 兼做取样电阻，则负载电阻上输出电压为

$$U_o = \frac{R_L}{R_s + R_L}U \qquad (10\text{-}5)$$

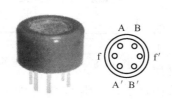

图 10-5　MQ－3 气敏传感器的外形及引脚图

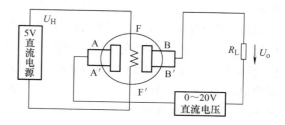

图 10-6　电阻型气敏传感器测量电路

可见，输出电压与气敏元件电阻有对应关系，只要测量出取样电阻上的电压，即可测得被测气体浓度的变化。

10.1.3　非电阻型半导体式气敏传感器

非电阻型也是比较常见的一类半导体式气敏传感器，它是利用 MOS 二极管的电容-电压特性的变化以及 MOS 场效应晶体管的阈值电压的变化等物理性质制成的气敏元件，多为氢敏（氢气敏感）传感器。这类器件由于具有制造工艺成熟、易于集成化、无须设置工作温度、使用方便、价格便宜等优点，因而得到了广泛应用。

1. MOS 二极管气敏元件

MOS 二极管气敏元件的制作过程是在 P 型半导体硅片上，生成一层硅氧化层（SiO_2），然后在 SiO_2 层上蒸发一层钯（Pd）金属膜作栅电极，其结构如图 10-7a 所示。由于硅氧化层（SiO_2）电容 C_a 是固定不变的，而硅片与氧化层界面电容 C_s 是外加电压的功函数，总电容 C 为 C_s 与 C_a 串

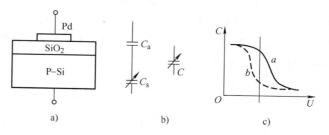

图 10-7　MOS 二极管气敏元件
a）结构　b）等效电路　c）C－U 特性曲线

联，其等效电路如图 10-7b 所示。总电容 C 也是外加电压 U 的函数，即 MOS 二极管等效电容 C 随电压变化，其 C－U 特性曲线如图 10-7c 中的曲线 a。由于金属钯（Pd）对氢气（H_2）特别敏感。当 Pd 吸附 H_2 以后，Pd 电极的功函数下降，使 MOS 二极管的 C－U 特性曲线向左平移，如图 10-7c 中的曲线 b，利用这一特性可用于测定氢气的浓度。

2. MOSFET（场效应晶体管）气敏元件

气敏二极管的特性曲线左移可看作二极管导通电压发生改变，这一特性如果发生在场效应晶体管的栅极，将使场效应晶体管的阈值电压 U_T 改变。利用这一原理可以制成 MOSFET 型气敏元件。

钯－MOS 场效应晶体管（Pd－MOSFET）与普通 MOS 场效应晶体管结构相似，不同的是在栅极上蒸镀了一层钯金属，其结构如图 10-8 所示。由 N 沟道 MOSFET 工作原理可知，当栅极（G）、源极（S）间加正向偏压 U_{GS}（电场作用下空间电荷区逐渐增大），且 $U_{GS} > U_T$

（阈值电压）时，栅极氧化层下的硅从 P 型变为 N 型，N 型区将 S（源极）和 D（漏极）连接起来，形成导电通道。此时 MOSFET 进入工作状态。此时，若在 S（源极）和 D（漏极）之间加电压 U_{DS}，则在 D－S 之间有电流 I_{DS} 流过。I_{DS} 随 U_{DS}、U_{GS} 的变化而变化，其变化规律即为 MOSFET 的伏－安特性。当 $U_{GS} < U_T$ 时，MOSFET 的沟道没形成，故无漏源电流 $I_{DS} = 0$。阈值电压 U_T 的大小除与衬底材料的性质

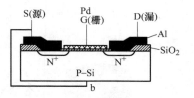

图 10-8　Pd－MOSFET 的结构

有关外，还与金属与半导体间的功函数有关。Pd 对 H_2 吸附性很强，H_2 吸附在 Pd 栅上引起 Pd 功函数降低。Pd－MOSFET 器件就是利用 H_2 在钯栅极吸附后改变功函数使 U_T 下降引起漏－源电流的变化来检测 H_2 浓度的。H_2 扩散到钯－硅介质边界时形成电偶层，从而使 MOS 场效应晶体管的阈值电压下降，当渗透到钯中的 H_2 被释放逸散时，阈值电压恢复常态。

非电阻型半导体式气敏传感器主要用于氢气浓度检测，其他气体不能通过钯栅。制作其他气体的气敏传感器要采用一定的措施，如制作 CO 敏 MOSFET 时要在钯栅上制作一个约 20nm 的小孔，就可以允许 CO 气体通过。另外，由于 Pd－MOSFET 对氢气有较高的灵敏度，而对 CO 的灵敏度却较低，为此可在钯栅上蒸发一层约 20nm 的铝作保护层，阻止氢气通过。

【拓展应用系统实例1】　瓦斯报警器

图 10-9 所示为一实用的瓦斯报警电路图，可用于小型煤矿及家庭。图中采用气敏元件 QM－N5 及 R_1 和 RP 组成瓦斯检测电路；由模拟声报警集成芯片 A（KD－9561）、R_2、功放管 VT 和超薄型动圈式扬声器 B 组成模拟警笛声音响电路；用小型塑封单向晶闸管 VTH（MCH100－6）做无触点电子开关。

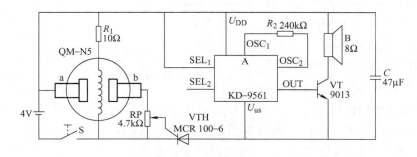

图 10-9　瓦斯报警器电路图

当工作现场无瓦斯或瓦斯浓度很小时，QM－N5 的 a、b 两点之间电导率很小，RP 滑动触点的输出电压小于 0.7V，单向晶闸管 VTH 不被触发，报警器不发声；当瓦斯超过限定的安全标准时，a、b 两点之间电导率迅速增大，RP 滑动触点的输出电压大于 0.7V，单向晶闸管 VTH 被触发导通，A 得电工作，其输出信号经 VT 功率放大后，推动扬声器发出报警声。该电路报警灵敏度可通过调节 RP 阻值进行调整。

整个报警电路安装在矿帽上，探头可固定在矿帽边沿，电路可焊接在矿帽内，并作好密封防爆处理。

10.2   湿敏传感器

湿敏传感器也称为湿度传感器。湿度是指空气中的水蒸气含量，或空气的干燥、潮湿程度。湿度对我们的工农业生产及生活有很大影响。如在大规模集成电路生产车间，当其相对湿度低于 30% 时，容易产生静电，造成元器件的损伤；潮湿会使食品发霉，干燥会使人感到不舒服。随着现代工农业技术的发展以及人民生活水平的提高，湿度的检测和控制已成为生产和生活必不可少的手段。如军械仓库、粮仓、水果保鲜等场合；精密仪器、半导体集成电路与元器件制造场所；气象预报、医疗卫生、食品加工等行业都有广泛的应用。

不同环境所需湿度不同，测量方法很多，但湿度测量较其他物理量检测更为困难，精度也不高，这主要是因为空气中水蒸气含量比较少；另外因为湿敏元件必须与水直接接触，必须暴露于环境中不能密封，湿敏材料容易受到腐蚀和老化，从而丧失其原有的性质。目前世界上最高水平湿度测量精度在 ±0.01% 左右，普通设备的精度在 1% 左右。

一个理想的湿敏传感器应具备以下性能：在各种气体环境下稳定性好、响应迅速、灵敏度高、线性度好、温度系数小、使用范围宽、重现性好、能在恶劣环境中使用、使用寿命长、器件的一致性和互换性好、易于批量生产、成本低。

10.2.1   湿度的定义及其表示方法

湿度通常用绝对湿度、相对湿度和露点 3 种方法表示。

1. 绝对湿度

绝对湿度是指在一定温度和压力条件下，单位体积空气内所含水蒸气的绝对含量或浓度，用符号 AH 表示。其数学表达式为

$$H_a = \frac{m_v}{V} \tag{10-6}$$

式中 H_a——绝对湿度（g/m^3）；

m_v——待测空气中水蒸气的质量；

V——待测空气的总体积。

绝对湿度给出了水分在空气中的具体含量。

2. 相对湿度

相对湿度是指被测空气中实际所含的水蒸气压力和该气体在相同温度下饱和水蒸气压力的百分比，一般用 %RH 表示，无量纲。其数学表达式为

$$H_r = \frac{P_h}{P_s} \times 100\% \tag{10-7}$$

式中 H_r——相对湿度；

P_h——待测空气中水蒸气压力；

P_s——相同温度下饱和水蒸气压力。

相对湿度给出了大气的潮湿程度。实际中更常使用相对湿度。

3. 露点

水的饱和蒸气压随温度的降低而逐渐下降。在同样的空气水蒸气压下，空气温度越低，

则空气的水蒸气压与同温度下水的饱和蒸气压差值越小。当空气温度下降到某一温度时，空气中的水蒸气压与同温度下水的饱和水蒸气压相等。此时，空气中的水蒸气将向液相转化而凝结成露珠，相对湿度为 100% RH。该空气温度称为空气的露点温度，简称露点。如果这一温度低于 0℃时，水蒸气将结霜，又称为霜点温度。两者统称为露点。空气中水蒸气压越小，露点越低，因而可用露点表示空气中的湿度。

10.2.2 湿敏传感器的主要特性及分类

湿度传感器的主要特性有：

（1）感湿特性 感湿特性为湿敏传感器的特征量（如：电阻值、电容值等）随湿度变化而变化的特性。以电阻值为例，在规定的工作湿度范围内，湿度传感器的电阻值随环境湿度变化的关系特性曲线，简称阻湿特性。有的湿度传感器的电阻值随湿度的增加而增大，这种为正特性湿敏电阻器，如 Fe_3O_4 湿敏电阻器。有的温度传感器的电阻值随着湿度的增加而减小，这种为负特性湿敏电阻器，如 $TiO_2 - SnO_2$ 陶瓷湿敏电阻器，对于这种湿敏电阻器，低湿时阻值不能太高，否则不利于和测量系统或控制仪表相连接。

（2）湿度量程 湿敏传感器的感湿范围。理想测湿量程应是（0 ~ 100）% RH，量程越大实用价值越大。它是湿度传感器工作性能的一项重要指标。

（3）灵敏度 指在某一相对湿度范围内，相对湿度改变 1% RH 时，湿度传感器电参量（如：电阻值、电容值等）的变化值或百分率。各种不同的湿度传感器，对灵敏度的要求各不相同。对于低湿型或高湿型的湿度传感器，它们的量程较窄，要求灵敏度要很高；但对于全湿型湿度传感器，并非灵敏度越大越好，因为电阻值的动态范围很宽，给配制二次仪表带来不利。所以要求灵敏度的大小要适当。

（4）湿滞特性 同一湿敏传感器吸湿过程（相对湿度增大）和脱湿过程（相对湿度减小）的感湿特性曲线不重合的现象就称为湿滞特性。

（5）响应时间 指在一定环境温度下，当被测空气相对湿度发生跃变时，湿敏传感器的感湿特征量达到稳定变化量的规定比例所需的时间。一般以相应的起始湿度到终止湿度这一变化区间的 90% 的相对湿度变化所需的时间来进行计算。

（6）感湿温度系数 当被测环境湿度恒定不变时，温度每变化 1℃，引起湿敏传感器感湿特征量的变化量，就称为感湿温度系数。

（7）老化特性 指湿敏传感器在一定温度、湿度环境下存放一定时间后，其感湿特性将会发生改变的特性。

（8）电压特性 当用湿度传感器测量湿度时，所加的测试电压不能用直流电压。这是由于加直流电压引起感湿体内水分子的电解，致使电导率随时间的增加而下降，故测试电压采用交流电压。

（9）频率特性 指湿度传感器的阻值与外加测试电压频率的关系。在高湿时，频率对阻值的影响很小，当低湿高频时，随着频率的增加，阻值下降。对这种湿度传感器，在各种湿度下，当测试频率小于 10^3 Hz 时，阻值不随使用频率而变化，故该湿度传感器使用频率的下限为 10^3 Hz。该湿度传感器的使用频率上限由实验确定。直流电压会引起水分子的电解，因此，测试电压频率也不能太低。

湿度传感器的种类繁多，分类方法也很多。依据湿敏材料的性质可分为电解质型、陶瓷型、有机高分子型和半导体型；依据探测的功能可分为绝对湿度型、相对湿度型和结露型；依据信号转换方式可以分为电阻型、电容型和频率型等。

下面主要以陶瓷湿敏传感器为例介绍。

10.2.3 陶瓷湿敏传感器

陶瓷湿敏传感器是利用半导体陶瓷材料制成。通常用两种以上的金属氧化物半导体材料混合烧结而成为多孔陶瓷。典型产品是烧结型陶瓷湿敏元件 $MgCr_2O_4 - TiO_2$ 系。此外，还有 $TiO_2 - V_2O_5$ 系、$ZnO - Li_2O - V_2O_5$ 系、$ZnCr_2O_4$ 系、$ZrO_2 - MgO$ 系、Fe_3O_4 系、Ta_2O_5 系等。这类湿度传感器的感湿特征量大多数为电阻。除 Fe_3O_4 系为正特性湿度传感器外，其他均为负特性湿度传感器，即随着环境相对湿度的增加，电阻值下降。也有少数陶瓷湿敏传感器，它的感湿特性量为电容。由于陶瓷的化学稳定性好，耐温高，多孔陶瓷的表面积大、易于吸湿和脱湿，因而陶瓷湿敏传感器具有许多优点：测湿范围宽，可实现全湿范围内的湿度测量；工作温度高，常温湿敏传感器的工作温度在 150℃ 以下，而高温湿敏传感器的工作温度可达 800℃；响应时间较短、精度高、抗污染能力强、工艺简单、成本低廉。

陶瓷湿敏传感器是湿敏传感器最常用的一类，品种繁多。按其制作工艺可分为涂覆膜型、烧结型、厚膜型、薄膜型及 MOS 管型等。下面介绍几种典型的陶瓷湿敏传感器。

1. 烧结型——$MgCr_2O_4 - TiO_2$ 湿敏元件

烧结型在湿敏传感器的应用中占有很重要的地位。这种类型的湿敏传感器典型的感湿体材料是 $MgCr_2O_4 - TiO_2$ 系多孔陶瓷。纯 $MgCr_2O_4$ 不具有导电性，添加 TiO_2 并经高温煅烧后，$MgCr_2O_4$ 的晶体结构中呈现过量的 MgO 而形成半导体。这种多孔陶瓷的气孔大部分为粒间气孔，气孔直径随 TiO_2 添加量的增加而增大。粒间气孔与颗粒大小无关，相当于一种开口毛细管，容易吸附水分。

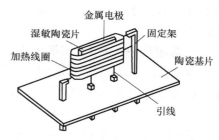

图 10-10 $MgCr_2O_4 - TiO_2$ 湿敏元件结构

$MgCr_2O_4 - TiO_2$ 湿敏元件为负特性半导体湿敏电阻，它的电阻率低，阻值温度特性好，其结构如图 10-10 所示。在 $MgCr_2O_4 - TiO_2$ 陶瓷的两面设置多孔的金属或二氧化钌电极，金属电极与引线烧结在一起，电极的引线一般用贵金属丝。为了减少测量误差，在陶瓷片外设置由镍铬丝制成的加热线圈，以便对湿敏元件加热清洗，以排除恶劣气体对湿敏元件的污染。整个器件安装在陶瓷基片上。

$MgCr_2O_4 - TiO_2$ 系陶瓷湿敏传感器的电阻-湿度特性与温度关系曲线如图 10-11 所示，随着相对湿度的增加，电阻值急骤下降，基本按指数规律下降。在单对数的坐标中，电阻-湿度特性近似呈线性关系。当相对湿度由 0 变为 100% RH 时，阻

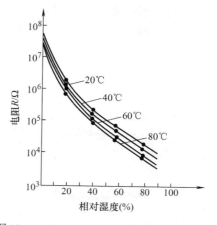

图 10-11 $MgCr_2O_4 - TiO_2$ 陶瓷湿敏传感器电阻-湿度特性与温度关系曲线

值从 $10^7\Omega$ 下降到 $10^4\Omega$，即变化了 3 个数量级。在不同的温度环境下，测量陶瓷湿敏传感器的电阻-湿度特性曲线不同，如果要求精确的湿度测量，需要对湿敏传感器进行温度补偿。

2. 涂覆膜型——Fe_3O_4 湿敏元件

涂覆膜型湿敏传感器典型的感湿体材料是 Fe_3O_4。图 10-12 所示是 Fe_3O_4 湿敏元件的结构图，主要由基片、金属电极和感湿膜等组成。基片材料选用滑石瓷，该材料的吸水率低，机械强度高，化学性能稳定。基片上制作一对梳状金属电极，最后将预先配置好的 Fe_3O_4 胶粒涂覆在梳状金属电极的表面，最后烘干。这类传感器的主要特点是制作和使用都比较简单，成本低，但湿滞误差较大，一般用于民用电气或要求不高的湿度测量。

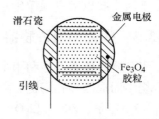

图 10-12　Fe_3O_4 湿敏元件的结构图

3. 厚膜型——$ZrO_2 - Y_2O_3$ 湿敏元件

厚膜型湿敏传感器的结构如图 10-13 所示。其制作工艺是在氧化铝基片上先制成一对梳状电极，将 $ZrO_2 - Y_2O_3$ 粉末加乙甘醇乙基和环氧树脂调和成浆料，用丝网印刷法把浆料印在梳状电极上，形成 $20\mu m$ 厚的感湿膜，然后干燥、烧结，再焊上外引线，最后封装外壳，该湿敏元件就制成了。与烧结型相比，厚膜型湿敏传感器的离散性小，合格率高，易批量生产，是陶瓷湿敏传感器的一种发展趋势。

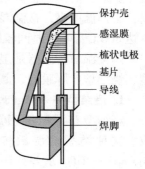

图 10-13　$ZrO_2 - Y_2O_3$ 湿敏元件的结构图

4. 薄膜型——Al_2O_3 湿敏元件

薄膜型湿敏元件是利用金属氧化物的强吸湿性制成的电容器件。常用的金属氧化物材料是三氧化二铝（Al_2O_3），其结构如图 10-14 所示。主要由多孔三氧化二铝感湿膜、铝基片和金属电极构成。这种结构的湿敏元件兼有电容和电阻随湿度变化的两种感湿特性，但湿敏电容比湿敏电阻的灵敏度高很多，所以实际中主要应用其湿敏电容特性。图 10-15 所示为 Al_2O_3 湿敏元件电容与被测湿度关系特性曲线。由图可见，在低湿度时，曲线线性良好；高湿度时线性变差；湿度进一步提高，特性曲线变得平缓。Al_2O_3 湿敏元件响应快，但存在线性不良的问题，并且有高温环境中长期工作容易老化的缺点。

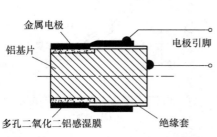

图 10-14　Al_2O_3 湿敏元件的结构图

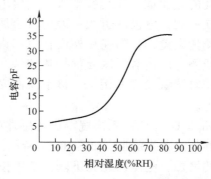

图 10-15　Al_2O_3 湿敏元件电容-湿度关系特性曲线

【拓展应用系统实例2】土壤湿度测量

图 10-16 所示为土壤湿度测量电路
原理图。图中湿敏电阻 R_H 为晶体管 VT
提供偏流，R_H 插入土壤，湿度不同传
感器阻值不同，则 VT 基极电流不同，
使 VT 的 I_e 变化，在 R_2 上转换为电压
变化，送运算放大器 A 放大。使用时，
需先对电路系统进行标定。先将 R_H 放
在水中（湿度为 100%），调节 RP_2 使
增益输出满量程为 5V；再将 R_H 擦干
（湿度为 0%），调节 RP_1 比较端的电压，使输出 0V。

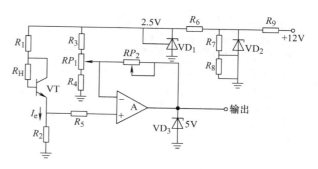

图 10-16 土壤湿度测量电路

【拓展应用系统实例3】汽车后窗玻璃自动去湿系统

图 10-17 所示为汽车后窗玻璃自动去湿系统原理图。在常温常湿情况下，调节好各电阻
值，因湿敏电阻 R_H 阻值较大，使 VT_1 晶体管导通，VT_2 晶体管截止（VT_1、VT_2 构成施密特
触发电路），继电器 K 不工作，其常开触点 K_1 断开，加热电阻丝 R_L 无电流流过。

当汽车后窗玻璃内外温差较大，且湿度过大时，将导致湿敏电阻 R_H 的阻值减小，不足
以维持 VT_1 晶体管导通，此时 VT_1 晶体管截止，VT_2 晶体管导通，使其负载继电器 K 通电，
其常开触点 K_1 闭合，然后加热电阻丝 R_L 开始加热，驱散后窗玻璃上的湿气，同时加热指示
灯亮。当后窗玻璃上的湿度减小到一定程度时，随着湿敏电阻 R_H 增大，施密特触发电路又
开始翻转到初始状态，VT_1 晶体管导通，VT_2 晶体管截止，其常开触点 K_1 断开，加热电阻
丝 R_L 断电停止加热，从而实现了防湿自动控制。

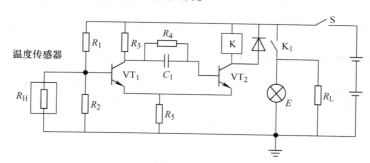

图 10-17 汽车后窗玻璃自动去湿系统原理图

【拓展应用系统实例4】温湿度检测系统

图 10-18 所示为温湿度检测系统原理图，系统以 AT89C2015 单片机为核心。图中采用
DS18B20 作为温度传感器，IH3605 为湿度传感器，TLC1549 为 10 位的 A/D 转换器，R_6、R_7
分别用于调节 A/D 转换器最大和最小输入电压。IH3605 为热化聚合体电容湿度传感器，其
电源电压为 4~5.8V，供电电流为 200μA（DC5V），精度为 ±2% RH（0~100% RH、25℃、
$U=5$V）。系统可用 LED 显示器实时显示温湿度。

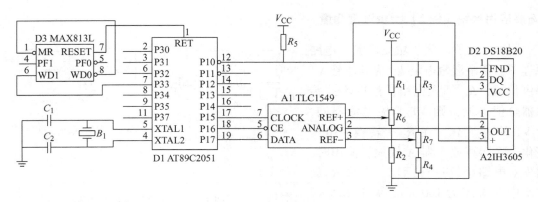

图 10-18　温湿度检测系统原理图

微思考

妙　妙：技术男，请问为什么湿敏电阻的工作电源必须选用交流或换向直流呀？

技术男：这是由于加直流电压会引起感湿体内水分子的电解，致使电导率随时间的
　　　　增加而下降。

拓展训练项目

【项目1】房间恒温恒湿控制系统设计

通过查找资料，选用一款温湿度集成传感器，并了解所选传感器的特性和主要参数，完成恒温恒湿控制系统设计。要求画出相应的电路系统原理图，并完成系统制作与调试。

【项目2】煤气泄漏监控系统设计

应用气敏传感器设计一个煤气泄漏监控系统，当气敏传感器检测到煤气泄漏时，系统发出报警声，并同时接通排气扇电源。要求画出相应的电路系统原理图，并完成系统制作与调试。

习　　题

10.1　电阻型半导体式气敏传感器一般由哪几部分组成？其中加热器起何作用？有哪几种加热方式？

10.2　半导体式气敏传感器与其他气敏传感器相比有何特点？

10.3　通过查阅文献，简述气敏传感器的发展方向及近年有哪些新型的气敏传感器。

10.4　试举一例说明气敏传感器的应用，并简述其工作原理。

10.5　表示湿度的物理量有哪些？分别如何定义？

第 11 章

波式与辐射式传感器

11.1 微波传感器

微波是波长为 1mm ~ 1m 的电磁波，可以细分为 3 个波段：分米波、厘米波、毫米波。微波既具有电磁波的性质，又不同于普通无线电波和光波的性质，是一种相对波长较短的电磁波。微波具有下列特点：

1）定向辐射的装置容易制造。

2）遇到各种障碍物易于反射。

3）绕射能力较差。

4）传输特性良好，传输过程中受烟、火焰、灰尘、强光等的影响很小。

5）介质对微波的吸收与介质常数成正比，水对微波的吸收作用最强。

11.1.1 微波传感器及其分类

微波传感器就是利用微波特性来检测某些物理量的器件或装置。由发射天线发出的微波，遇到被测物时将被吸收或反射，使功率发生变化。若利用接收天线，接收通过被测物或由被测物反射回来的微波，并将它转换成电信号，再经过信号处理即可显示被测量，从而实现使用微波的检测过程。根据上述原理，微波传感器可分为反射式与遮断式两种。

（1）反射式微波传感器　通过检测被测物反射回来的微波功率或经过的时间间隔来测量被测量。可用于测量被测物的位置、位移、厚度等参数。

（2）遮断式微波传感器　通过检测接收天线接收到的微波功率大小来判断发射天线与接收天线间有无被测物，或被测物的位置、厚度、含水量等参数。

11.1.2 微波传感器的组成

微波传感器的组成主要包括 3 个部分，分别是微波发射器（即微波振荡器）、微波天线及微波检测器。

1. 微波振荡器及微波天线

微波振荡器是产生微波的装置。由于微波波长很短，即频率很高（300MHz ~ 300GHz），要求振荡回路具有非常微小的电感与电容，故不能用普通电子管与晶体管构成微波振荡器。构成微波振荡器的器件有速调管、磁控管或某些固体元件。小型微波振荡器也可以采用体效应管。

由微波振荡器产生的振荡信号需要用波导管（波长在 10cm 以上可用同轴线）传输，并通过天线发射出去。为了使发射的微波具有最大的能量输出和尖锐的方向性，要求天线具有特殊的结构。常用的天线有喇叭形天线、抛物面天线、介质天线与隙缝天线等。图 11-1a、b 所示为喇叭形天线，图 11-1c、d 所示为抛物面天线。喇叭形天线结构简单，制造方便，可以看作是波导管的延续。喇叭形天线在波导管与空间

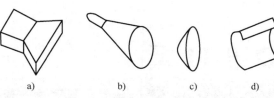

图 11-1　常用微波天线形状
a) 扇形喇叭天线　b) 圆锥形喇叭天线
c) 旋转抛物面天线　d) 抛物柱面天线

之间起匹配作用，可以使发射的微波获得最大能量输出。抛物面天线犹如凹面镜产生平行光，这样使微波发射的方向性得到改善。

2. 微波检测器

电磁波通过空间的微小电场变动而传播，所以使用电流-电压特性呈非线性的电子元件作为探测它的敏感探头。与其他传感器相比，其敏感探头在其工作频率范围内必须有足够快的响应速度。作为非线性的电子元件，对于频率在几兆赫以下的通常可用半导体 PN 结，而频率比较高的可使用肖特基结。在灵敏度特性要求特别高的情况下可使用超导材料的约瑟夫逊结检测器、SIS 检测器等超导隧道结元件，而在接近光的频率区域可使用由金属-氧化物构成的隧道结元件。

微波检测器性能参数有：频率范围、灵敏度-波长特性、检测面积、视角（FOV）、输入耦合率、电压灵敏度、输出阻抗、响应时间常数、噪声特性、极化灵敏度、工作温度、可靠性、温度特性等。

3. 微波传感器的特点

微波传感器作为一种新型的非接触传感器具有如下特点：

1）有极宽的频谱（波长为 1.0mm ~ 1.0m）可供选用，可根据被测对象的特点选择不同的测量频率。

2）在烟雾、粉尘、水汽、化学气体以及高、低温环境中对检测信号的传播影响极小，因此可以在恶劣环境下工作。

3）时间常数小，反应速度快，可以进行动态检测与实时处理，便于自动控制。

4）测量信号本身就是电信号，无须进行非电量的转换，从而简化了传感器与微处理器间的接口，便于实现遥测与遥控。

5）微波无显著辐射公害。

微波传感器存在的主要问题是零点漂移和标定，这些问题尚未得到很好的解决。其次，使用时外界环境因素影响较多，如温度、气压、取样位置等。

11.1.3　微波传感器的应用

微波传感器作为一种新型的传感器，正在得到越来越广泛的应用。如在工业领域，微波传感器可实现对材料的无损检测和物位检测；在地质勘探方面，可实现断层微波扫描。

1. 微波液位计

图 11-2 所示为微波液位计的原理示意图。相距为 l 的发射天线与接收天线，相互构成一定角度，两天线与被测液面间的垂直距离为 d。波长为 λ 的微波从被测液面反射后进入接

收天线。接收天线接收到的功率将随被测液面的高低不同而异。接收天线接收到的功率 P_r 为

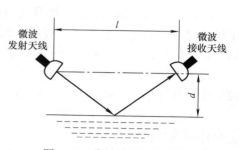

$$P_r = \left(\frac{\lambda}{4\pi}\right)^2 \cdot \frac{P_t G_t G_r}{l^2 + 4d^2} \qquad (11\text{-}1)$$

式中　P_t——发射天线发射的功率；

　　　G_t——发射天线发射的增益；

　　　G_r——接收天线的增益。

图 11-2　微波液位计的原理

可见，当发射功率、波长、增益均恒定，且发射天线与接收天线的距离 l 确定时，式（11-1）可改写为

$$P_r = \left(\frac{\lambda}{4\pi}\right)^2 \cdot \frac{P_t G_t G_r}{4} \cdot \frac{1}{\dfrac{l^2}{4} + d^2} = \frac{K_1}{K_2 + d^2} \qquad (11\text{-}2)$$

式中　K_1——取决于发射功率、天线增益与波长的常数；

　　　K_2——取决于天线安装方法和安装距离的常数。

由式（11-2）可知，只要测得接收到的功率 P_r，就可求得被测液面的高度。

2. 微波物位计

图 11-3 所示为微波开关式物位计的原理示意图。发射天线与接收天线的水平距离为 s，当被测物位较低时，发射天线发出的微波束全部由接收天线接收，经检波、放大、与定电压在比较器比较后，发出正常工作信号。当被测物位升高到天线所在高度时，接收天线接收到的功率相应减弱，经检波、放大后，低于定电压信号，微波开关式物位计就发出被测物位高出设定物位的信号。

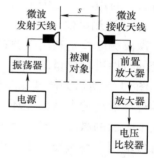

当被测物位低于设定物位时，接收天线接收的功率 P_0 为

$$P_0 = \left(\frac{\lambda}{4\pi s}\right)^2 \cdot P_t G_t G_r \qquad (11\text{-}3)$$

图 11-3　微波开关式
物位计的原理

当被测物位升高到天线所在高度时，接收天线接收的功率 P_r 为

$$P_r = \eta P_0 \qquad (11\text{-}4)$$

式中　η——由被测物形状、材料性质、电磁性能等因素决定的系数。

3. 微波湿度传感器

水分子是极性分子，常态下以偶极子形式杂乱无章地分布着。在外电场作用下，偶极子会形成定向排列。当微波场中有水分子，偶极子受电场的作用而反复取向，不断从电场中得到能量（储能），又不断释放能量（放能）。前者表现为微波信号的相移，后者表现为微波信号的衰减。这个特性可以用水分子自身介电常数 ε 来表征，即

$$\varepsilon = \varepsilon' + \alpha\varepsilon'' \qquad (11\text{-}5)$$

式中　ε'——储能的度量；

　　　ε''——衰减的度量；

　　　α——常数。

ε' 和 ε'' 不仅与材料有关，而且还与测试信号频率有关。所有极性分子均有此特性，一般干燥的物体，如木材、皮革、谷物、纸张、塑料等，ε' 在 $1 \sim 5$ 范围内；而水的 ε' 则高达 64。因此如果材料中含有少量水分时，其复合 ε' 将显著上升，ε'' 也有类似性质。

使用微波湿度传感器测量时，根据测量干燥物体与含有一定水分的潮湿物体所引起的微波信号的相移量和衰减量，就可以换算出物体的含水量。

目前，已经研制出了土壤、煤、油和矿砂、酒精、玉米、稻谷、塑料、皮革等一批含水量物体的测量仪器。

图 11-4 所示给出了酒精含水量测量仪框图。其中，MS 产生的微波功率经过分功器分成两路，再经过衰减器 A_1、A_2，分别注入两个完全相同的转换器 T_1、T_2 中。其中 T_1 放置无水酒精，T_2 放置被测样品。相位和衰减测定仪（PT、AT）分别反复接通两路（T_1、T_2）输出，自动记录、显示（DD）它们之间的相位差和衰减差，从而确定出样品酒精的含水量。

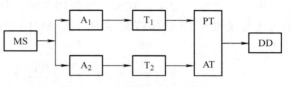

图 11-4　酒精含水量测量仪框图

需要说明的是，对于颗粒状物料，由于其形状各异、装料不均等因素的影响，测量其含水量时，对微波湿度传感器要求比较高。

4. 微波测厚仪

微波测厚仪是利用微波在传播过程中遇到金属表面会被反射，且反射波的波长和速度都不变的特性进行测量的。

图 11-5 所示为微波测厚仪原理框图。在被测金属上、下两面各安装有一个终端器。微波信号源发出的微波，经环行器 A、上传输波导管传输到上终端器。由上终端器发射到被测金属上表面的微波，经全反射后又回到上终端器，再经上传输波导管、环行器 A、下传输波导管传输到下终端器。由下终端器发射到被测金属下表面的微波，经全反射后又回到下终端器，再经下传输波导管回到环行器 A。因此被测金属的厚度与微波传输过程中的行程长度密切相关，当被测金属厚度增大时微波行程长度便减小。

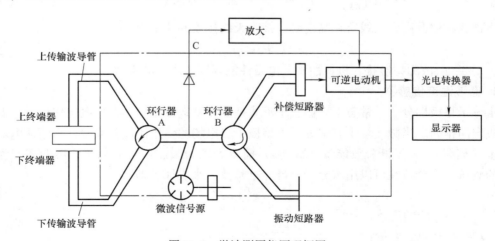

图 11-5　微波测厚仪原理框图

一般情况下，微波传输的行程长度的变化非常微小。为了精确地测量出这一微小变化，通常采用微波自动平衡电桥法，前面讨论的微波传输的行程作为测量臂，完全模拟测量臂微波的传输的行程设置一个参考臂（图 11-5 右部）。若测量臂与参考臂行程完全相同，则反相叠加的微波经过检波器 C 检波后，输出为零。若两臂行程长度不同，两路微波叠加后不能相互抵消，经检波器 C 后便有不平衡差值信号输出。此不平衡差值信号经放大后控制可逆电动机旋转，带动补偿短路器产生位移，从而改变补偿短路器的长度，直到两臂行程长度完全相同，放大器输出为零，可逆电动机停止转动为止。

补偿短路器的位移 Δs 值与被测物厚度变化 Δh 之间的关系式为

$$\Delta s = L_B - (L_A - \Delta L_A) = L_B - (L_A - \Delta h) = \Delta h \tag{11-6}$$

式中　L_A——电桥平衡时测量臂行程长度；

　　　L_B——电桥平衡时参考臂行程长度；

　　ΔL_A——被测物厚度变化 Δh 后引起的测量臂行程长度的变化值。

由式（11-6）可知，补偿短路器位移 Δs 值即反映被测金属的厚度变化值 Δh。利用光电转换器测出 Δs 值，即可由显示器显示 Δh 值或直接显示被测金属厚度。

图 11-5 中所示的振动短路器，用于对微波进行调制，使检波器 C 输出交流信号。其相位随测量臂和补偿臂两行程长度的差值变化作反向变化，可控制可逆电动机产生正、反向转动，使电桥自动平衡。

5. 微波无损检测

微波无损检测是综合利用微波与物质的相互作用而进行的。一方面微波在不连续的界面处会产生反射、散射和透射；另一方面微波还能与被检测材料产生相互作用，此时的微波场会受到材料中的电磁参数和几何参数的影响。通过检测微波信号基本参数的改变即可达到检测被检测材料内部缺陷的目的。

复合材料在加工过程中，由于增强了纤维的表面状态、树脂黏度、低分子物含量、线性高聚物向体型高聚物转化的化学反应速度、树脂与纤维的浸渍性、组分材料热膨胀系数的差异以及工艺参数控制的影响等，因此，在复合材料制品中难免会出现气孔、疏松、树脂开裂、分层、脱粘等缺陷。这些缺陷在复合材料制品中的位置、尺寸以及在温度和外载荷作用下对产品性能的影响，都可用微波无损检测技术来帮助进行评定。

图 11-6 所示为微波无损检测原理框图。主要由微波天线、微波电路和记录仪等部分组成。当以金属介质内的气孔作为散射源，产生明显的散射效应时，最小气孔的半径与波长的关系符合公式

$$K \cdot \alpha \approx 1 \tag{11-7}$$

式中　K——$K = 2\pi/\lambda$，λ 为波长；

　　　α——气孔的半径。

当微波的工作频率为 36.5GHz 时，$\alpha = 1.0$mm，也就是说，$\lambda = 6$mm 时，可检出的气孔的最小直径约为 2.0mm。从原理上讲，当微波波长为 1mm 时，可检出最小的气孔径大约为 0.3mm。通常根据所需检

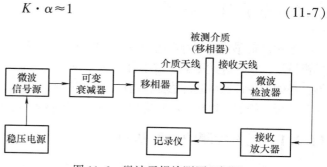

图 11-6　微波无损检测原理框图

测的介质中最小气孔的半径来确定微波的工作频率。

微波的应用十分广泛。过去微波多用于通信和雷达（雷达本质上是测距与测方位的仪器）等领域，目前微波在物理学、天文学、气象学、化学、医学等领域也开辟了许多新的分支，例如射电天文学、量子电子学、微波化学、微波生物学、微波医学、微波气象学等。可见微波应用有着广阔的前景。

> **微思考**
>
> 小　　贝：技术男，请问微波炉的工作原理是什么呀？
>
> 技术男：微波炉是将家用 220V 交流电压经过变压器升压后，送至微波发生器产生微波并发射到食物表面的。微波的频段虽然很宽，但是真正用于微波加热的频段却很窄，主要原因是避免使用较多的频率，防止对微波通信造成干扰。国际上，家用微波炉有 915MHz 和 2450MHz 两个频率，2450MHz 的微波用于家庭烹调炊具，915MHz 的微波用于干燥、消毒。在我们需要加热的食物中，通常都会有大量的水。而水分子是一种极性分子，在电场中会受到与电场方向有关的力的作用，我们不妨理解为水分子"摆动了一下"。当微波的频率非常高，水分子的极化方向变化非常快，若微波炉的频率是 2450MHz，电场方向每秒钟变化 24.5 亿次，也就是说一个水分子在微波的作用下每秒会摆动 24.5 亿次。在这个过程中，单个的水分子就无法避免与其他分子进行碰撞摩擦，热量也就这么产生啦。
>
> 小　　贝：那微波炉中的电磁波对人体有伤害吗？
>
> 技术男：没有。因为微波炉的腔体内部都是金属，而金属能够反射电磁波，所以加热食物所用的微波就都被"锁在"微波炉里面啦！另外我要提醒你一下微波炉使用过程中的注意事项：第一，加热食物所用的容器一定不能用金属碗哦，否则微波被来回反射甚至在金属内部产生电流，不但无法加热食物，还可能会造成火灾哦；第二，不要用塑料制品。如一次性饭盒，保鲜膜等塑料在高温下可能会释放出有毒物质，会对身体造成危害；第三，不要用微波炉加热封闭物体。比如鸡蛋，它在微波的快速加热下，由于液体蒸发或热胀冷缩的作用可是会爆炸的哦！

11.2　超声波传感器

超声波传感器是一种以超声波作为检测手段的新型传感器。超声波是一种振动频率高于声波的机械波，它具有频率高、绕射能力弱、反射能力强、方向性好等特点。利用超声波的这些特性，可做成各种超声波传感器，再配上不同的测量电路，制成各种超声波仪器及装置，广泛地应用于冶金、船舶、机械、医疗等各领域的超声探测、超声清洗、超声焊接和超声医疗等方面。

11.2.1　超声检测的物理基础

机械振动在空气中的传播称为声波。频率在 $16 \sim 2 \times 10^4$ Hz 之间能为人耳所闻的机械波称为声波；频率低于 16Hz 的机械波称为次声波；频率高于 $2 \times 10^4 Hz$ 的机械波称为超声波。各种声波的频率范围如图 11-7 所示。

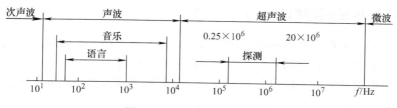

图 11-7　声波的频率界限图

当超声波由一种介质入射到另一种介质时，由于在两种介质中的传播速度不同，在异介质界面上会产生反射、折射和波形转换等现象。

1. 声波的反射和折射

声波从一种介质传播到另一种介质，在两个介质的分界面上一部分声波被反射，另一部分透射过界面，在另一种介质内部继续传播。这样的两种情况称为声波的反射和折射，如图 11-8 所示。根据反射定律，当声波在分界面上产生反射时，入射角 α 的正弦与反射角 α' 的正弦之比等于波速之比；当入射波和反射波的波形相同时，波速相等，入射角 α 等于反射角 α'。根据折射定律，当声波在分界面处产生折射时，入射角 α 的正弦与折射角 β 的正弦之比等于入射波在第一种介质中的波速 c_1 与折射波在第二种介质中的波速 c_2 之比，即

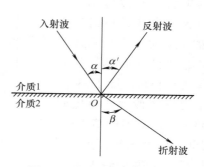

图 11-8　声波的反射和折射

$$\frac{\sin\alpha}{\sin\beta} = \frac{c_1}{c_2} \tag{11-8}$$

2. 超声波的波形

当声源在介质中的施力方向与声波在介质中的传播方向不同时，声波的波形也有所不同，可分为纵波、横波和表面波 3 种。

1）纵波　质点振动方向与传播方向一致的波，它能在固体、液体和气体中传播。

2）横波　质点振动方向垂直于传播方向的波，它只能在固体中传播。

3）表面波　质点振动介于纵波和横波之间，沿着表面传播，振幅随着深度的增加而迅速衰减的波，它只在固体的表面传播。

超声波在工业中应用时多采用纵波波形。

3. 声波的衰减

声波在介质中传播时，随着传播距离的增加，能量逐渐衰减，其衰减的程度与声波的扩散、散射、吸收等因素有关。其声压 p 和声强 I 的衰减规律如下

$$p = p_0 e^{-\alpha x} \tag{11-9}$$

$$I = I_0 e^{-2\alpha x} \tag{11-10}$$

式中　x——声波与声源间的距离；

p_0——距声源 $x = 0$ 处的声压（P_a）；

I_0——距声源 $x = 0$ 处的声强（W/m^2）；

α——衰减系数（Np/cm）。

11.2.2 超声波传感器的结构及工作原理

超声波传感器是实现声电转换的装置，习惯上又称为超声波换能器或超声波探头。这种装置能发射超声波和接收超声回波，并转换成相应的电信号。

超声波探头根据其工作原理可分为压电式、磁致伸缩式和电磁式等多种，其中以压电式为最常用。

1. 压电式超声波传感器

根据压电材料的逆压电效应和正压电效应，压电式超声波传感器可分为压电式超声波发射器（发射探头）和压电式超声波接收器（接收探头）两种。图 11-9 所示为空气传导式压电式超声波传感器的结构图，其中图 a 为发射探头，可将高频电振动转换成高频机械振动，从而产生

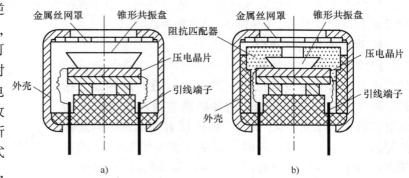

图 11-9 压电式超声波传感器的结构图
a）超声波发射器 b）超声波接收器

超声波。当外加交变电压的频率等于压电材料的固有频率时，会产生共振，此时发射的超声波最强。发射探头在压电晶片上粘贴了一只锥形共振盘，以提高发射效率和方向性。图 b 为接收探头。当超声波作用到压电晶片上时引起晶片伸缩，在晶片的两个表面上便产生极性相反的电荷，经测量电路即可实现被测量的测量。接收探头的锥形共振盘上增加了一只阻抗匹配器，以提高接收效率。压电式超声波接收器的结构和压电式超声波发射器的结构基本相同，有时就用同一个传感器兼作发射器和接收器两种用途。

2. 磁致伸缩式超声波传感器

磁致伸缩式超声波传感器是利用铁磁材料的磁致伸缩效应原理来工作的。磁致伸缩效应的强弱因铁磁材料的不同而不同。常见的铁磁材料有镍铁铝合金、铁钴钒合金等。镍的磁致伸缩效应最大，若先加一定的直流磁场，再通交变电流时，它可以工作在特性最好的区域。这些铁磁材料的工作频率范围较窄，仅在几万赫兹，但功率可达 $100kW$，声强可达几千瓦每平方毫米，且能耐较高的温度。

磁致伸缩式超声波发射器的原理是把铁磁材料置于交变磁场中，使它产生机械尺寸的交替变化即机械振动，从而产生出超声波。

磁致伸缩式超声波接收器的原理是当超声波作用在可磁致伸缩的铁磁材料上时，引起铁磁材料伸缩，从而导致它的内部磁场（即导磁特性）发生改变。根据电磁感应定律，磁致伸缩铁磁材料上所绕的线圈里便获得感应电动势。

11.2.3 超声波传感器的应用

超声波传感器的应用可分为 3 种基本类型，分别为透射型、分离式反射型和一体式反射型。透射型超声波传感器主要应用于遥控器、防盗报警器、接近开关、自动门等；分离式反射型超声波传感器主要应用于测距、测液位、测料位等；一体式反射型超声波传感器主要应用于材料探伤、测厚等。超声波传感器上一般标有中心频率，如 23kHz、40kHz、75kHz、200kHz、400kHz 等，表示传感器的工作频率。

1. 超声波传感器测厚度

超声波传感器检测厚度的方法有共振法、干涉法、脉冲回波法等。图 11-10 所示为脉冲回波法测厚度的原理框图。

超声波传感器探头（换能器）与被测物体表面接触。主控制器控制发射电路使其用一定频率的脉冲信号激励超声波探头，探头发出的超声波到达被测物体底面时被反射回来，该脉冲信号又被探头接收，经放大器放大加到示波器垂直偏转板上。标记发生器输出时间来标记脉冲信号，同时

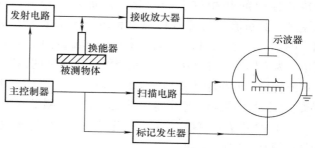

图 11-10 脉冲回波法测厚度的原理框图

加到该垂直偏转板上。而扫描电压则加在水平偏转板上。因此，在示波器上可直接读出发射与接收超声波之间的时间间隔 t。被测物体的厚度 h 为

$$h = ct/2 \tag{11-11}$$

式中　c——超声波在被测物体中的传播速度（m/s）。

我国 20 世纪 60 年代初期就自行设计成 CCH－J－1 型表头式超声波测厚仪，现采用集成电路制成的数字式超声波测厚仪，其体积小到可以握在手中，重量不到 1kg，精度可达到 0.01mm。

2. 超声波传感器测液位

在化工、石油和水电等部门，超声波传感器被广泛用于油位、水位等的液位测量。超声波测液位是根据超声波在两种介质分界面上的反射特性而实现的，图 11-11 所示为脉冲回波式超声波液位测量的工作原理图。根据发射和接收换能器的功能不同，传感器可分为两种：单换能器（超声波发射和接收使用一个换能器），如图 11-11a、c 所示；双换能器（超声波发射和接收各用一个换能器），如图 11-11b、d 所示。

换能器既可安装在液体介质中，如图 11-11a、b 所示；也可安装在液体介质上方，如图 11-11c、d 所示。超声波在

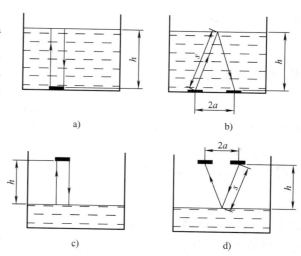

图 11-11 脉冲回波式超声波液位测量的工作原理图
a)、c) 单换能器　b)、d) 双换能器

不同介质中传播,其特性有所不同。如超声波在液体中传播,由于其幅值衰减较小,即使产生的超声波脉冲幅值较小也可实现测量;如超声波在空气中传播,其幅值衰减会比较厉害,但采用这种方式,安装和维修较方便。

在生产实践中,有时只需要知道液面是否升到或降到某个或几个固定高度,则可采用超声波点式液位计,实现定点报警或液面控制。

3. 超声波传感器测流量

利用超声波传感器测流量对被测流体并不产生附加阻力,测量结果不受流体物理和化学性质的影响。由于超声波在静止和流动流体中的传播速度是不同的,进而形成传播时间和相位上的变化,由此可求得流体的流速和流量。测量流速时通常将两个超声波探头安装在管道外侧,图 11-12 所示为超声波传感器测流体流量的工作原理图。图中 v 为流体的平均流速,c 为超声波在流体中的速度,θ 为超声波传播方向与流体流动方向的夹角,A、B 为两个超声波探头,L 为其间距离。通常有以下几种常用的测量方法。

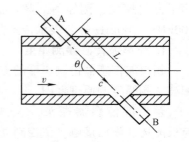

图 11-12 超声波传感器测
流体流量的工作原理图

(1) 时差法测流量 当 A 为发射探头、B 为接收探头时,超声波传播速度为 $c + v\cos\theta$,于是顺流传播时间 t_1 为

$$t_1 = \frac{L}{c + v\cos\theta} \tag{11-12}$$

当 B 为发射探头、A 为接收探头时,超声波传播速度为 $c - v\cos\theta$,于是逆流传播时间 t_2 为

$$t_2 = \frac{L}{c - v\cos\theta} \tag{11-13}$$

时差

$$\Delta t = t_2 - t_1 = \frac{2Lv\cos\theta}{c^2 - v^2\cos^2\theta} \tag{11-14}$$

由于 $c \gg v$,式(11-14) 可近似为

$$\Delta t \approx \frac{2Lv\cos\theta}{c^2} \tag{11-15}$$

流体的平均流速为

$$v \approx \frac{c^2}{2L\cos\theta}\Delta t \tag{11-16}$$

该测量方法的精度取决于 Δt 的测量精度,同时应注意 c 并不是常数,而是温度的函数。

(2) 相位差法测流量 当 A 为发射探头、B 为接收探头时,接收超声波相对发射超声波的相位角 φ_1(当 φ_1 很小时)为

$$\varphi_1 = \frac{L}{c + v\cos\theta}\omega \tag{11-17}$$

式中 ω——超声波的角频率。

当 B 为发射探头、A 为接收探头时,接收超声波相对发射超声波的相位角 φ_2 为

$$\varphi_2 = \frac{L}{c - v\cos\theta}\omega \tag{11-18}$$

相位差

$$\Delta\varphi = \varphi_2 - \varphi_1 = \frac{2Lv\cos\theta}{c^2 - v^2\cos^2\theta}\omega \tag{11-19}$$

同样，由于 $c \gg v$，式(11-19) 可近似为

$$\Delta\varphi \approx \frac{2Lv\cos\theta}{c^2}\omega \tag{11-20}$$

流体的平均流速为

$$v \approx \frac{c^2}{2\omega L\cos\theta}\Delta\varphi \tag{11-21}$$

该法以相位差代替时差法的测量时间差，因而可以进一步提高测量精度。

（3）频率差法测流量　当 A 为发射探头、B 为接收探头时，超声波的重复频率 f_1 为

$$f_1 = \frac{c + v\cos\theta}{L} \tag{11-22}$$

当 B 为发射探头、A 为接收探头时，超声波的重复频率 f_2 为

$$f_2 = \frac{c - v\cos\theta}{L} \tag{11-23}$$

频率差

$$\Delta f = f_2 - f_1 = \frac{2v\cos\theta}{L} \tag{11-24}$$

流体的平均流速为

$$v = \frac{L}{2\cos\theta}\Delta f \tag{11-25}$$

当管道结构尺寸和探头安装位置一定时，式(11-25) 中 $L/2\cos\theta$ 为常数，v 直接与 Δf 有关，而与 c 值无关。可见该法将获得更高的测量精度。

超声波传感器的应用十分广泛。除上述应用外，超声波传感器还广泛用于无损检测；由超声波传感器换能器构成的声呐，可探测海洋舰船、礁石和鱼群等。

【拓展应用系统实例 1】 混凝土结构中钢筋的锈蚀监测

混凝土材料是建筑工程中的主要材料之一，混凝土超声检测技术是混凝土健康监测的一个重要的方向。超声波对混凝土结构中钢筋的锈蚀监测主要是利用超声波在物体中传播时遇到不同介质界面将发生反射、折射及绕射等现象。而在钢筋锈蚀过程中，随着锈蚀物的产生以及增多，混凝土内部结构将会发生变化，其接收波波形、主频以及声速等声学参数也会发生变化。我们测量经过锈蚀钢筋后到达超声波接收器的接收波声学参数（波形，声速，波幅，频率），然后与未锈蚀时经过混凝土传播后所得的接收波声学参数进行对比，即可实现对混凝土结构中钢筋锈蚀情况的监测。其中，监测设备中的主要传感器为压电式超声传感器。其监测系统原理框图如图 11-13所示。

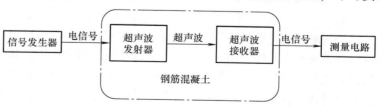

图 11-13　混凝土结构中钢筋锈蚀超声监测系统原理框图

【拓展应用系统实例2】 小轿车开门防撞预警系统

压力传感器模块安装于小轿车左侧车门把手上，当有乘客下车按压车门把手时，压力传感器接收到信号，在放大电路处理后传给单片机，单片机启动超声波测距传感器阵列。超声波测距传感器阵列安装于小轿车车身左后端车灯下侧，它能监测小轿车左后端物体与车相隔的距离，并将测得的数据传回给单片机。单片机系统安装于小轿车内部，当超声波测距传感器阵列传回后方物体与车相隔的距离参数时，单片机利用数据处理算法将多个数据中的无效数据去除，保留有效数据，并将有效的距离数据转化为后方物体移动的实时速度，进而控制车锁模块和报警模块。车锁模块与小轿车车锁装置关联，安装于小轿车左侧车门内部。当单片机判断出后方物体移动速度大于规定速度时，控制车锁模块进行响应，车锁模块立刻锁上车门，防止乘客开门下车。报警模块中的指示灯、语音模块安装于小轿车左车门内侧上方，

当单片机判断出后方有物体移动速度大于规定速度时，控制指示灯变为红灯，同时控制语音模块进行报警。

小轿车开门防撞预警系统包括压力传感器模块、STM32 单片机、超声波测距传感器阵列、报警模块和车锁模块。压力传感器模块包括压力传感器和放大电路。系统的原理框图如图 11-14 所示。

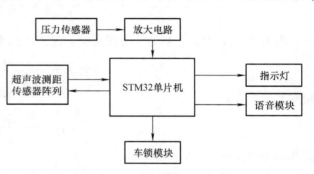

图 11-14 轿车开门防撞预警系统的原理框图

11.3 红外传感器

红外传感系统是用红外线作为介质的测量系统。按其功能可分为红外热成像遥感系统，红外搜索与跟踪系统，红外辐射测量、通信、测距、测温等系统。随着科学技术的发展，其应用正在向各个领域渗透。如在科学研究、军事工程和医学方面都有着广泛的应用。

红外传感系统一般由光学系统、探测器、信号调理电路及显示单元组成。其中红外辐射源可以是任何有红外辐射的物体；红外探测器是指将红外辐射能转换为电能的器件或装置。

11.3.1 红外辐射

红外辐射是一种不可见光线，又称红外光。在自然界中只要物体本身具有一定温度（高于绝对零度），都能辐射红外光。例如电动机、电器、炉火、甚至冰块都能产生红外辐射。红外光的波长范围大致为 $0.76 \sim 1000 \mu m$，工程上通常把红外线所占据的波段分成近红外、中红外、远红外和极远红外 4 个部分，如图 11-15 所示。

红外光和所有电磁波一样，以光速在真空中传播，具有反射、折射、散射、干涉、吸收等特性。红外光在介质中传播时，由于介质的吸收与散射作用，其能量会发生衰减。能全部吸收投射到它表面的红外辐射的物体称为黑体；能全部反射投射到它表面的红外辐射的物体称为镜体；能全部透过投射到它表面的红外辐射的物体称为透明体；能部分反射、部分吸收投射到它表面的红外辐射的物体称为灰体。严格地讲，在自然界中，不存在黑体、镜体与透明体。

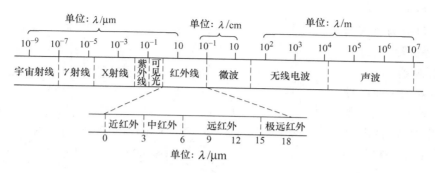

图 11-15　电磁波谱

红外辐射遵循以下 3 个基本定律。

1. 基尔霍夫定律

物体向周围发射红外辐射能的同时也吸收周围物体发射的红外辐射能,在一定温度下与外界的辐射处于热平衡时,在单位时间内从单位面积发射出的辐射能 E_R 为

$$E_R = \alpha E_0 \tag{11-26}$$

式中　α——物体对辐射能的吸收系数;

　　　E_0——等于黑体在相同条件下发射出的辐射能,其值为常数。

黑体是在任何温度下全部吸收任何波长辐射的物体,黑体的吸收本领与波长和温度无关,且 $\alpha = 1$。黑体吸收本领最大,加热后,它的发射热辐射也比任何物体都大。显然,因为自然界中实际存在的物体对不同波长的入射辐射都有一定的反射,所以黑体是一种理想化的物理模型。但黑体热辐射的基本规律是红外研究与应用的基础。

2. 斯忒藩-玻尔兹曼定律

物体温度越高,发射的红外辐射能越多,在单位时间内其单位面积辐射的总能量 E 为

$$E = \sigma \varepsilon T^4 \tag{11-27}$$

式中　T——物体的绝对温度 (K);

　　　σ——斯忒藩-玻耳兹曼常数,$\sigma = 5.67 \times 10^{-8} \text{W}/(\text{m}^2 \cdot \text{K}^4)$;

　　　ε——比辐射率,即物体表面辐射本领与黑体辐射本领之比值,黑体的 $\varepsilon = 1$。

该定律表明,物体红外辐射的能量与它自身的绝对温度的 4 次方及 ε 成正比,物体的绝对温度越高,其表面所辐射的能量就越大。

3. 维恩位移定律

红外辐射的电磁波中包含着各种波长,其峰值辐射波长 λ_m 与物体自身的绝对温度 T 成反比,即

$$\lambda_m = 2879/T \tag{11-28}$$

图 11-16 所示为不同温度的光谱辐射分布曲线,图中虚线表示峰值辐射波长 λ_m 与温度的关系曲线。从图中可以看到,随着温度的升高其峰值辐射波长向短波方向移动;在温度不很高的情况下,峰值辐射波长在红外区域。

11.3.2　红外探测器

红外探测器是利用红外辐射和物质相互作用所呈现的物理效应来探测红外辐射的。红外

探测器的种类很多，按工作原理通常可分为热探测器和光子探测器两类。

1. 热探测器

热探测器的工作原理是探测器的敏感元件在吸收红外辐射能后温度升高，进而引起某种物理参数的变化，这种变化与吸收的红外辐射能成一定的关系，通过测量这种物理参数的变化来确定探测器所吸收的红外辐射。常用

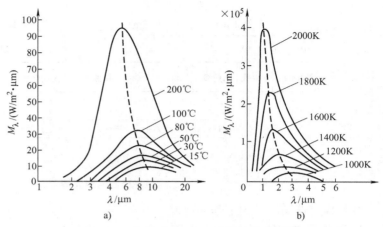

图 11-16　不同温度的光谱辐射分布曲线
a) 15～200℃　b) 1000～2000K

的物理现象有温差热电现象、金属或半导体电阻阻值变化现象、热释电现象、气体压强变化现象、金属热膨胀现象、液体薄膜蒸发现象等。因此，只要检测出上述变化，即可确定被吸收的红外辐射能的大小，从而得到了被测非电量值。

用这些物理现象制成的热探测器，在理论上对一切波长的红外辐射具有相同的响应。但实际上仍存在差异。其响应速度取决于热探测器的热容量和热扩散率的大小。与光子探测器相比，热探测器响应波段宽，可以在室温下工作，使用简单。但热探测器响应慢、灵敏度较低，一般用于低频调制场合。

热探测器主要有 4 种类型分别是热释电型、热敏电阻型、热电阻型和高莱气动型。其中热释电型探测器在热探测器中探测率最高，所以这种探测器备受重视，发展很快，这里主要介绍热释电型探测器。

热释电型探测器是根据热释电效应制成的。所谓热释电效应就是由于温度的变化而产生电荷的现象。如图 11-17 所示，在外加电场作用下，电介质中的带电粒子将受到电场力的作用，正电荷趋向于阴极，负电荷趋向于阳极。其结果是使电介质的一个表面带正电、另一个与之相对应的表面带负电，这种现象称为电介质极化。对于大多数电介质来说，在电压去除后，极化状态随之消失，但有一类称为

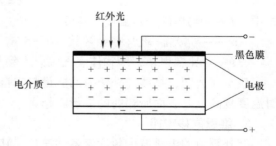

图 11-17　电介质的极化

"铁电体"的电介质（如电石、水晶、钛酸钡等），在外加电压去除后仍保持着极化状态。当红外线照射到已经极化的"铁电体"薄片表面上时将引起薄片温度升高，使其极化强度降低，表面电荷减少，这相当于释放一部分电荷，所以叫热释电型传感器。如果将负载电阻与"铁电体"薄片相连，则负载电阻上便产生一个电信号输出。输出信号的强弱取决于薄片上的温度变化的快慢，从而反映出入射的红外辐射的强弱。利用这一关系制成的热敏类探测器称为热释电型探测器。

2. 光子探测器

光子探测器是利用光子效应制成的红外探测器。所谓光子效应就是利用入射光辐射的光子流与探测器半导体材料中的电子相互作用，从而改变电子的能量状态，引起各种电现象。通过测量半导体材料中电子能量状态的变化，可反映出红外辐射的强弱。常用的光子效应有光电效应、光生伏特效应、光电磁效应、光电导效应。

光子探测器的主要优点灵敏度高、响应速度快、具有较高的响应频率，但一般需在低温下工作，探测波段较窄。

11.3.3　红外传感器的典型应用

1. 红外测温

近几十年来，非接触红外测温仪在技术上得到迅速发展，适用范围也不断扩大，目前已在产品质量监控、设备在线故障诊断、安全保护等方面发挥着重要作用。

与传统测温方法相比，红外测温有以下的特点：

1）可远距离和非接触测量。可用于对远距离、带电、以及其他不能直接接触的物体进行温度测量。

2）响应速度快。测量时间一般为毫秒级甚至微秒级，特别适宜对高速运动体进行测量。

3）灵敏度高。能分辨微小的温度变化。

4）测温范围宽。能测量 -10 ~ 1300℃ 之间的温度。

5）测量精度高。由于是非接触测量，测量过程不影响被测物体的温度分布。其测量精度可达到 0.1℃ 。

红外测温按其工作原理可分为：

1）全辐射测温。这实际上是斯忒藩-玻耳兹曼定律的具体应用。

2）亮度测温。测量被测物体在某一特征波长或波段上的辐射，然后与黑体在同一波长或波段上的辐射相比来确定被测物体温度。

3）比色测温。利用两个相邻的特征波长上的红外辐射之比来确定温度。

图 11-18 所示是一种全辐射红外测温系统原理框图。这是一个光、机、电一体化的系统，主要由红外光透镜系统、红外滤光片、调制盘、红外探测器、信号调理电路、微处理器和温度传感器组成。红外线通过固定焦距的红外透镜

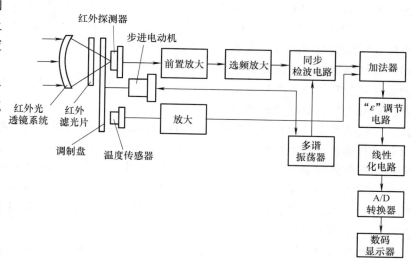

图 11-18　全辐射红外测温系统原理框图

系统、红外滤光片聚焦到红外探测器的光敏面上，红外探测器将红外辐射转换为电信号输出。步进电动机带动调制盘转动将被测的红外辐射调制成交变的红外辐射。电路系统包括前置放大、选频放大、发射率（ε）调节、线性化、A/D 转换等。其中，前置放大起阻抗变换和信号放大的作用；选频放大只放大与被调制红外辐射同频率的交流信号，抑制其他频率的噪声；同步检波电路将交流输入信号变换为峰-峰值的直流信号输出；加法器将环境温度信号与测量信号相加，可达到环境温度补偿的作用；"ε"调节电路实质上是一个放大电路，仪器出厂前都是用黑体（$\varepsilon=1$）标定的，而通常被测物体不是黑体（$\varepsilon<1$），故实际测量信号相对减小了，"ε"调节电路的作用就是把相对减小的信号部分恢复；多谐振荡器包括一系列分频器，输出一定时序的方波信号，来驱动步进电动机和同频检波器的开关电路；线性化电路用于完成信号的线性化处理。由式（11-27）可知，物体的红外辐射与温度不是线性关系，线性化处理后则物体的红外辐射与温度呈线性关系。

2. 红外气体分析

红外线在大气中传播时，由于大气中不同的气体分子、水蒸气、固体微粒和尘埃等物质对不同波长的红外线都有一定的吸收和散射作用，形成不同的吸收带，从而会使红外辐射在传播过程中逐渐减弱。图 11-19 所示为 CO_2 气体透射光谱图。由图可见，当波长在 $2.7\mu m$、$4.35\mu m$ 和 $14.5\mu m$ 处均有较强烈的吸收和较宽的谱线，称为吸收带。吸收

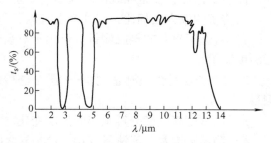

图 11-19　CO_2 气体透射光谱图

带是由 CO_2 内部原子相对振动引起的，吸收带处的光子能量反映了振动频率的大小。上述吸收带中只有 $4.35\mu m$ 处吸收带不受大气中其他成分的影响，因而可用它实现 CO_2 气体分析。

图 11-20 所示为 CO_2 红外气体分析仪的工作原理框图。分析仪设有参比室和样品室。在参比室内充满着没有 CO_2 的大气或含有一定量 CO_2 的大气，被测气体连续地通过样品室。光源发出的红外辐射经反射镜分别投射到参比室和样品室，然后经反射系统和滤光片，由红外检测器件

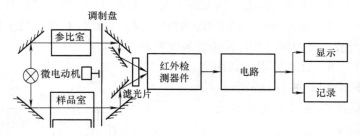

图 11-20　CO_2 红外气体分析仪的工作原理框图

接收。滤光片设计成只允许中心波长为 $4.35\mu m$ 的红外辐射通过。利用电路使红外接收器件交替接收通过参比室和样品室的红外辐射。若参比室和样品室中均不含 CO_2 气体，调节仪器使两束红外辐射完全相等，红外接收器件收到的是恒定不变的辐射，交流选频放大器输出为零。若进入样品室的气体中含有 CO_2 气体，则对 $4.35\mu m$ 的辐射产生吸收，两束红外辐射的光通量不等，红外接收器件接收到交变辐射，交流选频放大器就有输出。通过预先对仪器的标定，就可以从输出的大小来确定 CO_2 的含量。

由此可认为，只要在红外波段范围内存在吸收带的任何气体，都可用这种方法进行分析。该法的特点是灵敏度高、反应速度快、精度高、可连续分析和长期观察气体浓度的瞬时变化。

3. 红外无损检测

21 世纪以来，红外无损检测技术的应用范围变得更加广泛，几乎遍布工业发展的各个领域。其在航空航天、机械、太阳能、风电、工业控制、交通运输、汽车制造等行业被普遍采用，成为不可或缺的质量保证手段。

红外无损检测是根据热波在物体内部遇到有缺陷或热阻抗发生变化的地方就会有一部分热能反射回到物体表面，从而产生了温度梯度分布，然后利用高分辨率红外热像仪记录存储该分布，最后通过红外热图序列来分析检测物体的缺陷。

红外无损检测可分为主动式和被动式两种。主动式是对工件人为地加热，在工件中形成热波传播过程，工件中有缺陷和没有缺陷的地方因热传导率不同，造成对应表面的温度不同，使对应表面的红外辐射强度也不同。我们只要采用红外热像仪记录工件表面的温度场分布（红外热图像）就可以检测出工件中是否有裂纹、剥离、夹层等缺陷。被动式是利用被测工件本身的发热过程来进行检测，主要用于有摩擦的运动部件、电器、冶金，化工等场合。

对工件探伤可分为穿透法和反射法两种方法。穿透法的原理是：加热源对工件的一个侧面进行加热，同时在另一个侧面由红外热像仪接收工件表面的温度场分布，如果工件内存在缺陷将会对热波的传播过程产生阻碍作用，在被测工件表面造成一个"低温区"，在红外热像仪上接收到的热图像将是一个"暗区"。反射法的原理是：加热源对工件的一面进行加热，在同一面采用红外热像仪接收红外热图像。如果工件中有缺陷，将阻碍热能的传播，造成能量积累（反射），使缺陷部位对应的工件表面形成一个"高温区"，在热图像中将是一个"亮区"。

（1）焊接缺陷的无损检测　由于焊口表面起伏不平，采用 X 射线、超声波、涡流等都难于发现缺陷，而红外无损检测则不受表面形状限制，能快速方便地发现焊接区域的各种缺陷。

图 11-21 所示为两块焊接的金属板，其中图 a 焊接区无缺陷，图 b 焊接区有一气孔。若将一交流电压加在焊接区的两端，在焊口上会有交流电流通过。由于电流的趋肤效应，靠近表面的电流密度将比下层大。由于电流的作用，焊口将产生一定的热量，热

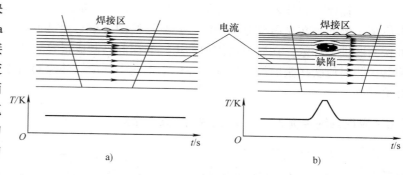

图 11-21　焊接检测表面电流
a）无焊接缺陷　b）无焊接缺陷

量大小正比于材料的电阻率和电流密度的二次方。在图 a 的焊接区内，电流分布是均匀的，各处产生的热量大致相等，焊接区的表面温度分布是均匀的。而图 b 的焊接区内，由于气孔的电阻很大，使这一区域损耗增加，温度升高。应用红外测温设备即可清楚地测量出热点，由此断定热点下面存在着焊接缺陷。

采用交流电流加热的好处是可通过改变电源频率来控制电流的透入深度。低频电流透入

较深，对发现内部深处缺陷有利；高频电流趋肤效应强，表面温度特性比较明显。但表面电流密度增加后，当材料可能达到饱和状态时，高频电流可变更电流沿深度方向分布，使近表面产生的电流密度趋向均匀，这给测量带来不利。

（2）焊件内部缺陷探测　有些精密铸件内部结构非常复杂，采用传统的无损探伤方法不能准确地发现内部缺点，红外无损探测就能很方便的解决这些问题。

当用红外无损探测时，只需在铸件内部通以液态氟利昂冷却，使冷却通道内有最好的冷却效果。然后利用红外热像仪快速扫描铸件整个表面，如果通道内有残余型芯或者壁厚不匀，在热图像中即可明显地看出。冷却通道顺畅，冷却效果良好，热图像上显示出一系列均匀的白色条纹；假如冷却通道阻塞，冷却液态受阻，则在阻塞处显示出黑色条纹。

（3）疲劳裂纹探测　图 11-22 所示为对飞机或导弹蒙皮进行疲劳探测示意图。为了探测出疲劳裂纹位置，采用一个辐射源在蒙皮表面一个小面积上注入能量，然后，用红外辐射温度计测量表面温度。如果在蒙皮表面或表面附近存在疲劳裂纹，则热传导受到影响，在裂纹附近热量不能很快传输出去，使裂纹附近表面温度很快升高。其表面温度分布曲线如图 11-23 所示，图中虚线表示裂纹两边理论上的温度分布曲线。即当辐射源分别移到裂纹两边时，由于裂纹不让热流通过，因而两边温度都很高。当辐射源移到裂纹上时，裂纹表面温度下降到正常温度。然而在实际测量中，由于受辐射源尺寸的限制、辐射源和红外探测器位置的影响、以极高速扫描速度的影响，从而使温度分布曲线呈现出实线的形状。

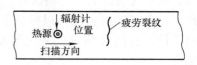

图 11-22　疲劳裂纹探测示意图

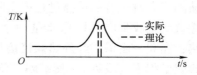

图 11-23　裂纹表面温度分布曲线

红外探测还可用于森林资源、矿产资源、水文资源、地图绘制等勘测工作。

红外辐射检测技术的应用领域十分广阔。除上述应用外，在国民经济的各个领域几乎都有应用。例如：在交通事业中用红外探测器检测火车车轴是否正常；在生产流水线上利用红外探测器进行计数；在警卫系统中利用红外探测器制成报警装置；在电力工业中利用红外探测器检测高压线接头的损坏情况；在化学工业中利用红外探测器检测煤气、天然气管道的完好情况等。

【拓展应用系统实例 3】　人体感应智能 LED 台灯

图 11-24 所示为南昌航空大学电子科学与技术专业学生设计的人体感应智能 LED 台灯原理框图。该设计已获国家实用新型专利权。该系统采用了 2 个热释电红外探测器实现 LED 台灯开关的自动控制；通过拨码开关可实现太阳能充电和交流充电两种充电模式。

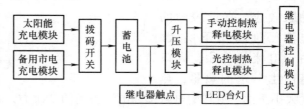

图 11-24　人体感应智能 LED 台灯原理框图

该系统工作过程：当光线较强的时候，人靠近台灯，台灯无反应，此时若要开启台灯，可按下手动控制热释电模块中的按键开关，实现手动开灯，并通过该模块中的热释电元件实现人在台灯 3m 范围内，台灯将一直亮着，人不在台灯 3m 范围内，台灯将在 2min 内熄灭；当光线较弱的时候，人走近台灯在台灯 3m 范围内，光控制热释电模块感应到光和人体，将自动启动 LED 台灯，人在台灯 3m 范围内台灯将一直亮着，人不在台灯 3m 范围内，台灯将在 2min 后自动熄灭。

11.4 荧光式传感技术

荧光是材料的自发辐射，在照明、显示显像方面有广泛的应用，近几年又发展出了生物标记、医疗等新型用途。除此之外，利用发光材料的自发辐射光承载被测参量信息的荧光式传感技术越来越受到关注。荧光可以在自由空间传播，即无线传感；光频率远远高于环境中的微波、工频电波频率，从而免除电磁干扰；敏感材料多为稳定的无机化合物，安全性高。荧光式传感技术在 pH 值、金属离子浓度、氧浓度等化学量的传感方面已经有大量的应用，在温度、位移、速度、应力等物理量的传感方面近十年也有长足的发展和进步。

荧光发射是敏感材料以光的形式释放能量，而向敏感材料补充能量的过程称为激励或激发。激发敏感材料的方式有光照（光致发光）、电场（电致发光）、电子束轰击（阴极射线发光）甚至是摩擦或撞击（应力发光）等。下面介绍的荧光式传感技术主要涉及对荧光发射的光谱的分析，不涉及激发过程。

11.4.1 荧光式温度传感

温度影响材料荧光特征的机制很多，包括热平衡状态的粒子分布变化、材料热胀冷缩时晶格常数变化引起能级移动等。基于这些机制可以开发出相应的荧光式温度传感技术。将温敏荧光材料以涂层的形式涂覆到待测物体上，即可实现荧光无线测温，特别适合监测温度场的分布，具有空间分辨率高、响应快速的优点；将温敏荧光材料与光纤结合，则构成荧光光纤温度传感器，适于强电磁干扰或者易燃易爆气体环境中的单点温度测量，其成本远低于光纤光栅温度传感器。下面对几种荧光式温度传感机制、方法作简单介绍。

1. 荧光寿命法

荧光寿命法（FL）是目前最成熟的荧光温度传感技术之一，且商品化器件已经在电力、矿洞安全、工业微波、医疗与健康等领域得到用户的认可。

荧光源于电子从高能级向低能级的辐射跃迁，荧光寿命实际上是处于跃迁初始能态的电子的寿命。但电子除了有一定几率作辐射跃迁，还有一定几率以无辐射跃迁的形式失去能量。当温度升高，粒子间相互作用加剧，电子有更大可能与猝灭中心发生作用，即无辐射跃迁的几率上升。寿命是总跃迁几率的倒数，故它随温度上升而缩短。这种现象称作荧光的温度猝灭。只要标定出材料的荧光寿命与温度之间的关系方程，就得到了荧光寿命法温度传感的经验规律。荧光猝灭还有另一个表现是发光效率下降，即激发条件不变，荧光强度减小。或者可以说，荧光寿命缩短和荧光强度下降是荧光猝灭的一体两面。

图 11-25 所示是白光二极管（WLED）常用的荧光粉铈掺杂的钇铝石榴石（YAG∶Ce）在不同温度下的荧光寿命测试衰减曲线。可见，随着温度上升它的荧光寿命显示出与预期相符的规律性，温度越高，衰减越快。用单指数规律拟合实验的衰减曲线，得到不同温度下的荧光寿命值（荧光强度衰减到初始值的 $1/e$ 需要的时间），最后得到荧光寿命在 10~77℃ 温

度变化范围内近似线性地由 26.5ns 缩短到 18.5ns。

将荧光物质掺入光纤或简单地涂覆在光纤端面就构成一个原始的荧光式光纤温度探头，如图 11-26a 所示。为了隔离环境光对测试结果的影响以及保护探头上的敏感材料，往往在探头上再包覆一层黑色的包层。探头加上合适的光路、电路就构成独立的单点测温的荧光式光纤传感器，如图 11-26b 所示。短波发光的 LED 经驱动发出光脉冲，激发光脉冲被滤光片反射耦合到光纤中，继续沿光纤传播到端面，激

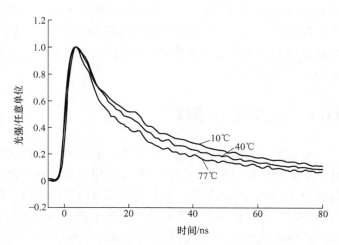

图 11-25　不同温度下纳米尺寸 YAG：Ce 的荧光寿命测试衰减曲线

发出探头上荧光粉的荧光，荧光传播回来透过滤光片被光电转换器接收（反射回来的短波激发光被滤光片阻隔不能被接收），单个荧光脉冲的光电信号强度随时间衰减的曲线类似图 11-25。电信号再经处理提取出衰减时间特征，最终输出显示与荧光寿命相关的探头处的温度值。为了提高信噪比，荧光寿命的测量要通过多次光脉冲激发出荧光后求取平均值，因此这种测温方法的响应时间较长，不适合测量瞬变温度。光纤探头上的保护套客观上也延长了温度探头的响应时间。目前商品化器件的响应时间一般约为秒级。

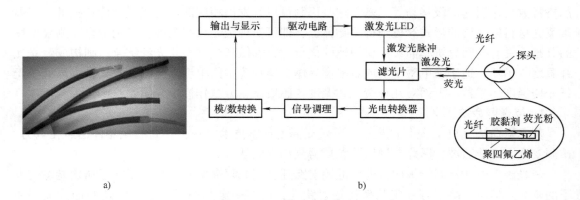

a)　　　　　　　　　　　　　　　　　　　b)

图 11-26　荧光式光纤传感器的结构

a）荧光式光纤温度探头实物　b）FL 式荧光光纤温度传感器构造示意图

2. 荧光强度比法

因为受激发光强度涨落、传感系统的噪声等因素的影响，单纯利用总荧光强度传感的方式精度不高，但在实验条件稳定的前提下荧光强度仍可以用于标定被测材料成分、含量等用途。后面提到的压敏涂层（PSP）技术就利用了荧光强度的化学猝灭机制。一般情况下，为了消除发光强度涨落对测量结果精度的影响，可以从激发光中按确定的比例分出一束参考光，用荧光与参考光的比值代替荧光强度做传感信号。双光路的荧光分光光度计就利用了这个原理。相关技术在分析化学、光谱分析技术等专业书籍中多有介绍，此处不多加赘述。

如果不从激发光中抽取参考光，还可以使用自参考方法，即互相参考的两束光均来自同一样品的荧光。这类荧光的强度比（FIR）参量用于传感又有多种机制，这里介绍一种常见的 FIR 温度传感机制。

热平衡时粒子在热耦合能级上的分布符合玻耳兹曼分布规律。热耦合能级是间距较近的两个能级，能量差一般在几百到几千波数（cm^{-1}，波长的倒数）。Eu^{3+}、Nd^{3+}、Er^{3+}、Sm^{3+}、Ho^{3+}、Tm^{3+}（铕、钕、铒、钐、钬、铥）等稀土离子均可以提供这种热耦合能级。下面以铒掺杂的氧化钇（$Y_2O_3:Er$）荧光温度特性为例进行介绍。

如图 11-27a 所示的 Er^{3+} 能级（$^4I_{11/2}$ 等是各能级的代号，数字、字母对应于电子的自旋量子数、轨道量子数、自旋–轨道耦合量子数，简化后只考虑用数字 0、1、2 指代的 3 个能级），经由激发过程（图中向上的直线箭头）、弛豫过程（图中向下的折线箭头），电子填充到激发态能级 2 和能级 1 上。存在由能级 2、能级 1 向能级 0 的辐射跃迁（图中向下的直线箭头，向右的折线箭头代表发射光）。能级 1 与能级 2 比较靠近，借助热激发，在稳定的测试条件下，电子可以在两个能态上按玻耳兹曼分布律分布，二者构成热耦合的能级。辐射跃迁的谱线强度为 I_{ij}（$i = 2, 1, j = 0$），根据爱因斯坦的辐射跃迁理论，有

$$I_{ij} \propto A_{ij} \nu_{ij} N_i \qquad (11-29)$$

式中　A_{ij}——自发辐射跃迁几率（爱因斯坦自发辐射系数）；

　　　ν_{ij}——辐射光的频率；

　　　N_i——能级 i 上的稳态电子密度。

由式（11-29）得到图 11-27b 所示的两条辐射谱线（图中指示为 1、2）的强度比 R 为

$$R = \frac{I_{20}}{I_{10}} = \frac{A_{20} \nu_{20} N_2}{A_{10} \nu_{10} N_1} \qquad (11-30)$$

热平衡状态下，电子占据能级 1、2 的几率符合玻耳兹曼分布

$$\frac{N_2}{N_1} = \exp\left(\frac{-E_{21}}{k_B T}\right) \qquad (11-31)$$

式中　E_{21}——能级 2 与能级 1 的能量差；

　　　k_B——玻耳兹曼常量；

　　　T——绝对温度，单位是开（Kelvin）。

将式(11-31) 代入式(11-30)，得到

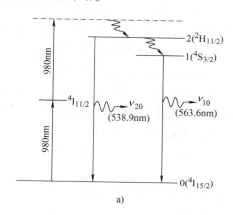

a)

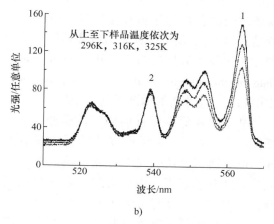

b)

图 11-27　$Y_2O_3:Er$ 荧光的温度特性曲线

a）Er^{3+} 荧光简化能级示意图　b）辐射光谱

注：296K，316K，325K 是不同光谱对应的样品不同温度。

$$R = C_1 \exp \frac{-E_{21}}{k_{\mathrm{B}}T} \tag{11-32}$$

式中　　C_1——与测试系统有关的常数。

对式(11-32)两边取对数并整理得

$$\ln R = \ln C_1 - \frac{E_{21}}{k_{\mathrm{B}}} \cdot \frac{1}{T} \tag{11-33}$$

$\ln R \sim 1/T$ 直线的斜率 $s = -E_{21}/k_{\mathrm{B}}$，$s$ 可被看作这个线性传感方程的灵敏度。其中，$E_{21} = E_{20} - E_{10}$ 为能级 2 与能级 1 的能量差，又可以表示为 $E_{21} = hc\,(1/\lambda_1 - 1/\lambda_2)$，$h$ 是普朗克常量，c 是真空中的光速，λ 是辐射光的波长。对于确定的荧光材料，例如此例中的 $\mathrm{Y_2O_3:Er}$，它的各个能级的位置随温度变化很小，即 E_{j0} 可近似视为常数。从光谱图 11-27b 上可以直接读出 E_{20}、E_{10}，通过简单的减法计算得到：$E_{21} \approx 811.5\,\mathrm{cm^{-1}}$。结合玻耳兹曼常数即可以计算出灵敏度（斜率 s）。可见，FIR 测温技术是一种无须标定灵敏度的绝对温度测量技术。如果通过标定实验实测荧光温度传感系统的灵敏度，则斜率 s 又可由标准温度传感器比对的变温荧光实验结果的 $\ln R \sim 1/T$ 线性拟合得到。求取灵敏度的两种方式给出的结果彼此相当吻合。反过来，如果标定结果与理论计算吻合度不高，就意味着标定实验发生了较大误差。

按式(11-33)对应的此例的实际标定曲线如图 11-28 所示，其斜率为 -1163（49）K。这条理论拟合线称作玻耳兹曼线。由这个实验结果和 E_{21} 值反推计算出的玻耳兹曼常量与国际科学技术数据委员会（the Committee on Data of the International Council for Science, CODATA）推荐值的偏差不到 0.2%。

基于 FIR 原理设计的温度传感器件，光纤探头构造与 FL 光纤温度传感器件没有差异，但后面需要从荧光中分离出不同波长的成分分别探测强度，因此光路和电路更加复杂，成本偏高，目前还没有商品化的器件。

除了一些稀土发光材料可以充当 FIR 温度传感的敏感材料，激光诱导荧光（LIF）、

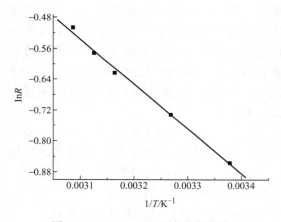

图 11-28　$\mathrm{Y_2O_3:Er}$ 选定发射峰的荧光强度比值（R）与温度（T）的关系

激光等离子击穿光谱（LIBS 或 LIPS）在分析某些物质成分时也可以用与 FIR 技术相似的玻耳兹曼线测量被检物质的温度。

3. 荧光谱频移法

谱峰波长（或波数）位置是常用的另一个荧光特征参量。温度变化一是改变电子能级位置，二是在敏感材料中可能发生光的再吸收，从而引起谱线（或谱带）位置的移动。在具体材料的温敏荧光光谱中，如果是谱线，例如大多数三价稀土离子的发光，各谱线频移的温度系数一般都很小；如果是宽带光谱，因为受到测量发光强度涨落的影响以及光谱仪分辨率的限制，峰值波长的读数不确定度比较大，采用谱拟合方式读数能减小读数不确定度，但同时引入了拟合误差。

如果用一个新型参量"谱带重心"表征发光谱带的位置，可以极大提高谱带位置的定位精度。谱带重心的计算过程如下：首先，对发射光谱的谱带求积分面积（荧光发射的积分强度）；然后，从基线到谱带重心波长的分段积分面积是全谱带面积的一半。这个计算过程中的积分操作可以有效地消除白噪声，提高信噪比。

读取波长或波数的变化一般需要光栅光谱仪或干涉仪（可参考光纤光栅解调方面的资料），因此基于荧光谱频移分析原理的传感设备成本较高。

图 11-29 所示展示了一片普通的白色打印纸的荧光光谱及其频移与温度的关系。发光的实际上是纸上的荧光增白剂。对其他一些优选过的荧光材料，用谱峰频移传感温度可能有更高精度。温敏荧光光谱上还可见温度猝灭现象，如前文"荧光寿命法"中所述，随着温度上升荧光强度（光谱的积分面积）逐渐下降。

除了以上介绍的几种荧光特征参量，谱线的展宽、偏振态的变化等也能用于荧光式温度传感。

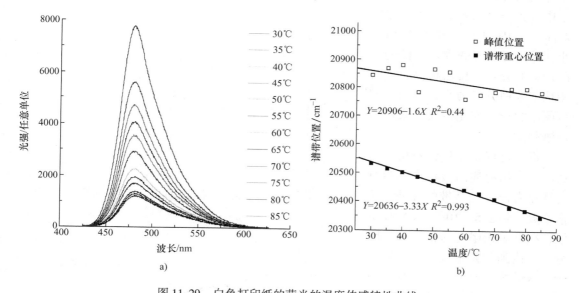

图 11-29　白色打印纸的荧光的温度传感特性曲线
a）白色打印纸的荧光发射谱随温度的变化曲线
b）温度对发射谱带的重心（实线）及峰值位置（虚线）的影响

11.4.2　荧光式力传感

传感其他待测量时可以类似温度传感一样在荧光寿命、荧光强度或强度比、光谱的频移和展宽、偏振性等荧光特性参量中寻找合适的参量作为传感信号。这里介绍两种力学量传感技术。

1. 压敏涂层技术

压敏涂层（PSP）技术的典型应用是风洞中被测物体表面的压力分布测量。该技术的传感机制是利用氧猝灭荧光的效应，特定荧光材料的发光效率随着氧浓度的增大而下降，即氧猝灭。将对氧浓度敏感的荧光材料与黏结剂材料混合涂覆在被测物体表面形成敏感涂层。单位时间内引起涂层荧光猝灭的氧量正比于风洞中气体的流速，而压强就是气体分子碰撞敏感涂层的作用力，与单位体积里的气体分子数量及平均运动速率有关。因此氧分压越高则稳定激发其他相同条件下涂层的荧光强度越低。空气中氧含量是确定的，由道尔顿分压定律可知，氧分压与风洞中待测压强的比值。而由荧光强度分布可推测被测物体表面的氧压分布，也就得知了表面压力分布。

2. 荧光压谱技术

荧光的应力敏感现象在实验力学领域被称为荧光压谱效应，其中以铬（Cr^{3+}）荧光的应用较为普遍，早在 20 世纪 90 年代已经定型。而该技术的源头又可以追溯到高压物理领域对静水压导致红宝石（$Al_2O_3:Cr$）的 R1 及 R2 发射谱线频移的研究，至今，红宝石仍然是荧光法标定金刚石对顶砧压腔中液体高压的标准物质。

除了 Cr^{3+} 等过渡金属离子，镧系稀土离子尤其是 Eu^{3+} 的荧光谱线也广泛用于应力测量，Cr^{3+} 和 Eu^{3+} 的荧光谱线都在易于观察的红光波段。荧光压谱技术一般是检测谱线的频移，不同荧光材料的灵敏度（压谱技术中称为压谱系数）一般在 $5 \sim 20\text{cm}^{-1}/\text{GPa}$ 之间，这个值相当小，因此对后面获取信号的光谱的设备的分辨力要求极高，实践中往往采用分辨力高、自由光谱范围小的干涉式光谱仪器来构造压谱测试系统。

近期宽带发光材料被用于压谱实验，用前述的谱带重心参量的变化表征荧光谱带的移动，压谱系数达到了 $5 \sim 10\text{cm}^{-1}/\text{MPa}$ 量级，在常规光栅光谱仪上的实际分辨力达到千帕量级。这意味着荧光压谱技术也可以测量微小应力，同时实现了大的动态范围和高分辨力。其应用范围领域有望得到较大的扩张。

图 11-30 所示是不同压应力下有机染料罗丹明 B（Rhodamine B，一种玫红色染料）的光致发光光谱以及其移动规律曲线。其他大量的有机或无机发光材料均具有相似的力传感特性。

除了上文介绍的两种力传感方法，目前还有应力发光（或称摩擦发光）原理也被认为在应力传感方面有较大的潜力，该原理

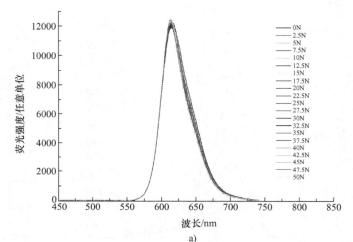

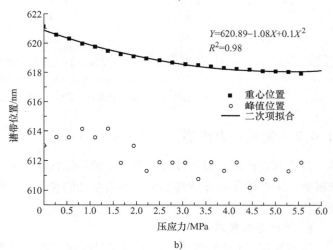

图 11-30　罗丹明 B/环氧树脂复合材料的压应力传感特性

a）罗丹明 B/环氧树脂复合材料在压应力
加载下的荧光光谱　b）压谱规律曲线

是基于应力做功到荧光导致的直接能量转化过程。此外，基于应变改变声子频率机制的拉曼压谱技术是和荧光压谱技术的分析方法很相似的一种技术。

11.4.3 荧光式 pH 值传感

荧光用作 pH 值传感也有多类原理机制。例如特殊设计的分子具有荧光开-关特性，温度、氢离子、重金属离子等因素诱使分子荧光基团支链上的化学键闭合或断开，进而引起分子在有/无荧光特性之间切换。即使不产生上述的化学变化，有机大分子所处环境的极性也能改变分子的荧光。

图 11-31a 是不同 pH 值的酸/碱水溶液中罗丹明 B 的荧光强度，并显示出明显的光谱移动。用谱峰移动及前述的谱带重心移动法表征这种变化规律，得到图 11-31b。

可见，在实验的弱酸性 pH 检测范围内，实验样品的荧光谱带位置随 pH 增大而蓝移。这种 pH 测试方法较电化学法更稳定可靠，比简单的显色指示剂法更精确。

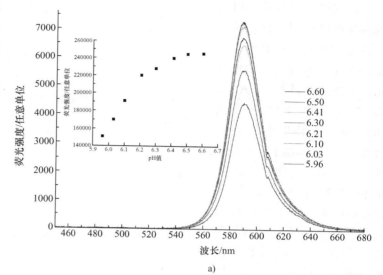

a)

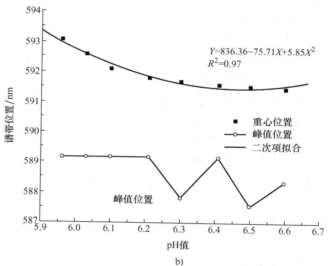

b)

图 11-31　罗丹明 B 的荧光 pH 传感特性
a）水中罗丹明 B 的荧光强度及其光谱移动　b）pH 依赖的频移

11.4.4 荧光式位置/位移传感

控制单一荧光材料的成分或复合荧光材料的配比沿坐标方向规律性地单调变化，使得沿坐标方向分布的荧光材料的发射光谱随之规律性地变化，相应地荧光特征参量的特定数值对应于特定位置。这时可用的荧光特征参量有荧光色坐标、强度比等。该方法可测量绝对位置、位移的方向、位移量的大小。其优点是测量物体的绝对位置时无须将传感器复位；在全量程中荧光的总强度可以一直保持在相近的水平，利于提高传感精度；位移测量的分辨率主要取决于荧光材料的颗粒度与激发光的光斑尺寸，最高可以达到纳米级。

以双组分复合荧光材料的位置传感应用为例。荧光材料 A 与荧光材料 B 的组分比例沿 X 坐标方向规律性变化，A 在复合材料中的占比沿 X 方向线性地由零到 100% 变化，相应地 B 在复合材料中的占比沿 X 方向线性地由 100% 变化到零，A、B 材料各自的光谱如图 11-32a所示。用一束短波激光激发出复合荧光材料的荧光，则沿 X 方向分布的不同位置的复合荧光材料有不同的荧光特征数值，例如各不同位置上的复合荧光材料发射的混合光的色坐标不同，特定的荧光色对应于特定位置。图 11-32b 给出了按国际照明委员会（CIE）1931 色彩空间标准计算的色坐标 Y 与位置的关系。进一步计算始末位置的差值即测得位移，差值的正负反映位移是沿 X 轴方向或反方向。该例中的荧光传感分辨力达到亚微米级，与高精度的光栅尺相当。

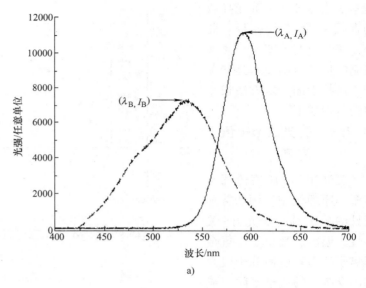

a)

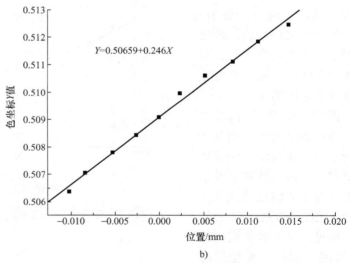

b)

图 11-32　荧光式位移传感示例

a）一种复合材料双组分的荧光光谱　b）荧光色坐标–位置关系

11.4.5　其他量的荧光式传感

如果能够用荧光传感力、位移等基本物理量，其他的运动学和力学量如速度、加速度、流量等也就可以间接测得。除此之外，速度可以通过多普勒效应与光的频移联系起来；加速度测量可以与温度场的荧光传感联系起来；电场与荧光的关联有电致发光效应；磁场可以通过磁旋光效应改变荧光的偏振性；湿度可以通过改变折射率的方式影响材料荧光，因此实现荧光式传感的可能的方式方案多种多样。

荧光式传感技术有望成为类似半导体传感技术的一个新的传感技术门类。

拓展训练项目

【项目 1】 防盗报警系统设计

要求采用本章所学的传感器，完成一个防盗报警系统设计，画出相应的系统原理图，并说明其工作原理。

【项目 2】 微波定位测量

根据图 11-3 所示微波开关式物位计原理图，并根据所学专业知识，试设计一个电路系统，完成物料的定位控制。

习　　题

11.1　微波传感器有何特点？

11.2　微波传感器主要由哪些部分组成？微波传感器分哪几类？

11.3　试举例说明微波传感器的应用。

11.4　何谓超声波和超声波传感器？常用超声波传感器的工作原理有哪几种？

11.5　在使用脉冲回波法测厚度时，利用何种方法测量时间间隔 t 能有利于自动测量？若已知超声波在工件中的声速 $c = 5640\text{m/s}$，测得的时间间隔 t 为 $22\mu\text{s}$，试求其工件厚度。

11.6　比较微波传感器与超声波传感器有何异同。

11.7　什么是热释电效应？为什么热释电元件需要用光调制器？

11.8　何谓红外辐射？红外辐射探测器分为哪两种类型？有哪些不同？

11.9　试举例说明红外传感器的应用，并说明其工作原理。

第 12 章

智能和网络传感技术

12.1 智能传感技术

智能传感器的概念是在 20 世纪 80 年代由于航空航天、航海技术的需要提出和发展起来的。如飞机结构自主状态检测诊断、大型柔性太空结构形状与振动控制、潜艇结构声辐射控制等。要实现诸如此类的功能，不仅要求传感器要精度高、响应快、稳定性好，还要求其具有检测、分析判断、信息处理、对环境影响量的自适应和自学习等功能，于是智能传感器便应运而生。

智能传感器由于具有精度和灵敏度高、可靠性与稳定性好、信噪比与分辨率高、功能广与自适应性强、性价比高等特点，因而不仅在航空航天、航海领域有着重要作用，而且在建筑、公路、桥梁等土木工程和运输管道、汽车、机床、机器人等机电工程领域也有着广泛的应用前景和重要价值。

12.1.1 智能传感器的结构形式

智能传感器最大的特点就是将信息检测与信息处理功能结合在一起，主要由传感器单元、信号处理单元、微处理器等组成，其基本结构框图如图 12-1 所示。传感器模块将被测量转换成相应的电信号输入信号处理单元，经信号放大、相敏检波、滤波电路等信号处理后，送入输入接口电路进行模/数转换，转换后的数字信号送入微处理器进行数据处理，数据处理后的信号一方面通过输出接口送入执行机构，实现被测量的自动控制，另一方面通过输出接口送入测量结果显示模块。

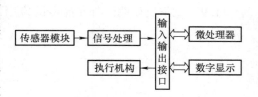

图 12-1 智能传感器基本结构框图

在设计和实现智能传感器时主要有以下 3 种结构形式。

（1）分立模块式 分立模块式智能传感器是把传统的传感器与其配套的信号调理电路、微处理器、输出接口与显示电路等相互独立的模块组装在同一壳体内扩展和提高传感器的功能。这是一种比较经济、快捷的构建智能传感器的方式，这种方式由于集成度不高，因而体积较大，但在目前的技术水平下仍不失为一种实用的结构形式。

（2）集成式 集成式智能传感器是采用微机械加工技术和大规模集成电路工艺技术，利用半导体材料硅作为基本材料来制作敏感元件，将敏感元件、信号调理电路、微处理器等集成在一块芯片上构成的。与分立模块式智能传感器相比具有微型化、精度高、多功能、阵列式、全数字化、使用方便、操作简单、可靠性和稳定性高等特点，是智能传感器发展的方向。

（3）混合式　混合式智能传感器是将传感器、转换电路、微处理器和信号调理电路等环节，根据实际需要，以不同的组合方式分别集成在不同的芯片上，构成小的功能单元模块，最后再组合在一个壳体内。如可将敏感元件及转换电路集成在同一块芯片上，加上信号处理和微处理器模块组合在一起构成智能系统；也可将敏感元件、转换电路和信号调理电路一起集成在同一块芯片上，加上微处理器模块组合在一起构成智能系统。这种方式可以根据实际的需要灵活集成与配置，与集成化智能传感器相比，虽然集成度不是很高，体积相对较大，但却具有维护方便、价格便宜的优点，是目前智能传感器采用较多的结构形式。

12.1.2　智能传感器的应用

1. DSTJ3000 型智能差压压力复合传感器

美国霍尼韦尔（Honeywell）公司生产的 DSTJ3000 系列智能差压压力传感器是由检查和变送两部分组成。检查部分是在同一块半导体基片上用离子注入法配置扩散了差压、温度和静压 3 个敏感元件，构成了性能稳定的复合传感器；变送部分包含了检测电路、多路开关、

微处理器和数字输入输出接口等，可对传感器的温度和非线性实现自动补偿，其精度可达到 0.1% FS。其原理框图如图 12-2 所示。差压传感器包括一个由 4 个单晶硅应变片组成的惠

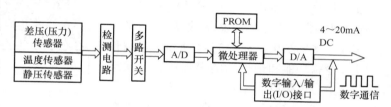

图 12-2　智能差压压力传感器原理框图

斯通电桥电路，当被测介质差压（压力）变化时，压力通过隔离的膜片作用于 4 个扩散电阻上，引起阻值变化，该变化值由检测电路检出，经 A/D 转换后送入微处理器；同时，检测接口的其他 2 个辅助检测信号（温度、静压）被周期地读入微处理器，微处理器对这些参数进行综合运算处理，完成精确的压力测量计算，最后经 D/A 转换将数字信号转换成相应的 4~20mA 直流信号输出。此外，由于传感器的输出输入特性、量程可设定范围等特性数据，是由专用的制造线路的计算机依据测试系统对差压、温度和静压三参数的测试结果进行计算得出数据后存入 PROM 中的，因而静压和温度的变化对测量精度的影响极小。

现场通信器发出的通信脉冲信号叠加在传感器输出的直流信号上。数字输出输入（I/O）接口一方面将来自现场通信器的脉冲信号从信号中分离出来，送到 CPU 中去；另一方面将设定的传感器数据、自诊断结果、测量结果等送到现场通信器中显示。由于同时使用了数字通信用的 2 条传送线路，所以与携带式变送器连接后可进行远距离调整和远距离自我诊断。这种变送器的最大特点是可调量程范围宽，量程比在 100:1 以上。

2. 多路光谱分析智能传感器

图 12-3 所示是目前已投入使用的多路光谱分析智能传感器结构示意图。这种传感器采用硅电荷耦合器件（CCD）二元阵列作摄像仪，结合光学系统和微处理器系统共同构成一个不可分割的整体。利用 CCD 二元阵列作摄像仪将光学系统检测出的光图像信号转换成时序的视频信号，在电子电路中产生与空间滤波器相对应的同步信号，再与视频信号相乘后积

分，同时改变空间滤波参数，移动空间滤波器光栅以提高灵敏度来实现二维自适应图像传感的目的。这种多路光谱分析智能传感器可以装在人造卫星上，对地面进行多路光谱分析，测量获得的数据直接由 CPU 进行分析和统计处理，然后输送出有关地质、气象等各种情报。

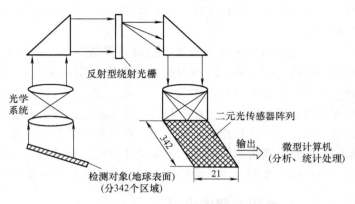

图 12-3　多路光谱分析智能传感器结构示意图

3. 固体图像传感器

目前固体图像传感器主要有电荷耦合器件（CCD）、自扫描光电二极管阵列（MOS）和电荷注入器件（CID）3 种类型。随着传感器智能化和集成化的迅速发展，固体图像传感器已向三维集成方向发展。如日本开发出的三维多功能的单片智能视觉传感器，已将平面集成发展为三维集成，实现了多层结构，如图 12-4 所示。它将传感功能、逻辑功能和记忆功能等集成在一块半导体芯片上。该传感器采用了并行信号传输及处理技术，这样就极大地提高了信号处理能力，可实现高速的图像信息处理。

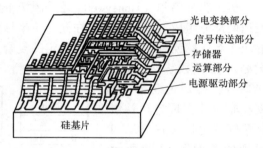

图 12-4　三维多功能的单片智能视觉传感器

图 12-5 所示为由多个智能图像传感器组成的图像识别系统。图中光学系统将物体的图像转换成平行光输入智能图像传感器，完成了物体的图像输入，每个智能图像传感器从输入的图像信息中提取不同的特征量，如形状、尺寸、轮廓、地质等。所有智能图像传感器所得到的图像特征信息将会同时送入主计算机进行图像处理，最终达到对图像进行快速识别的目的。

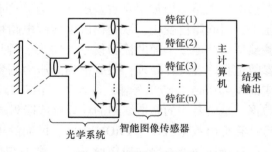

图 12-5　图像识别系统

【拓展应用系统实例 1】飞机机翼应力智能监测系统

由于现在对电子设备及制造、家电生产、飞机制造、汽车制造、机械电气设计、桥梁建造等行业的相关制造过程要求越来越严格规范，因而对产品在制造过程中是否受到较大应力的影响也越来越关注。因为过大的应力会使产品产生过大的形变，从而影响产品性能。例如：电路板所受应力过大，引脚焊点会脱落，元件也会破裂受损；摩托车行驶过程应力过大，会导致外壳开裂；飞机机翼应力过大，可能会导致机翼折断；桥梁应力过大，会导致桥梁倒塌等。因此，产品在设计过程中，需要考虑从生产到使用之间各个环节的应力状况。例如：测试产品在装配过程是否会由于应力过大导致破坏和功能改变；测试产品在实际使用中是否存在受力点的应力问题，是否会超过材料最大的可接受应力值。

图 12-6 所示为智能应力传感器应用于飞机机翼上各个关键部位的应力智能监测系统框图。图中共设计有 6 路应力传感器和 1 路温度传感器。其中每一路应力传感器由 4 个应变片构成的全桥电路和前级放大器组成；温度传感器用于测量环境温度，以实现应力传感器

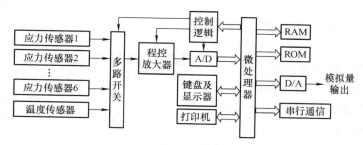

图 12-6　飞机机翼上各个关键部位的应力智能监测系统框图

的温度补偿；多路开关根据微处理器发出的命令轮流选通各个传感器通道，并进行数据采集；程控放大器则在微处理器的命令下分别选择不同的放大倍数对各路信号进行放大。该智能传感器具有较强的自适应能力，可保证测量的准确性。

12.2　网络传感技术

12.2.1　网络智能传感器

智能传感器的网络化致力于研究智能传感器的网络通信功能，将传感器技术、通信技术和计算机技术融合，从而实现信息的采集、传输和处理的真正统一和协同。它不仅实现了智能化，如自补偿、自校准、自诊断、数据处理、双向通信、信息存储、数字量输出等功能，而且还将敏感元件、转换电路和测量电路结合为一体，并在自身内部嵌入了通信协议，直接传送满足通信协议的数字信号，使现场测控数据能够就近进入网络传输，在网络覆盖范围内实时发布和共享。从而使网络化的自动测试技术得到了快速发展和广泛应用。网络化的测试系统实现了传感器由单一功能、单一检测向多功能和多点检测的发展，特别适用于大型复杂系统的远程分布式测试和监控，是信息时代测试技术发展的必然趋势。

网络智能传感器研究的关键技术是网络接口技术。为使现场测控数据能直接进入网络，传感器必须符合某种网络通信协议。根据所采用的通信协议，目前网络智能传感器主要有基于现场总线的网络智能传感器和基于以太网 TCP/IP 的网络智能传感器两大类。

1. 基于现场总线的网络智能传感器

随着现代化工业生产的发展，需要的测控点和测控参量越来越多，对于大型数据采集系统来说，原有的分散型控制系统（DCS）已不能满足实际需要，特别希望能够采用一种统一的总线，以达到简化布线、节省空间、降低成本、方便维护的目的。在 20 世纪 80 年代，一种开放型测控系统，即现场总线控制系统（FCS）应势而生。它可以把所有的现场设备（传感器、仪表与执行器）与控制器通过一根线缆相连，形成现场设备级、车间级的数字化通信网络，可完成现场状态监测、控制和信息远传等功能。

图 12-7 所示为现场总线控制系统的典型结构框图。图中现场总线的节点是所有的现场设备，如传感器、现场仪表、执行器与记录仪等，这些现场设备已不是传统的单功能设备，

而是有综合功能的智能设备。

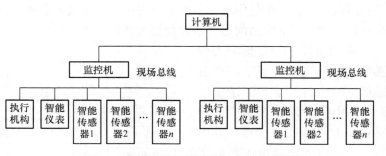

图 12-7　现场总线控制系统的典型结构框图

由于现场总线技术具有明显的优越性，因而成了各国专家学者的研究热点，许多大公司都推出了自己的现场总线标准。目前常见的标准有十余种，如 1984 年英特尔（Inter）公司推出的位总线（BITBUS），1985 年美国罗斯蒙特（Rosemount）公司推出的可寻址远程传感器高速通道的开放通信（Highway Addressable Remote Transducer，HART）协议，德国西门子（Siemens）公司于 1989 年推出的程序总线网络（PROFIBUS）。它们各具特色，在各种不同的领域中得到了很好的应用。但由于多种现场总线标准并存，现场总线标准互不兼容，不同厂家的智能传感器又都采用各自的总线标准，因此，目前智能传感器和控制系统之间的通信主要是以模拟信号为主，或在模拟信号上叠加数字信号，这在很大程度上降低了通信速度，严重影响了现场总线智能传感器的应用。为了解决这一问题，1994 年 3 月开始，美国国家标准技术局（NIST）和电气和电子工程师协会（IEEE）联合组织了一系列专题讨论会商讨制定了一个简化控制网络和智能传感器连接标准的 IEEE1451 标准。该标准定义了一整套通用的通信接口，使变送器能够独立于网络与现有基于微处理器的系统、仪器仪表和现场总线网络相连，并最终实现变送器到网络的互换性和互操作性。该标准为智能传感器和现有的各种现场设备总线提供了通用的接口标准，大大地有利于现场总线式网络智能传感器的发展与应用。

2. 基于 TCP/IP 的网络智能传感器

随着计算机网络技术的快速发展，将以太网直接引入测控现场成为一种新的趋势。由于以太网技术开放性好、通信速度快和价格低廉等优势，人们开始研究基于 TCP/IP 的网络智能传感器。该类传感器通过网络介质可以直接接入 Internet，还可以做到即插即用，使传感器像普通计算机一样成为网络中的独立节点，并具有网络节点的组态性和可操作性。任何一个网络传感器都可以就近接入网络，这样信息就可以在整个网络覆盖的范围内传输，实现实时远程在线测控，使传统测控系统的信息采集、数据处理等方式产生质的飞跃。网络化的测控系统可在网络上任何测控系统节点中的现场传感器进行在线编程和组态，使测控系统的结构和功能产生了重大的变革。同时，通过研制特定的嵌入式 TCP/IP 软件，可以使得测控网与信息网融为一体。

基于 TCP/IP 的网络智能传感器的基本结构如图 12-8 所示。主要是由智能传感器单元和网络接口单元组成。在开发基于 TCP/IP 的网络智能传感器时，为实现网络通信，需要对功能单元重新划分，在传统智能传感器基础上突出网络功能模块。目前可以通过软件方式和硬件方式实现传感器的网络化，软件方式是指将网络协议嵌入到传感器系统的 ROM 中；硬件方式是指采用具有网络协议的网络芯片直接用作网络接口。选用网络硬件接口时，应尽量考虑选用可靠性高、功耗低、成本低的芯片；选用网络软件接口时，应选择标准的 TCP/IP，使得信号的收发都以 TCP/IP 方式进行。

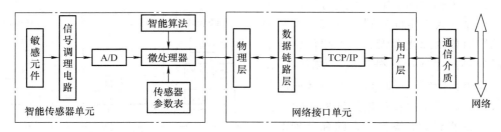

图 12-8　基于 TCP/IP 的网络智能传感器的基本结构

12.2.2　无线传感器网络

随着网络通信技术的迅猛发展、无线技术的广泛应用，无线传感器网络（WSN）技术已经成为一个应用与研究的热点领域。

早在 20 世纪 70 年代，就出现了将传统传感器采用点对点传输、连接传感控制器而构成的传感器网络雏形，这被认为是第一代传感器网络；随着计算机等相关学科的不断发展，传感器网络同时还具有了获取多种信息的综合处理能力，并通过与传感控制器的相连，组成了具有信息综合和处理能力的传感器网络，这是第二代传感器网络；从 20 世纪末开始，现场总线技术开始应用于传感器网络，人们用其组建智能化传感器网络，大量多功能传感器被运用，并使用无线技术连接，无线传感器网络逐渐形成。

1. 无线传感器网络的结构

目前普遍接受的无线传感器网络的定义是：由部署在监测区域内的大量微型传感器节点通过无线电通信形成的一个多跳的自组织网络系统，其目的是协作感知、采集和处理网络覆盖区域里被监测对象的信息，并发送给观察者。传感器节点、感知对象和观察者构成了无线传感器网络的三要素。传感器节点获取的数据沿着其他传感器节点逐跳地进行传输，在传输过程中数据可能被多个节点处理，经过多跳后路由到汇聚节点，最后通过卫星、互联网或移动通信网到达管理站，用户通过管理站对传感器网络进行配置和管理、发布监测任务以及收集监测数据。传感器节点通常是一个微型的嵌入式系统，它的处理能力、存储能力和通信能力相对较弱，通常用电池供电。汇聚节点的处理能力、存储能力和通信能力相对较强，它连接传感器网络与 Internet 等外部网络，实现两种协议栈之间的通信协议转换，同时发布管理节点的监测任务，把收集的数据转发到外部网络，无线传感器网络系统结构如图 12-9 所示。

2. 无线传感器节点结构

无线传感器节点是无线传感器网络的基本构成单位，由其组成的硬件平台和具体的应用需求密切相关，因此节点的设计将直接影响整个网络的性能。

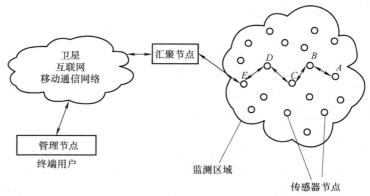

图 12-9　无线传感器网络系统结构

在无线传感器网络中，节点可以通过飞机随机布撒、人工定向布置等方式，大量部署在感知对象内部或者附近。无线传感器节点的硬件一般由 4 个部分组成，如图 12-10 所示。其中，传感器模块负责监测区域内信息的采集和数据转换；数据处理模块负责控制整个传感器节点的操作，存储和处理本身采集的数据以及其他节点发来的数据。由于无线传感器节点需要比较复杂的任务调度与

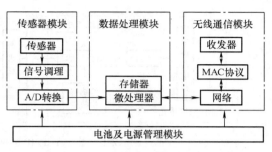

图 12-10　无线传感器节点结构

管理，微处理器需要包含一个功能较为完善的微型化嵌入式操作系统；无线通信模块负责与其他传感器节点进行无线通信、交换控制消息和收发采集数据；电池及电源管理模块为传感器节点提供运行所需的能量。

3. 无线传感器节点硬件设计

由于传感器节点采用电池供电，一旦电能耗尽，节点就无法工作；而且大部分节点的工作环境通常比较恶劣，节点数量大，造成更换困难。因此，传感器节点在硬件设计方面，要尽量采用低功耗器件，在没有通信任务时，要切断通信模块电源；在软件设计方面，各层通信协议都应该以节能为中心，必要时可以牺牲其他的一些网络性能指标，以获取更高的电源效率。此外，传感器节点在设计时还需考虑模块化、集成化和微型化等要求。无论是节点的软件设计，还是硬件开发，模块化设计是提高节点通用性、扩展性和灵活性的有效途径。集成化设计是以满足节点集数据采集、处理和转发等功能于一身的需求。微型化设计可以满足大规模布撒、提高隐蔽性的需求。

目前常用的几种无线传感器节点见表 12-1。下面分别对无线传感器节点中的传感器模块、数据处理模块和无线通信模块的设计进行讨论。

表 12-1　常用的无线传感器节点

节点名称	微处理器（公司）	射频收发	电磁类型	发布时间
WeC	AT90S8535（Atmel）	TR1000	Lithium	1998
Rene	ATmega163（Atmel）	TR1000	AA	1999
Mica	ATmega128L（Atmel）	TR1000	AA	2001
Mica2	ATmega128L（Atmel）	CC1000	AA	2002
Mica2Dot	ATmega128L（Atmel）	CC1000	Lithium	2002
Mica3	ATmega128L（Atmel）	CC1020	AA	2003
Micaz	ATmega128L（Atmel）	CC2420	AA	2003
Toles	MSP430F149（TI）	CC2420	AA	2004
Zebranet	MSP430F149（TI）	0Xstream	Batteries	2004
XYZnode	ML67Q500x（OKI）	CC2420	NiMn	2005
BTNode	ATmega128L（Atmel）	CC100&ZV4002	AA	2005

（1）传感器模块　目前能监测各种物理量的传感器种类繁多，在选择传感器模块时应尽量选择低功耗模式的传感器。另外，在实际应用时，还需根据覆盖面积要求选择合理的传

感器，如何确定一个传感器的覆盖面积及保证测量精度是节点设计时需要考虑的重要因素。

（2）数据处理模块　数据处理模块是传感器节点的核心，与其他单元一起完成数据的采集、处理和收发。微处理器的选择一般需要满足以下几点要求：低功耗、低成本、高效率、支持休眠和足够的 I/O 接口等。此外，节点设计时还需考虑稳定性和安全性。稳定性主要指节点能在一定的外部环境变化范围内正常工作；安全性是要防止外界因素造成节点的数据修改。

（3）无线通信模块　利用无线通信方式交换节点数据，首先需要选择合理的传输载体。理论上无线通信可采用射频、激光、红外或超声波等载体。不同的通信方式有各自的优缺点，但一般在无线传感器网络中应用最多的是基于 ZigBee 协议的芯片和其他一些普通射频芯片。

基于 ZigBee 技术的无线网络传感器的研究与开发已得到越来越多的关注。ZigBee（IEEE802.15.4）标准是 2000 年 12 月由 IEEE 提出定义的一种廉价的固定、便携或移动设备使用的无线连接标准。它是一种近距离、低功耗、低复杂度、低数据速率、低成本的双向无线通信技术标准。它拥有完整的 32KB 协议栈，可以嵌入各种设备中，同时支持地理定位功能。目前市场上常见的支持 ZigBee 协议的芯片制造商有 Chipcon 和飞思卡尔（Freescale）等公司。Chipcon 公司的 CC2420 芯片应用较多，Toles 节点和 XYZ 节点都采用该芯片。Freescale 公司提供 ZigBee 协议的 2.4GHz 无线传输芯片有 MC13191、MC13192、MC13193。

普通射频芯片是一种可自定义通信协议的通信方式。从性能、成本和功耗方面考虑，常用的有 Chipcon 公司的 CC1000 和 RFM 公司的 TR1000。这两种芯片各有所长，CC1000 灵敏度高一些，传输距离更远；TR1000 功耗低一些。从表 12-1 可知 WeC、Rene 和 Mica 节点均采用 TR1000 芯片；Mica 系列节点主要采用 Chipcon 公司的芯片。

还有一类无线芯片本身集成了处理器，例如 CC2530 系列芯片。CC2530 系列芯片是建立在 IEEE802.15.4 标准协议之上的。它结合了领先的 RF 收发器的优良性能、业界标准的增强型 8051 CPU、系统内可编程闪存、8 - KB RAM 和许多其他强大的功能。CC2530 有 4 种不同的闪存版本，分别是 CC2530F32/64/128/256，分别具有 32KB/64KB/128KB/256KB 的闪存。CC2530 具有不同的运行模式，使得它尤其适应有超低功耗要求的系统。运行模式之间的转换时间短进一步确保了低功耗。此芯片具有接收灵敏度高、抗干扰能力强以及能够远距离传输的特点。

事实上，在无线传感器节点设计时，不同通信方式的收发芯片可以通过普通供应商购买，每种器件都有各自的优点，没有最优器件。在硬件设计时，应在满足需求基础上从功耗、数据率、通信范围和稳定性等角度合理选择。

12.2.3　无线传感器网络的应用

无线传感器网络属于物联网的信息采集技术，是军民两用的战略性信息系统。在民事应用上，可用于环境科学、灾害预测、医疗卫生、制造业、城市信息化改造等各个领域。在军事上，无线传感器网络的随机快速布设、自组织、环境适应性强，以及容错能力，使其在战场侦察、核攻击和生化攻击的监测和搜索、电子对抗、海洋环境监测，以及关键基础设施防护等领域具有广阔的应用前景。

1. 军事应用

无线传感器网络的相关研究最早起源于军事领域,并在许多军事项目应用中获得了巨大的成功。如美国研制的 C4KISR 系统。C4KISR 系统是美军军事信息处理系统,由美国国防部组织研制。其研制实际上始于 20 世纪 90 年代中期,2001 年才提出。目前这一系统已经建立,但是它仍在不断的完善发展之中。此系统体现了 21 世纪初期美军信息化建设的成就。无线传感器网络作为 C4KISR 系统的一个不可或缺的组成部分,以其特有的优点,及时、准确地为战场指挥系统提供高可靠的军事信息。即使在部分传感器节点失效时,无线传感器网络作为一个整体仍能很好地完成观测任务。目前国际上许多机构的研究课题仍以战场需求为背景,利用飞机抛撒或火炮发射等装置,将大量廉价传感器节点按照一定的密度部署在待测区域内,对传感器节点周边的各种参数,如振动、气体、温度、湿度、声音、磁场、红外线等信息进行采集,然后由传感器自身构成的网络,通过网关、互联网、卫星等信道,传回监控中心。如美国国家航空航天局(NASA)的 Sensor Web 项目,将传感器网络用于战场分析,初步验证了无线传感网络的跟踪技术和监控能力。另外,可将无线传感器网络用作武器自动防护装置,在友军人员、装备及军火上加装传感器节点以供识别,随时掌控情况,避免误伤;或者通过在敌方阵地部署各种传感器,做到知己知彼,先发制人。2005 年美国军方构建了枪声定位系统,节点部署于目标建筑物周围,系统能够有效地自组织构成监测网络,监测突发事件(如枪声、爆炸等)的发生,为救护、反恐提供了有力的帮助。

2. 环境监测

环境监测包括各种水污染和大气污染监测、噪声和振动监测、放射性和电磁波监测等几个方面。无线传感器网络可用于监测农作物灌溉情况、土壤空气情况、畜生和家禽的环境状态和大面积的地表监测等的生态环境监测和研究,还可用于行星探测、气象和地理研究,以及通过跟踪鸟类和昆虫进行种群复杂度的研究等。

2002 年,Inter 的研究小组和加州大学伯克利分校以及巴港大西洋大学联合在缅因州海岸大鸭岛上部署了一个使用了包括光、湿度、气压计、红外传感器、摄像头在内的近 10 种传感器类型及数百个节点的多层次传感器网络系统,用来监测岛上海燕的生活习性。

2005 年,大洋洲的科学家利用无线传感器网络探测北澳大利亚蟾蜍的分布情况。利用蟾蜍叫声响亮而独特的特点,选用声音传感器作为监测手段,将采集到的信息发回给控制中心,通过信息处理,了解蟾蜍的分布、栖息情况。

2008 年 1 月新加坡政府与哈佛大学、麻省理工学院合作,成立了环境监测与建模研究中心。计划在未来几年内,采用无线传感器网络实现新加坡国内海陆空一体化的自然环境监测。实现新加坡的大气污染、空气质量、海域、空域和国界信息监测等。

3. 建筑监测

无线传感器网络用于监测建筑物的健康状况,不仅成本低廉,而且能解决传统监测布线复杂、线路老化、易受损坏等问题。主要包括建筑物结构监测、古建筑物保护、楼宇和桥梁的健康监测等。例如:在桥梁监测中,利用多种智能传感器,如光纤光栅传感器、压电传感器、加速度传感器、超声传感器、湿度传感器等可以有效地构建一个三维立体的防护监控网络,用于监测桥梁、高架桥、高速公路等环境。对于许多老旧的桥梁、桥墩,长期受到水流的冲刷,传感器能够放置在桥墩底部用于感测桥墩被侵蚀程度等,可以减少事故造成的生命财产损失。

4. 医疗护理

随着室内网络普遍化，无线传感器网络在医疗研究、护理领域也大展身手。主要的应用包括远程健康管理、重症病人或老龄人看护、生活支持设备、病理数据实时采集与管理、紧急救护等。罗彻斯特大学的科学家使用无线传感器网络创建了一个智能医疗房间系统，使用微尘来测量居住者的重要征兆（血压、脉搏和呼吸）、睡觉姿势以及每天 24h 的活动状况。英特尔公司也推出了基于无线传感器网络的家庭护理技术。该技术是为探讨应对老龄化社会的技术项目（Center for Aging Services Technologies，CAST）的一个环节开发的。该系统通过在鞋、家具以及家用电器等物品和设备中嵌入半导体传感器，帮助老龄人士、阿尔茨海默氏病患者以及残障人士的家庭生活。利用无线通信将各传感器联网可高效传递必要的信息从而方便接受护理，而且还可以减轻护理人员的负担。

5. 智能家居

随着无线传感器网络技术的发展与成熟，无线传感器网络产品开始凭借自身独特的优势，开始逐步替代传统有线传感器产品，并渗入到智能家居领域的各个环节，成为市场上的新兴热点。例如：在下班前遥控家中的电饭煲、微波炉、空调等家电，按照自己的意愿开启；通过图像传感设备随时监控家庭的安全情况；将传感器节点放置在家中不同的房间，对各个房间的温度进行局部控制；通过环境光传感器感知周围光线情况，根据光线强弱控制灯光等。

【拓展应用系统实例 2】智能家居系统

目前的智能家居系统在家庭内部的通信方式要么采用有线的方式，要么采用蓝牙等短距离通信协议。有线的通信方式不仅费用高，而且复杂的布线会使家居的美观程度大打折扣，并且灵活度很低；蓝牙通信方式虽然改善了有线通信的不足，但是其设备的高额成本很大程度上限制了智能家居的发展。本系统采用 ZigBee 协议形成自组织的无线局域网络，不受布线的限制，而且成本低廉，适合大量生产使用，可真正地实现智能化控制。

智能家居系统架构如图 12-11 所示。用户通过安装在手持终端的上位机（通常为个人计算机、智能手机、平板电脑等）软件来对家居设备进行控制，控制命令由手持终端通过网络发送到家庭网关中，家庭网关接收到控制命令后，下发到中央控制器，即由 ZigBee 协议组成的自组织局域网络协调器，中央控制器对命令进行解析，形成内网控制帧，发送给相应控制终端节点完成控制操作。控制结果会及时反馈到上位机软件界面中进行显

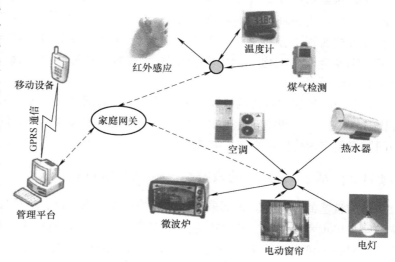

图 12-11　智能家居系统架构图

示。图12-12所示为智能家居系统功能模块图。最上端为客户端应用软件，属于整个系统的上位机部分，为用户提供友好的操作和反馈界面。用户首先需要通过 WiFi 或 Internet 连接到家庭网关，然后进入登录界面，输入授权账号和密码，获得对智能家居系统的操作权；进入界面后，可通过单击交换界面中的控制按钮，甚至是通过语音的方式实现对家居的远程无线控制。

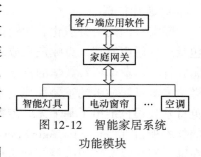

图 12-12　智能家居系统功能模块

家庭网关中集成智能家居系统内部网络的 ZigBee 控制器，负责侦听和处理来自客户端发起的连接请求，由于用户通常不止一个，网关服务器需要对多个用户的接入进行管理，并保存用户操作记录，同时以 ZigBee 协议与下端的控制节点、监测节点组成网络，负责从网络上接收来自于用户的操作命令，对命令进行解析和处理后发送到家庭内部网络的中央控制器中，完成对智能设备的控制动作；智能家居设备的操作结果和数据，如温度数据、控制结果反馈数据等，也要通过网关反馈给相应的用户上位机程序中进行显示；当用户退出时，负责切断当前的连接。

智能家居系统的最下端是与家用电器相连的终端控制节点，或者是用于环境监测的传感节点，终端控制节点与家用电器相连，对家用电器进行直接控制，如开关、电视的调台、空调的温度调节等；传感节点用于室内温度、湿度和有害气体等的监控。

一个智能家居系统中只能有一个网关，终端控制节点和温度等监控节点数量根据用户的需求确定。

拓展训练项目

【项目1】 智能温室系统设计

智能温室是在普通日光温室的基础上，借助传感器、电子电路、计算机网络等高科技手段，对植物生长环境中的温度、湿度、光照、土壤水分、CO_2 等环境因子进行检测，通过执行机构实现加温、通风、施肥、补光、帘幕开关等自动控制，从而达到全天候无人管理，实现生产自动化，创造适合作物生长的最佳环境，提高产品质量和生产效率的高效农业设施。

以本章所学的传感器网络知识为基础，通过查阅文献，进一步深入学习传感器网络相关知识，试设计一个智能温室控制系统，该系统要求能够通过个人计算机、浏览器、手机实时访问智能温室内传感器数据，并能够对大棚温度、土壤湿度、光照度进行实时控制。

【项目2】 基于 ZigBee 的教室灯光控制系统设计

目前教室的灯光控制大都采用机械开关，安全系数低，舒适性差，且容易造成能源的浪费，经常出现室内无人，却灯火通明的现象。试选用合适的传感器，利用 ZigBee 芯片设计一个可根据环境光自动调节亮度、无人时自动关灯的无线传感器网络控制系统，以实现教室灯光的智能控制。

习　题

12.1　智能传感器有哪几种结构形式？各有哪些特点？

12.2　网络智能传感器可分为哪两大类？其基本结构分别是什么？

12.3　什么是无线传感器网络？其包含哪 3 要素？

12.4　简述无线传感器网络的基本结构。

12.5　无线传感器节点硬件由哪几部分组成？

12.6　试举例说明无线传感器网络的应用。

▶ 第 13 章

创新项目设计案例

　　传感器技术应用的创新项目设计实际上是创新理念与设计实践的结合，发挥创造性思维，利用各种传感器的性能和原理，设计出具有新功能、新用途，或结构新颖，性能更优的新产品。要完成传感器技术应用的创新项目设计，需从以下几个方面进行锻炼和培养。

　　（1）掌握各种传感器的原理、性能特点　由于同一被测量可以用不同原理的传感器来进行检测，如温度的测量，可以用铂热电阻、热敏电阻、热电偶、集成温度传感器等来实现，但具体选择哪种测温传感器，则需要根据实际检测技术指标要求、使用环境来选择性价比合理的测温传感器。因此，只有对各种传感器的原理和性能全面了解，才能选出合适的传感器实现目标检测。

　　（2）掌握间接检测的测量方法　利用检测某种参数的传感器间接实现另一种参数的测量的方法是传感器应用创新项目设计的重要手段。例如：火灾检测可通过温度传感器或烟雾传感器实现检测。利用这种方法，可实现许多目前还无法直接测量的检测对象的测量。

　　（3）拓宽知识面　由于传感器技术是以传感器为核心，论述其内涵、外延的学科，内容涉及测量技术、功能材料、微电子技术、精密与微细加工技术、信息处理技术和计算机技术等相关领域。较宽的知识面，有助于活跃思维、开拓传感器技术领域的创新应用。

　　（4）善于观察，发现问题　科学研究首先要发现问题，解决问题的过程往往是创新的过程。细心观察工作或生活中遇到的事件，提出可利用传感器检测技术实现的创新项目进行研究设计，开拓传感器技术领域的创新应用。

　　（5）勤于思考，勇于动手　创新并不是神秘莫测、高不可攀。只要勤于思考，勇于动手，把所学的知识灵活的运用到实践中去，创造出新效益新价值就是创新。

　　（6）摆脱传统思维方法的约束，充分发挥创新性思维　如要检测汽油的掺假，按传统思维，应考虑检测掺假的物质含量，但由于往往事先并不知道掺的是什么物质，因而无法进行检测。但是，如果利用逆向思维，采用直接检测汽油纯度的检测方案，问题就迎刃而解了。

　　传感器检测系统设计一般包括以下步骤：

　　（1）系统分析　系统分析主要是对所要设计的系统运用系统论的观点和方法进行全面的分析和研究，以便确定检测系统的设计任务、系统所要实现的功能及要达到的技术指标。主要包括以下几个方面：① 明确系统必须实现的功能和需要完成的检测任务，确定测量方法。如系统需要检测的参数是液位，实现方法可以采用接触测量和非接触测量两种方法，而每种测量方法又可选用不同原理的传感器来实现，这就需要根据被测液体的性质、测量精度的要求、检测环境、安装条件方面等进行全面考虑来确定测量方案；② 了解设计任务所要求的技术性能指标。为了明确设计目标，应当了解对于被测参数的测量精度、测量范围、测量误差、动态响应速度等方面的要求，以及对于仪器仪表的检测效率、通用性和可靠性等的要求；③ 了解测量系统的使用环境和条件。为保证测量结果的有效性，必须在受控的环境下对测量设备进行校准、调整和使用。应考虑温度、温度变化率、湿度、照明、振动、灰尘控制、清洁度、电磁干扰及其他影响测量结果的因素，需要时应对上述因素进行连续的监控和记录，必要时应对测量结果进行修正。

（2）系统总体方案设计　在系统分析、明确设计目标后，即可进行系统总体方案设计。总体方案设计主要包括以下几个方面：① 确定系统的控制方式。例如：是采用开环控制系统还是闭环控制系统，是采用传统模拟电路系统还是采用智能化控制系统；② 确定输入输出模块。根据被测对象参数和系统要求确定输入模块，如选择传感器的数量、类型及测量模块；根据系统的设计要求，选择输出模块，如显示模块、控制驱动模块；③ 画出系统原理框图。方案确定后，要画出完整的检测系统原理框图，其中包括各种传感器检测模块、外设驱动模块、显示模块及微处理器模块等。它是整个系统的总图，要求简单、清晰、明了。

（3）系统硬件设计　系统硬件设计主要包括以下几方面：① 根据系统要求及原理框图，完成各模块元器件选型（如传感器、CPU、A/D 模块的选型）及电路设计（如传感器测量电路、执行机构的驱动电路）。元器件选择除考虑符合系统要求外，还应考虑性价比；② 完成系统电路原理图及 PCB 图设计；③ 完成机箱结构及安装图样的设计。

（4）系统软件设计　对于智能化检测系统，当系统原理图设计完成后，还需进行系统软件设计。系统软件设计的质量直接关系到系统的正确使用和效率。系统软件设计主要包括以下几个方面：① 软件总体结构设计。一般采用模块化结构，按照"自顶向下"的方法，把任务从上到下逐步细分，一直分到可以具体处理的基本单元为止；② 软件开发平台的选择。根据检测系统的硬件组成形式不同，其软件开发环境也不尽相同。对于标准总线检测系统，只需选择一种高级语言进行编程，所以可采用现有的商品程序开发环境，如 LabVIEW、VC＋＋、VB 等；对于单片机检测系统，则需要选用汇编语言或 C 语言进行开发；③ 软件程序设计。按照"自顶向下"的方法，有计划、有步骤地进行程序设计。为了使程序便于编写、调试和排除错误，也为了便于检验和维护，通常设法把程序编写成一个个结构完整、相对独立的程序段，即"程序模块"；④ 软件调试。软件调试也是先按模块分别调试，直到每个模块的预订功能完全实现，然后再链接起来进行系统调试。检测系统的软件调试只有在的硬件系统中进行调试才能最后证明其正确性。

（5）系统集成与调试　经过硬件和软件系统单独调试后，即可进入硬件系统和软件系统的集成调试，找出硬件系统和软件系统之间不相匹配的地方，反复修改和调试，直到排除所有错误并达到设计要求。

案例1：车载酒精气体浓度检测报警及防酒后驾驶控制系统设计

一、任务要求

酒后驾车造成的交通事故不计其数，带来很大危害。各国都在采取各种方法来解决这个问题，但最终没有找到一个很好的解决方法。设计一个实用的车载酒精气体浓度检测报警及防酒后驾驶控制系统具有非常重要的意义。

本项目的任务是通过选用合适的传感器，设计一个基于单片机的车载酒精气体浓度检测报警及防酒后驾驶控制系统。要求该系统有酒精气体浓度显示，并可根据道路交通安全法规定的酒精气体浓度要求设置报警阈值，当传感器检测到驾驶人员酒精气体浓度超标时发出声光报警，并同时强制切断点火电路，使车辆无法起动，以确保车上人员的生命财产安全。

二、项目分析

本项目涉及的是一个气体检测系统设计。气体检测主要分为工业和民用两种情况，其目的是为了实现安全生产，保护生命和财产安全。检测主要分为 3 个方面：测毒、测爆和其他检测。测毒主要是检测有毒气体的浓度不能超标，以免工作人员中毒；测爆则是检测可燃气体的含量，超标则报警，以免发生爆炸事故；其他检测主要是为了避免间接伤害，如本项目驾驶人员酒后驾车酒精气体浓度检测。

本项目为防止驾驶者作弊，可将酒精气体检测系统安装在驾驶员侧车门位置，要求驾驶员在驾驶车辆之前必须通过酒精气体检测，方可起动车辆，对酒精气体检测不合格或未经酒精气体检测的，自动关闭车辆点火线路，起到防酒后驾驶的作用。

三、传感器选择及所选传感器特性介绍

由于各种气敏传感器对不同的气体敏感程度不同，即一种气敏传感器只能对某些气体实现更好地检测，因而应首先根据被检测的气体选择合适的气敏传感器。

气敏传感器种类很多，其性能差异较大。目前气敏传感器主要有半导体传感器（电阻型和非电阻型）、绝缘体传感器（接触燃烧式和电容式）、电化学式传感器（恒电位电解式、伽伐尼电池式）、光电气体传感器（直接吸收式、光反应式、气体光学特性式）等类型。其中半导体传感器以其易于实现集成化、微型化、灵敏度高、使用方便等诸多优点受到普遍重视，是目前使用居多的气敏传感器，已广泛应用于气体的粗略鉴别和定性分析。本项目选择采用电阻型气敏传感器来实现酒精气体浓度的检测。常见的电阻型气敏传感器见表 13-1。

表 13-1　常见电阻型气敏传感器

型号	敏感气体类型	测量范围/（mg/kg）
MQ－2	可燃气体、烟雾	300～10000
MQ－3	酒精气体	1～10000
MQ－4	天然气、甲烷	300～10000
MQ－5	液化气、甲烷、煤制气	300～5000
MQ－6	液化气、异丁烷、丙烷	100～10000
MQ－7	一氧化碳	10～1000
MQ－8	氢气、煤制气	50～1000

根据表 13-1 可知，酒精气体浓度检测可选用 MQ－3 型气敏传感器，其性能指标见表 13-2。MQ－3 酒精气敏传感器的灵敏度特性曲线如图 13-1 所示，图中曲线是在温度为 20℃，相对湿度为 65% RH，氧气浓度为 21%，负载电阻为 $R_L = 200k\Omega$ 下的测试结果。图中 R_S 指的是元件在不同气体、不同浓度下的电阻值，R_0 是元件在洁净空气中的电阻值。

MQ－3 型气敏传感器有 6 个引脚，其外形及引脚图如图 13-2 所示，图中引脚 A、A′端

和引脚 B、B′端两对引脚内部分别连接在一起。基本测量电路如图 13-3 所示。测量电路包括加热回路和测量回路两部分，引脚 A、B 端为传感器测量回路电极，引脚 F、F′为加热回路电极，加热电极 F、F′两端电压 $U_H = 5V$。半导体气敏元件是电阻型元件，其阻值随被测气体浓度的变化而变化，因此测量电路的任务是将电阻型元件电阻的变化转化成电压或者电流的变化。若直流电源提供测量电路工作电压为 U，A－B 之间电极端等效电阻为 R_s，负载电阻 R_L 兼做取样电阻，则负载电阻上输出电压为

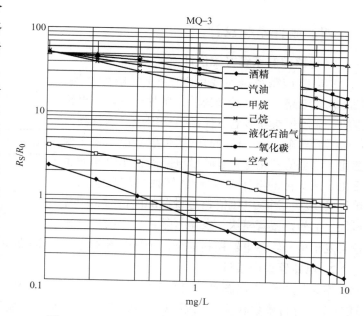

图 13-1　MQ－3 酒精气敏传感器的灵敏度特性曲线

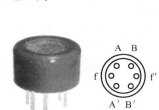

图 13-2　MQ－3 外形及引脚图

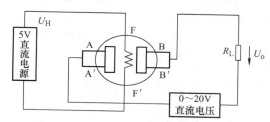

图 13-3　电阻型气敏传感器测量电路

$$U_o = \frac{R_L}{R_S + R_L} U \qquad (13\text{-}1)$$

可见，输出电压与气敏元件电阻有对应关系，只要测量出取样电阻上的电压，即可测得气体浓度变化。

表 13-2　MQ－3 酒精气敏传感器的性能指标

序号	指标名称	对应参数	序号	指标名称	对应参数
1	探测范围	$1.0 \times 10^7 \sim 1.0 \times 10^{-3}$ 酒精气体	8	加热电流	≤180mA
2	特征气体	1.25×10^{-4} 酒精气体	9	加热电压	$5.0V \pm 0.2V$
3	灵敏度	空气中的阻值/检测气体中阻值≥5	10	加热功率	≤900mW
4	气敏元件电阻	$1 \sim 20k\Omega$ 空气中	11	测量电压	≤24V
5	响应时间	≤10s（70% 响应）	12	恢复时间	≤30s（70% 响应）
6	工作条件	环境温度：$-20 \sim 55℃$；湿度：≤95% RH；环境含氧量：21%	13	储存条件	温度：$-20 \sim 70℃$ 湿度：≤70% RH
7	加热电阻	$31\Omega \pm 3\Omega$			

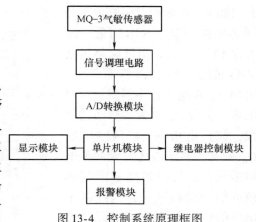

图 13-4　控制系统原理框图

四、硬件系统设计

1. 电路控制系统方案设计

本电路控制系统主要由 MQ - 3 气敏传感器、信号调理电路、A/D 转换模块、单片机模块、报警模块、显示模块和继电器控制模块组成。当驾驶人员喝酒后驾车，酒精检测时气敏传感器电阻将发生变化，该阻值变化将引起测量电路的输出电压发生变化，该变化的电压值经 A/D 转换模块后输入给单片机模块，当该电压值超过设定的阈值时，单片机发出信号给报警模块，发出报警声，同时单片机还会发出信号给继电器控制电路，使继电器断电。本系统原理框图如图 13-4 所示。

2. 电路原理图设计

本系统电路原理图如图 13-5 所示。系统采用 STC89C52 单片机作为控制芯片，采用 ADC0832 进行模数转换，采用 LCD1602 作为显示模块。液晶显示屏上第一行显示酒精气体当前的浓度，第二行显示设置的报警浓度。图中 S1 是复位按键，S2 和 S3 两个按键用于设置酒精气体浓度报警阈值，分别起到加或减阈值酒精气体浓度值。当检测的酒精气体浓度值超过设定的阀值时，发出声光报警，同时继电器会自动断开汽车发动机电源，禁止汽车起动，起到了防酒驾的作用。

五、主程序流程图设计

系统上电后先对数据、定时器、A/D 转换、显示等模块进行初始化，初始化之后，进入后台 while 循环对酒精气体浓度数据采集、酒精气体浓度数据换算及阈值比较。当采集的数据小于阈值时，酒精气体浓度值经 A/D 转换后显示出来；当采集的数据超过阈值时，则输出报警及继电器控制信号，同时气体浓度值被显示出来。主程序流程图 13-6 所示。

六、能力拓展目标

通过本项目的学习及自主查阅资料，对目前市场的气敏传感器有了更深入全面的了解；能根据具体应用场合，合理选用气敏传感器；能综合其他所学专业知识，设计各种常用气体检测、报警及控制电路；初步掌握分立模块式智能传感器的设计方法，即学会如何将传统的传感器与其配套的调理电路、微处理器、输出接口与显示电路等相互独立的模块组装在同一壳体内扩展和提高传感器的功能。

案例2：具有手机 APP 设置与状态查看功能的液位控制与报警系统设计

一、任务要求

无论在日常生活，还是在工业生产过程中液位的实时检测和控制均占有极为重要的地

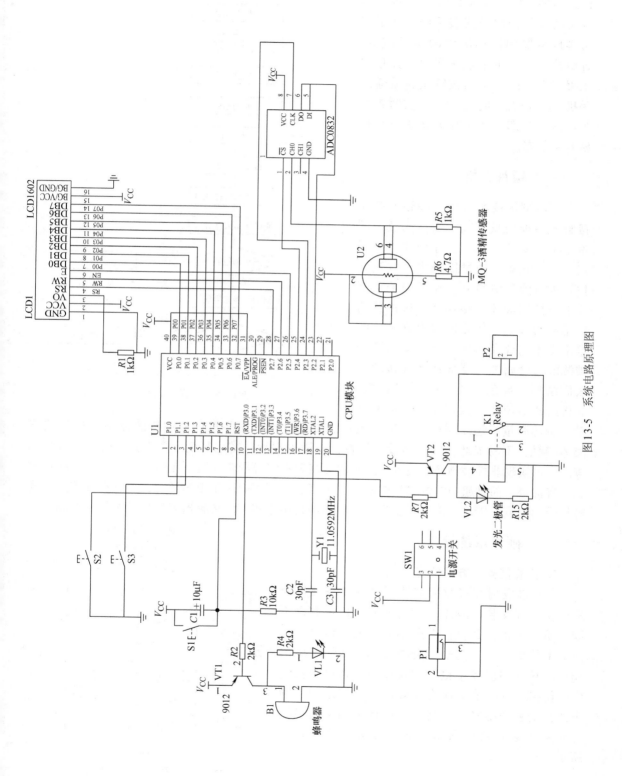

图 13-5　系统电路原理图

位。本项目的任务是设计一个基于单片机的液位控制及报警系统，该系统可实现容器内液体液位的实时监测、补给控制和上下限过量报警，并且要求报警上下限值可由按键调整或通过手机 APP 设置，同时 APP 可实时查看当前液位状态、水泵开关状态以及报警开关状态。

二、项目分析

液位测量技术可分为接触式和非接触式两种测量方式。接触式液位测量技术主要有电容式、浮球式、浮子式、压力式等。通过接触式液位测量技术进行液位测量时，相关的传感器要求与被测液体直接接触，这样的话传感器与被测液体之间没有间隙，测量不受中间介质影响，但一些特殊的被测液体会腐蚀传感器或者在传感器表面结垢，导致元件损坏或者失效；非接触式液位测量技术主要有激光测

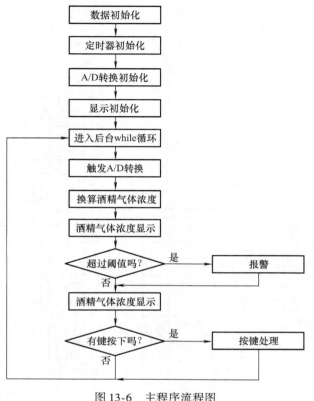

图 13-6　主程序流程图

量、雷达测量、超声测量等。非接触式液位测量技术在测量过程中传感器不直接与被测液体接触，不易损坏，但大多设备昂贵，如激光测量、雷达测量。超声测量是一种性价比较高的可实现非接触测量的技术，且可以在高温高湿等异常环境下正常工作，比其他测量方式更有优势，而且超声波的测量范围大、精度高，可以应用于很多场合，但超声波传播速度容易受到温度的影响，需进行温度补偿。本项目选用超声波传感器来实现液位信号的测量。

三、硬件系统设计

1. 传感器安装方案确定

超声波发射和接收换能器既可安装在液体介质中，也可安装在液体介质的上方。超声波在不同介质中传播，其特性有所不同。如：超声波在液体中传播，由于其幅值衰减较小，即使产生的超声波脉冲幅值较小也可实现测量；超声波在空气中传播，其幅值衰减会比较厉害，但采用这种方式，安装和维修较方便。本设计采用将超声波传感器安装在液体介质上方的方案，如图 13-7 所示。

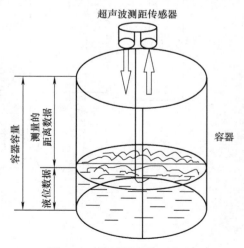

图 13-7　传感器安装示意图

2. 传感器选择及介绍

为提高系统性能，本系统选用集成超声传感器。目前市面上常用的集成超声传感器主要有 HC－SR04、US－100、US－015 等。它们的工作电压均为 5V 直流电压，静态电流也都在 2mA 左右，感应角度均小于 15°。HC－SR04 和 US－100 的探测距离为 2~450cm，US－015 的探测距离为 2~400cm，探测精度均为 0.3cm。HC－SR04 和 US－015 均为 4 个引脚，分别为 VCC 端、Trig（控制）端、Echo（接收）

图 13-8　HC－SR04 超声波测距模块实物图

端和 GND 端，而 US－100 则有 5 个引脚，分别为 VCC 端，Trig/Tx 端，Echo/Rx 端和两个 GND 端。由此可知，这 3 种模块并无太大区别，只不过 HC－SR04 和 US－100 的探测距离比 US－015 稍远一点。US－100 有两种工作模式：当其工作在 UART（串口）模式时，2、3 号引脚为 Tx 端和 Rx 端；工作在电平触发模式时，2、3 号引脚为 Trig 端和 Echo 端。本设计采用 HC－SR04 超声测距模块，图 13-8 所示为 HC－SR04 超声波测距模块实物图。

HC－SR04 超声测距模块主要由 STC11、MAX232 和 TL074 这 3 个芯片构成，STC11 用来升压驱动，MAX232 用来电平转换，TL074 用来接收放大。具体电路如图 13-9 所示。

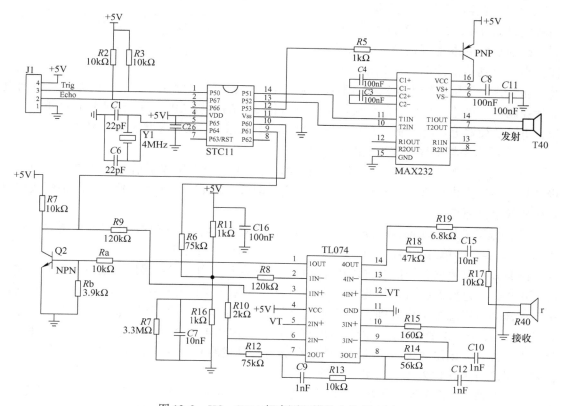

图 13-9　HC－SR04 超声测距模块电路原理图

该模块测距精度高、盲区小（2cm）、测距稳定；但不宜带电操作，如果要带电操作的话就需要先接地；同时要求被测物体面积不少于0.5m² 并且测量面尽量平整。

由于采用的是非接触的超声波测量方式，传感器直接测量的是液面至传感器的空间距离，因此需要在算法中添加数据转换，即将测量的距离数据转换成液位数据，即液位数据 = 容器高度 - 距离数据。

3. 电路控制系统方案设计

控制系统设计采用以下模块组成：STC89C52RC 单片机模块、HC - SR04 超声波测距模块、显示模块、HC - 05 蓝牙模块、DS18B20 温度传感器、补给水泵控制模块、声光报警模块和按键模块等。其中温度传感器的主要作用是将测量温度值发送至单片机为测距做温度补偿；补给水泵控制模块主要是驱动继电器控制水泵；声光报警模块则使用蜂鸣器和发光二极管实现声光报警；使用手机 APP 实现系统的无线控制，通过蓝牙串口 UART 协议进行通信。

控制系统原理框图如图 13-10 所示。采用单片机作为整个系统的控制中心，超声波测距模块工作后向单片机发送测量距离数据，单片机进行数据处理和温度补偿后将所测距离数据转换成液位数据后发送至显示屏进行实时显示。独立按键一共有4 个，可以对容器容量和上下限进行设置。当液位到达下限时，声光报警模块报警，同时控制水泵的继电器通电，水泵开始工作；当液位到达上限时，声光报警模块报警

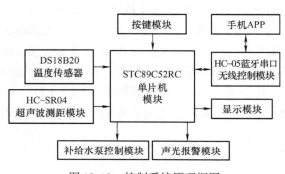

图 13-10　控制系统原理框图

（报警声与下限报警不同），控制水泵的继电器断电，水泵停止工作。同时系统可以通过蓝牙控制：手机蓝牙与系统蓝牙模块通信进行指令传输手机 APP 可以实现水泵的开关、液位上下限的设置等功能控制，并实时显示当前液位状态、水泵开关状态和报警状态。

4. 主要模块与单片机连接电路原理图

（1）超声波测距模块连接电路　由于 HC - SR04 模块内集成了信号处理电路，因此本设计只需要把模块与单片机按要求进行电气连接即可，图 13-11 所示为超声波测距模块与单片机连接电路原理图。

（2）温度补偿模块连接电路　在设计中温度补偿模块选用 DS18B20 温度传感器，它属于 one - Wire，即单总线器件，有包括 VCC、GND、I/O 3 个引脚。

DS18B20 有数据总线供电方式和外部供电方式两种供电方式。采取数据总线供电方式时I/O 引脚既作为数据引脚也作为电源引脚，因此这种方式只要连接 I/O 和 GND 两个引脚，由于这样会占用总线工作时间，因此温度测量所需时间较长；采取外部供电方式则要连接VCC、GND、I/O 3 个引脚，但测量速度相比数据总线供电方式更快。本项目设计中使用了外部供电方式。该温度传感器的温度值的存储寄存器的默认分辨力为 12 位，即最低一位所代表的温度值是 0.0625℃，最高位为符号位。

数据引脚 I/O 需要维持常态下高电平，通常要求外接一个上拉电阻拉高总线，以保证 I/O 的常态高电平。图 13-12 所示为温度补偿模块与单片机连接电路原理图。

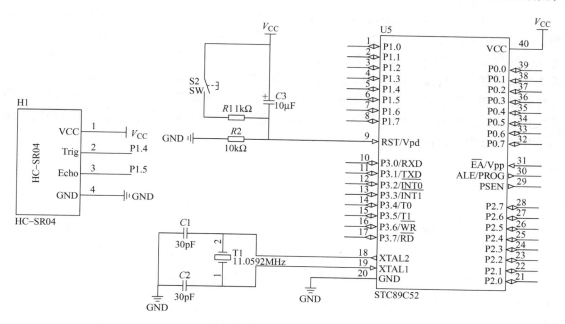

图 13-11　超声波测距模块与单片机连接电路原理图

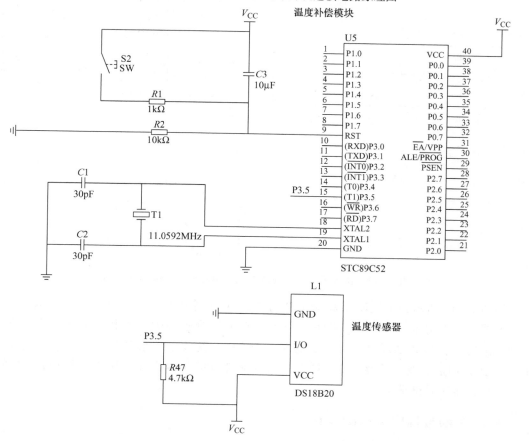

图 13-12　温度补偿模块与单片机连接电路原理图

（3）蓝牙串口无线控制模块与单片机连接电路　在该设计中，为了实现无线监视和控制，使用了单片机的串口通信功能。通过蓝牙与手机连接，可通过手机 APP 直接查看和控制系统的状态。设计中选用的蓝牙模块是 HC－05 蓝牙串口模块，它是一款主从一体、可以设置的蓝牙芯片，具备 UART 串口通信功能。系统通过蓝牙－APP 通信进行指令传输，由单片机直接控制，实现了手机 APP 的水泵开关控制、上下限设置、水泵开关状态显示、报警开关状态显示、液位状态和上下限实时显示等功能。图 13-13 所示为蓝牙串口无线控制模块与单片机连接电路原理图。

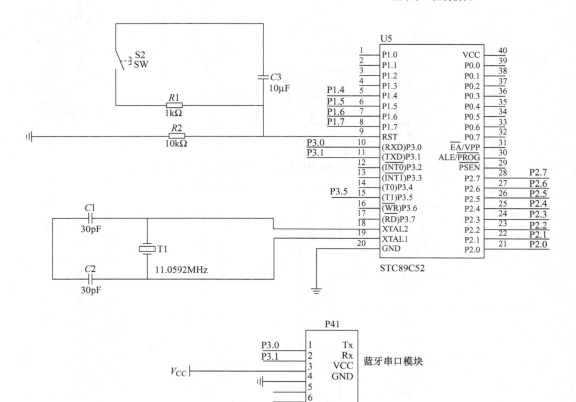

图 13-13　蓝牙串口无线控制模块与单片机连接电路原理图

如图 13-14 所示为手机蓝牙串口 APP 的界面图。6 个按钮分别是开水泵、关水泵、上限＋、上限－、下限＋、下限－。蓝色状态条"水泵"为水泵的开关状态显示，当状态条亮起时水泵打开，暗时则反之。绿色状态条"报警"，其效果与水泵状态一样。它们下方的 H、L、D 分别是上限、下限、实时液位，当系统启动时将显示相应内容。该软件功能齐全，本设计只选用了其部分功能。

四、主函数程序流程图设计

在 C 程序设计中，主函数是程序最先执行的，因此程序员会把各子函数都嵌套到主函数中执行，通过主函数对子函数的调用来完成相关操作，以实现相关功能。图 13-15 所示为主函数的程序流程图。

　　主函数开始后首先将各模块初始化，随后显示屏显示出问候语第一行"liquid level"第二行"welcome!"；短暂时间后进入容器容量设置页面，可以通过按键设置容器高度，后面可通过"液位数据 = 容器高度 – 距离数据"计算液位数据；设置容量高度后显示预设数值并进入循环，此时超声波测距模块和温度补偿模块开始工作，显示屏开始实时显示液位数据和温度数据；在循环中，可通过定时器中断修改液位上下限；也可通过串口中断利用手机 APP 修改上下限、控制水泵（继电器）开关、查看液位和上下限数据以及查看水泵开关状态和报警开关状态；当液位超过下限时，系统报警并启动水泵，当液位超过上限时，系

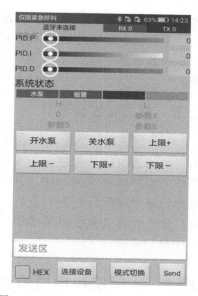

图 13-14　手机蓝牙串口 APP 的界面图

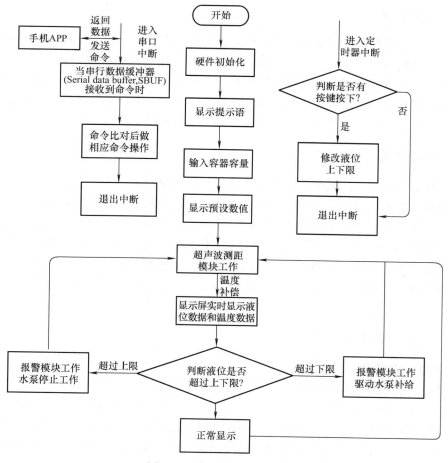

图 13-15　主函数程序流程图

统报警并关闭水泵。本设计中设置了两个中断入口，其中串口中断用于蓝牙串口无线控制，当单片机串口通过蓝牙发送或接收数据时，单片机都会进入串口中断，然后进行读取命令或者返回状态；定时器中断用于按键扫描，并通过按键对液位上下限实现手动设置。

五、能力拓展目标

本项目所选用传感器均为集成传感器，是目前市面的主流产品，且该项目将传统测控技术与现代通信技术相结合。通过本项目的学习，应进一步掌握超声波传感器及温度传感器的工作原理和使用方法，并对目前这两种传感器市场的主流产品有进一步的了解；学会如何通过对项目任务的分析，合理选择传感器，并用所选传感器完成一个完整测控系统软硬件设计；学会如何将现代控制技术与传统检测技术相结合，设计出具有新功能的现代检测系统。

案例3：太阳能供电短信远程控制开关的智能窗控制系统设计

一、任务要求

在实际生活中我们都有雨天忘关窗的经历，特别是在多雨的南方，有时突然遇到雷雨天气，而我们可能恰巧不在家，没有办法及时关闭窗户，往往可能造成意想不到的严重后果。另外，还有一些特殊场合安装在特殊位置的高窗、重窗，这些窗户在突发的特殊天气下，如不及时关窗，将给我们带来了巨大的经济财产损失。本项目的任务是设计一个利用太阳能供电，并可通过手动、自动及手机短信实现远程控制的智能窗系统。

二、项目分析

要实现雨天窗户的自动或远程控制关闭功能，首先要涉及雨水传感器的选用，目前常用的雨水传感器主要有电容式和电阻式两种，本项目选用电阻式雨水传感器来实现雨水的自动检测。其次，还涉及窗户开关状态判断的问题，可通过设置一个位置检测传感器来实现。位置检测传感器有多种，可以是霍尔传感器、涡流传感器、光电式传感器、超声波传感器等，本项目选择霍尔传感器来实现窗户开关状态的检测。当霍尔传感器检测到窗户状态为开，且雨水传感器检测到是雨水，系统发出关窗控制信号。本系统从节能的角度考虑，采用太阳能电池供电。

三、硬件系统设计

1. 系统总体方案设计

本系统的设计采用太阳电池供电，采用单片机作为系统中央控制芯片，采用手机短信模块实现遥控关窗，采用按键模块实现手动和自动控制窗户开关的切换，采用检测模块检测天气是否下雨和窗户的开关状态。当系统工作在自动控制模式，且系统检测到窗户处于开的状态时，天气下雨，雨水传感器的电阻变化通过测量转换电路后将信号输入中央控制模块，通过控制模块发出控制信号给电动机驱动模块，实现窗户的自动关闭。为了克服突然断电或关机给系统带来的识别当前窗户开关状态的错误问题，系统设有断电保护模块以便实时记录系统的工作模式。系统总体框图如图 13-16 所示。

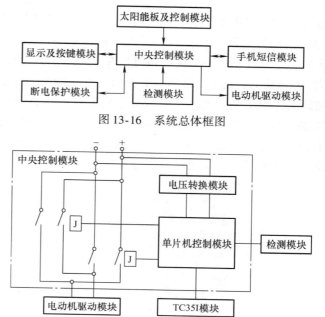

图 13-16　系统总体框图

2. 控制系统原理框图

本系统设计采用 STC89C52 单片机作为系统中央控制芯片，TC35I 短信收发模块进行短信的收发；使用按键改变工作模式为 work1/work2（work1 为短信控制模式/work2 为手动控制模式）并在液晶屏上实时显示出来；太阳能面板为一 52×46 的太阳能板，系统采用了 HG 型太阳能智能充电控制器对太阳能电池板和蓄电池进行控制。系统控制原理框图如图 13-17 所示。太阳能智能充电控制器的负载接线端子（12V输出电压）与中央控制器供电电源的两极相连接，输入的 12V 电压一路与

图 13-17　系统控制原理框图

电压转换模块相连接，通过一个由 LM7805 构成的电压转换电路将 12V 电压转换成 5V 电压，为单片机控制模块及 TC35I 模块等电路供电；另一路分别与控制电动机的 2 个继电器的 4 个常开触头一端相连接，通过单片机控制继电器驱动电路的通断，及控制电动机驱动模块的正负极连接。

3. 主要模块电路原理图设计

（1）雨水传感器测量电路　为自动检测天气是否下雨，系统检测模块中设有雨水传感器，本项目选用电阻式雨水传感器来实现雨水的自动检测，其外形结构如图 13-18 所示。图 13-19 所示为雨水传感器测量电路图，图中 P2 端口接雨水传感器。当雨滴滴落在雨水传感器上时，雨水传感器会有一定的导通电阻，此时 LM393 的输出端会输出一个 TTL 低电平信号发送给单片机的 P20 口，从而判断出当前存在降水，当单片机检测到降水且降水量超过预先设定的值时，控制电动机完成关窗动作。

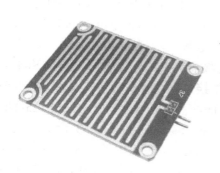

图 13-18　雨水传感器外形结构图

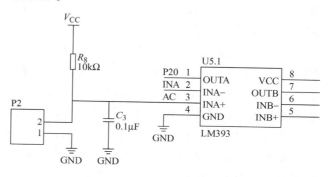

图 13-19　雨水传感器测量电路图

（2）霍尔（位置）传感器测量电路　为自动检测窗户的开关状态，系统检测模块中设有位置检测传感器，本项目选用 E3144 霍尔传感器检测窗户的开关状态。图 13-20 所示为 E3144 的外形图，图 13-21 所示为 E3144 的引脚图。E3144 霍尔传感器具有灵敏度高、反应迅速、可靠性高、小型化、超薄封装等特点。其工作电压范围为 3.8～24V，工作温度范围为 40～150℃，图 13-22 所示为测量电路原理图。霍尔器件 E3144 和磁铁分别安装在窗框和窗体上，当窗户关闭时，霍尔器件感应到磁铁的强磁场产生霍尔电动势差，电路中采用了 LM393 电压比较器，当霍尔器件产生的霍尔电动势差达到电位器 RPT1 的分压时（即窗户处于关严状态），便会在 OUTA 引脚输出数字信号 0 发送给单片机的 P21 口，从而判断出当前窗户为关闭状态，反之窗户为打开状态。

图 13-20　霍尔传感器外形图

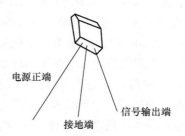

图 13-21　霍尔传感器引脚图

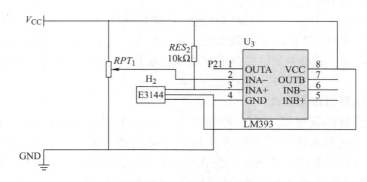

图 13-22　霍尔器件 E3144 测量电路原理图

（3）GSM 短信模块　本系统设计采用新版西门子工业 GSM 模块 TC35i 芯片作为短信模块。TC35i 是一个支持中文短信息的工业级 GSM 模块，工作在 EGSM900 和 GSM1800 双频段，电源范围为直流 3.3～4.8V，电流消耗——休眠状态为 3.5mA，空闲状态为 25mA，发射状态为 300mA，2.5A 为峰值；可传输语音和数据信号，功耗在 EGSM900（4 类）和 GSM1800（1 类）上的分别为 2W 和 1W，通过接口连接器和天线连接器分别连接 SIM 卡读卡器和天线。SIM 卡的电压为 3V/1.8V，TC35i 的数据接口（CMOS 电平）通过 AT 命令可双向传输指令和数据，可选波特率为 300bit/s～115kbit/s，自动波特率为 1.2～115kbit/s。它支持 Text 和 PDU 格式的短消息（Short Message Service，SMS），可通过 AT 命令或关断信号实现重启和故障恢复。TC35i 由供电模块（ASIC）、闪存、ZIF 连接器、天线接口等 6 部分组成。作为 TC35i 的核心基带处理器主要处理 GSM 终端内的语音和数据信号，并涵盖了蜂窝射频设备中的所有模拟和数字功能。电路连接如图 13-23 所示，1～5 和 6～10 引脚分别接 5V 电源的正极和负极，15 引脚接一按键后接地，18、19 引脚分别与单片机的 25、26 引脚相连接，24~29 引脚与相对应的 SIM 卡插槽引脚相连接，32 引脚接 1kΩ 电阻后接一发光二极管最后与 5V 电源正极相连接。

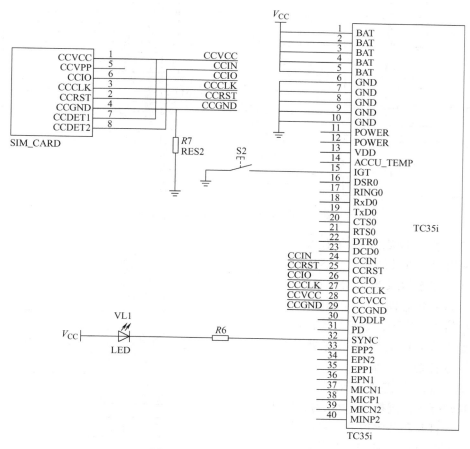

图 13-23　短信模块电路原理图

（4）单片机控制系统　本系统选用 STC89C52 单片机作为中央控制芯片，该芯片是宏晶科技（STC）公司生产的一种低功耗、高性能 CMOS 8 位微控制器。图 13-24 所示为单片机控制系统电路原理图。图中时钟电路接入单片机的 XTAL1 和 XTAL2，为单片机提供 12MHz 的时钟信号。单片机的 3、4 号引脚分别接一按键，为控制系统的 2 个控制按键。21、22 引脚分别接 2 个传感器检测电路，检测是否有雨水和窗户是否关严。23、24 引脚为继电控制器的控制端。25、26 引脚分别接 TC35i 模块的 18、19 引脚。27、28 引脚分别与显示器的 4、6 引脚相连接。32~39 引脚分别与显示器的 7~14 引脚相连接，用于显示器的屏幕显示，屏幕实时显示当前的工作状态。

四、系统软件流程图设计

本系统的主控芯片使用的是 STC98C52 单片机，系统总开关开启后，对单片机进行上电，首先单片机执行系统初始化程序，定义各个端口以及必要的函数，初始化完成后开启完

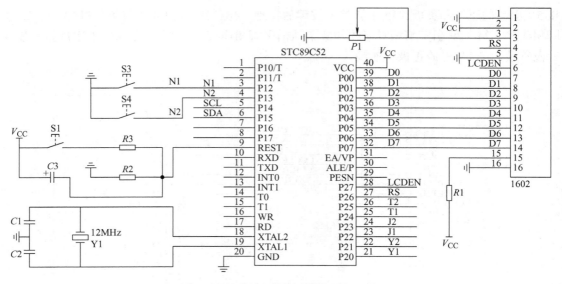

图 13-24　单片机控制系统电路原理图

成指示灯,系统检测是否有雨水信号,如果有会立即关闭窗户。然后检查窗户开关状态以及当前工作状态,如果是 work1 状态即短信控制状态,则等待短信控制代码,收到短信代码后按照短信代码的命令打开/关闭窗户,回复应答短信;如果不是 work1 状态则为 work2 状态即手动控制状态,此时则等待按键按下,然后按照按键的指令打开和关闭窗户,最后结束。系统软件流程如图 13-25 所示。

五、能力拓展目标

通过本项目的学习,进一步锻炼我们如何通过生活中的细致观察,提出应用创新问题;学会如何通过系统功能分析与划分,完成一个测量控制系统的结构框图设计;了解采用电阻式或电容式传感器实现雨水或湿度检测的原理以及测量电路的设计;进一步掌握霍尔传感器的工作原理及测量电路的设计;结合所示专业知识完成一个智能测控系统的软硬件设计。

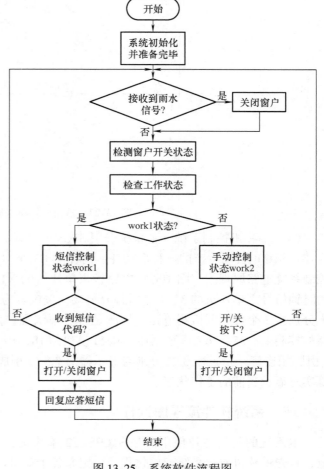

图 13-25　系统软件流程图

案例 4：硬币鉴别清分系统设计

一、任务要求

硬币在日常生活中扮演着重要角色。银行要对大量的硬币进行高效处理，如：计数、分类、包装等以使其再流通；自动售货机、无人售票公交车、投币电话等需要对硬币进行实时识别。随着假币的频繁出现，硬币真假判别也成为一个亟待解决的问题。本项目的任务是设计一个基于单片机的硬币识别器，利用电涡流传感器对硬币的面值和真假进行快速无损鉴别。

二、项目分析

目前硬币鉴别主要有两种方法：第一种利用不同面值的硬币尺寸的不同，采用多个光电开关放置在硬币进入的通道内，通过硬币挡住光电开关的程度判断硬币的大小，进而判断硬币的面值，此种方法简单可行，但是不能检测假币。第二种采用电涡流传感器测量硬币的电磁特征，此种方法通过金属电磁特性来辨别金属的材质，可以较为准确地识别硬币的面值和真假。在硬币通道两侧设置电涡流传感器，传感器线圈通以交流电，在周围产生交变的电磁场，金属硬币通过时，在交变磁场作用下产生电涡流，电涡流又产生一个反向的电磁场来阻碍原磁场的变化，而导致传感器线圈的阻抗、电感、品质因数发生变化。而电涡流与金属导体本身的物理性质、尺寸、形状、电导率、磁导率都有关，因此可通过测量传感器线圈的阻抗、电感、品质因数的变化即可反映金属导体的特征。通过相应的测量电路将阻抗、电感、品质因数的变化转化成频率的变化，以此确定硬币的面值和真假。通过频率判断硬币真假的基本方法：单片机中一个计时器 T0 用于中断开始后脉冲计数的定时，计数器 T1 记录这段时间内的脉冲个数，根据脉冲总数与预设值比较，判断硬币面值和真假。

本项目选用光电式传感器和电涡流法相结合的测量方法实现硬币的鉴别：系统采用单片机系统将电涡流传感器采集来的信号进行处理比对，若为假币，则直接吐出并伴有声光提示；若为真币，则显示并播报面值，经过单片机系统及通过电磁铁的控制，放入相应的存储位置，实现硬币的识别清分功能。

三、硬件系统设计

1. 传感器的安装方案确定

硬币鉴别模块采用两对低频透射电涡流传感器来检测硬币材质、表面特征与厚度等综合特征，为了提高识别的正确率，两对透射频率取不同值，通过采集的硬币信号特征与真币进行匹配与比对，从而识别投入的硬币是否为真币。其方案示意图如图 13-26 所示。硬币投入硬币通道时，由于通道与水平面成一定角度，硬币在通道中向下滚动，经过第一个光电式传感器时，第一对电涡流传感器打开，进行信号采集，经过第二个光电式传感器后，第一对电涡流传感器关闭，第二对电涡流传感器打开，当经过第三个光电式传感器后，完成识别过程并关闭第二对电涡流传感器。如果为假币，则电磁铁上电后挡片回缩，假币继续延通道滚至疑币出口。如果为真币，单片机根据检测数据判别硬币的面值，控制相应电磁铁动作，打开对应储币格口，真硬币会从通道下落至对应的钱箱。其中，由于挡片的存在，会有极小概率的堵币情况，如果堵币，第二个发光二极管会长时间被遮蔽，这时通过程序控制电磁铁反复上电、去电，用电磁铁敲打通道侧壁，使硬币滚落。

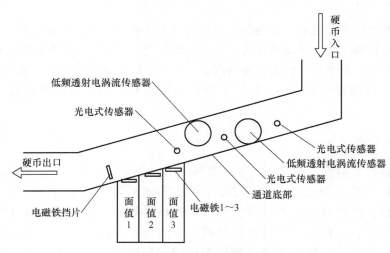

图 13-26　硬币鉴别系统示意图

2. 传感器的选择及设计

（1）电涡流传感器　在一对铁氧体磁罐上分别绕制线圈，这一对磁罐分别放在壁道的两侧且端面正对，这样中间就形成一个磁场用以测试被测物体，如图 13-27 所示。当有被测金属物体经过时，就会引起磁罐磁场的变化，也就是传感器的电感量和特征值（Q 值）发生变化，进而引起谐振频率

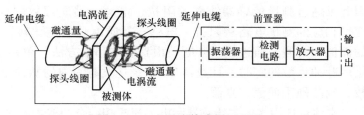

图 13-27　电涡流传感器原理图

的变化，通过检测谐振频率的变化，从而可以推测被测物体的性质（有无磁性、导电性如何等）。

（2）光电式传感器　采用对射型光电式传感器，一个发光器和一个收光器组成对射型分离式光电开关，使用对射型分离式光电开关时把发光器和收光器分别装在被测物体通过路径的两侧。当硬币通过时阻挡了光路，收光器就输出一个开关控制信号。

3. 电路控制系统方案的设计

根据系统需求、功能分析与方案设计，硬币鉴别系统由主控芯片、输入设备、输出设备和数据交互 4 部分组成，设计的系统硬件结构框图如图 13-28 所示。输入设备主要包括两个低频透射电涡流检测模块、两个硬币位置光电检测模块；输出设备主要包括电磁铁、语音模块、显示模块；数据交互设置有 FRAM 存储模块与串口通信模块，串口通信模块主要用于下载单片机程序与信号的调试。结合各模块的功能与需求，选择 STC12C5A60S2 芯片作为主控芯片，该芯片由宏晶科技生产，具有高速、超强抗干扰、低功耗等特点，指令代码不仅可完全兼容以往 8051，而且速度快 8 ~ 12 倍。内部配有 MAX810 专用复位电路，2 路 PWM，还具有 8 路高速 10 位 A/D 转换接口。该芯片完全满足本系统主控芯片的功能需求。

4. 主要模块电路原理图设计

（1）硬币位置光电检测模块　如图 13-29 所示，光电式传感器检测电路由 4 部分组成。光电对管 U1、电阻 $R1$、电阻 $R2$ 构成发射接收电路；比较器 U2A、电阻 $R3$、电阻 $R4$、电阻 $R5$、电阻 $R6$ 构成反相输入的滞回比较器；比较器 U2B、电阻 $R7$、电阻 $R8$ 构成反相器；发光二极管 D1、电阻 $R9$ 构成输出电路。

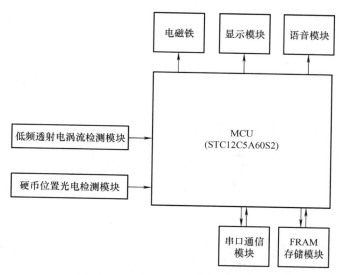

图 13-28　系统硬件结构框图

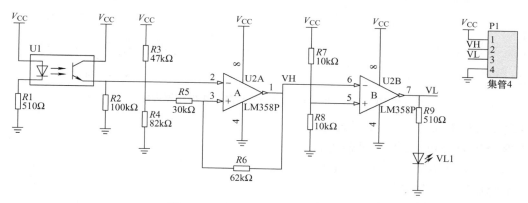

图 13-29　光电式传感器电路原理图

（2）低频透射电涡流检测模块　低频透射电涡流检测模块电路原理图如图 13-30 所示，共有 4 个感应线圈，$L01$ 与 $L011$ 串联后两端分别与 JP_1 和 JP_7 相连组成振荡电路，它们分别位于硬币通道两侧，使用 SN74HC14DR 型施密特触发器将振荡电路产生的正弦信号转换成晶体管–晶体管–逻辑电平（TTL）信号并与 STC12C5A60S2 的 F1，即 P3.4 引脚相连，引脚 P3.4 为芯片的计时/计数器接口（有关 STC12C5A60S2 的相关内容请查阅相关资料），选择计数模式用来检测 TTL 信号的频率。$L02$ 与 $L012$ 串联后两端分别与 JP_3 和 JP_9 相连组成振荡电路，也分别位于通道两侧，通过 SN74HC14DR 型施密特触发器将振荡电路产生的正弦信号转换成 TTL 信号并与主控芯片 STC12C5A60S2 的 F2，即 P3.5 引脚相连，同样选择计数模式检测 TTL 信号的频率。SN74HC14DR 型施密特触发器工作电压为 5V，正向输入阀值电压 $Vt+$ 为 1.6V，负向输入阀值电压 $Vt-$ 为 0.8V。

（3）电磁铁控制电路　硬币鉴别模块中使用电磁铁控制硬币滚入钱箱或滚入疑币出口。采用 12V 电源电压供电的电磁铁，电磁铁铁心端部连接挡片。Q13 的发射极接入主控芯片的 LOW_CTL 引脚，当 LOW_CTL 引脚输出低电平时，Q13 的集电极的输出也是低电平，此时

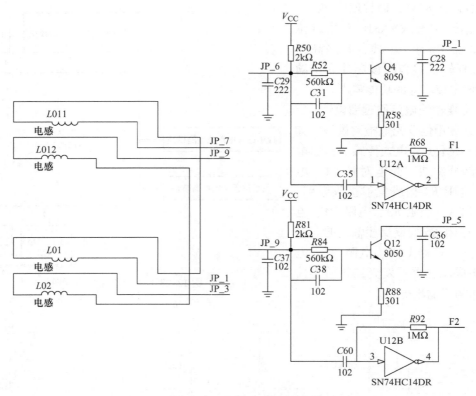

图 13-30　低频透射电涡流检测模块电路原理图

Q14 的基极也为低电平，电磁铁通电，磁头吸合。当 LOW_CTL 引脚输出高电平时，电磁铁不吸合。由于电磁铁吸合后释放时会产生高压，故在电磁铁两端接续流二极管，防止 H 极管被击穿。而电感 $L3$ 起滤波作用，设计的电磁铁控制电路如图 13-31 所示，其中 J24 接电磁铁。

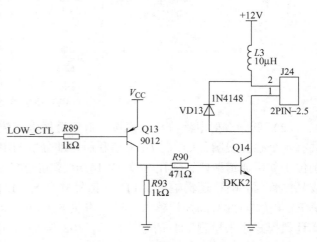

图 13-31　电磁铁控制电路

四、主函数程序的流程图的设计

　　硬币鉴别模块软件流程如图 13-32 所示，主要有两种模式：学习模式与工作模式。学习模式时，首先需要选择需要学习的硬币种类与学习采样的次数，通过光电式传感器判断硬币在通道中的位置，从而控制电涡流传感器、计数器及计时器的开启与关闭。将特征数据进行处理，并根据选择学习的硬币种类进行存储，作为该币种的识别模板。当学习采样的次数达到设定次数时，提示学习完成并进行下一种硬币学习。当采样的次数未达到设定的次数时，则进行下一次投币与数据采集。工作模式时，数据采集流程与学习模式时大致

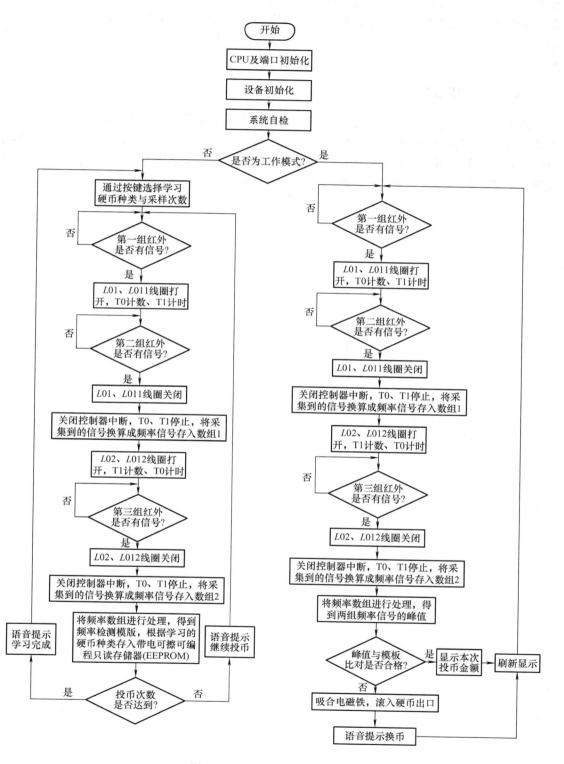

图 13-32   主函数程序的流程图

相同，将采集的频率信号数组进行处理，得出两组线圈频率检测峰值，并与模板进行逐一匹配，匹配成功后控制电磁铁动作，硬币落入对应钱箱，数码管显示本次投币金额，并刷新显示进入下一次投币。而匹配不成功时，则挡片回缩，硬币滚入疑币出口，语音提示换币，并刷新显示进入下一次投币。

五、能力拓展目标

通过本项目的学习，我们应进一步掌握电涡流传感器及光电式传感器的工作原理和使用方法，并对目前这两种传感器市场的主流产品有进一步的了解；学会如何通过对项目任务的分析，合理选择传感器，并用所选传感器完成一个完整的测控系统软硬件设计；学会如何将检测数据进行数据融合处理，并了解特征识别的基本方法。

参考文献

[1] 苑会娟. 传感器原理与应用 [M]. 北京：机械工业出版社，2017.

[2] 王化祥. 传感器原理与应用技术 [M]. 北京：化学工业出版社，2018.

[3] 王化祥，张淑英. 传感器原理及应用 [M]. 4版. 天津：天津大学出版社，2014.

[4] 唐文彦. 传感器 [M]. 5版. 北京：机械工业出版社，2017.

[5] 刘利秋，卢艳军，徐涛. 传感器原理与应用 [M]. 北京：清华大学出版社，2019.

[6] 王庆有. 光电传感器应用技术 [M]. 2版. 北京：机械工业出版社，2017.

[7] 胡福年，白春艳，丁启胜，等. 传感器与测量技术 [M]. 南京：东南大学出版社，2015.

[8] 盖强，蔡畅. 军用传感器与测试技术 [M]. 北京：国防工业出版社，2014.

[9] 黄传河. 传感器原理与应用 [M]. 北京：机械工业出版社，2015.

[10] 张蕾. 无线传感器网络技术与应用 [M]. 北京：机械工业出版社，2016.

[11] 彭杰纲. 传感器原理与应用 [M]. 2版. 北京：电子工业出版社，2017.

[12] 王雅芳. 传感器原理与实用技术 [M]. 北京：机械工业出版社，2014.

[13] 钱显毅，钱爱玲，钱显忠. 传感器原理与应用 [M]. 北京：中国水利水电出版社，2013.

[14] 何金田，成连庆，李伟锋. 传感器技术 [M]. 哈尔滨：哈尔滨工业大学出版社，2004.

[15] 栾桂冬，张金铎，金欢阳. 传感器及其应用 [M]. 3版. 西安：西安电子科技大学出版社，2018.

[16] 贾伯年，俞朴，宋爱国. 传感器技术 [M]. 3版. 南京：东南大学出版社，2007.

[17] 胡向东，刘京诚. 传感技术 [M]. 重庆：重庆大学出版社，2006.

[18] 郁有文，常健，程继红. 传感器原理及工程应用 [M]. 4版. 西安：西安电子科技大学出版社，2014.

[19] 王斌. 传感器检测与应用 [M]. 2版. 北京：国防工业出版社，2014.

[20] 耿瑞辰，郝敏钗. 传感器与检测技术 [M]. 北京：北京理工大学出版社，2012.

[21] 童敏明，唐守锋，董海波. 传感器原理与应用技术 [M]. 北京：清华大学出版社，2012.

[22] 耿欣，乔莉，胡瑞，等. 传感器与检测技术 [M]. 北京：清华大学出版社，2014.

[23] 常慧玲，牟爱霞，薛凯娟. 传感器与自动检测 [M]. 3版. 北京：电子工业出版社，2016.

[24] 钱裕禄. 传感器技术及应用电路项目化教程 [M]. 北京：北京大学出版社，2013.

[25] 刘传玺，袁照平，程丽平. 传感与检测技术 [M]. 2版. 北京：机械工业出版社，2017.

[26] 张勇，王玉昆，赫健. 传感器检测技术及工程应用 [M]. 北京：机械工业出版社，2015.

[27] 宋强，张烨，王瑞. 传感器原理与应用技术 [M]. 成都：西南交通大学出版社，2016.

[28] 吴建平，彭颖，覃章健. 传感器原理及应用 [M]. 北京：机械工业出版社，2016.

[29] 林玉池，曾周末. 现代传感技术与系统 [M]. 北京：机械工业出版社，2010.

[30] 胡向东. 传感器与检测技术 [M]. 3版. 北京：机械工业出版社，2018.

[31] 沈显庆，孟毅男，王蕴恒，等. 传感器与检测技术原理及实践 [M]. 北京：中国电力出版社，2018.

[32] 张青春，纪剑祥. 传感器与自动检测技术 [M]. 北京：机械工业出版社，2018.

[33] ZHANG W W, YIN M, HE X D, et al. Size dependent luminescence of nanocrystalline Y2O3：Eu and connection to temperature stimulus [J]. Journal of Alloys and Compounds, 2011, 509 (8)：3613-3616.

[34] 张巍巍，李珊，何兴道，等. 基于荧光光谱的玻耳兹曼常数测量 [J]. 大学物理，2011, 30 (10)：36-38, 41.

[35] 岳俊昕，张巍巍. 荧光方法测量应力 [J]. 失效分析与预防，2012, 7 (1)：63-68.

[36] ZHANG W W, GAO Y Q, HE X D, et al. Monitoring of laser heating temperature in laser spectroscopic measurements [J]. Optics Communications, 2012, 285 (9)：2414-2417.

［37］ZHANG W W, GAO Y Q, HE X D. Boltzmann constant determined by fluorescent spectroscopy for verifying thermometers ［J］. Frontiers of Optoelectronics, 2014, 7 (1)：64-68.

［38］ALLISON S W, GILLIES G T, RONDINONE A J, et al. Nanoscale thermometry via the fluorescence of YAG：Ce phosphor particles：Measurements from 7 to 77℃ ［J］. Nanotechnology, 2003, 14 (8)：859-863.

［39］ZHANG W W, COLLINS S F, BAXTER G W, et al. Use of cross-relaxation for temperature sensing via a fluorescence intensity ratio ［J］. Sensors and Actuators A：Physical, 2015, 232：8-12.

［40］张巍巍, 王国耀, 张志敏, 等. (Ba, Sr)$_2$SiO$_4$：Eu^{2+}荧光的多功能温度传感特性 ［J］. 激光与光电子学进展, 2016, 53 (5)：053001.

［41］ZHANG W, LI Z, BAXTER G W, et al. Stress-and temperature-dependent wideband fluorescence of a phosphor Composite for sensing applications ［J］. Experimental Mechanics, 2017, 57 (1)：57-63.

［42］ZHANG W W, WANG G Y, CAI Z B, et al. Spectral analysis for broadband fluorescence：temperature sensing with the YAG：Ce phosphor as an example ［J］. Optical Materials Express, 2016, 6 (11)：3482-3490.

［43］张巍巍, 史凯兴. 基于染料荧光多个特征的光纤温度传感器 ［J］. 仪器仪表学报, 2016, 37 (11)：2620-2627.

［44］张巍巍, 李朝, 王国耀, 等. 宽带荧光应力传感的特性研究及应用 ［J］. 仪表技术与传感器, 2016, 11：23-26.

［45］ZHANG W W, SHI K X, SHI J L, et al. Use of the fluorescence of rhodamine B for the pH sensing of a glycine solution ［J］. Optical Measurement Technology and Instrumentation, 2016, 10155：101553F.

［46］ZHANG W W, WANG G Y, BAXTER G W, et al. Methods for broadband spectral analysis：Intrinsic fluorescence temperature sensing as an example ［J］. Applied Spectroscopy, 2017, 71 (6)：1256-1262.

［47］张巍巍, 史凯兴, 赵小兵. 发光染料罗丹明 B 的荧光传感特性 ［J］. 光学精密工程, 2017, 25 (3)：591-596.

［48］赵小兵, 张巍巍, 王国耀, 等. 荧光现象及其温度敏感性的观察 ［J］. 物理实验, 2017, 37 (6)：10-13.

［49］赵小兵, 张巍巍, 吴潇杰, 等. 罗丹明 6G/PMMA 复合材料荧光的温度传感特性 ［J］. 传感技术学报, 2018, 31 (4)：529-533.

［50］张巍巍, 赵小兵, 徐如辉. 广范 pH 试纸的荧光 pH 传感特性及应用 ［J］. 发光学报, 2018, 39 (6)：877-883.

［51］张巍巍, 秦朝菲, 史久林, 等. 荧光式位移传感方法：201810196358.4 ［P］. 2018-03-09.